# LES CERVEAUX DE L'ESPOIR

Cheikh MBOW

# LES CERVEAUX DE L'ESPOIR

Préface du Pr Awa Marie Coll SECK
Postface du Dr Moctar TOURÉ

L'Harmattan Sénégal

*La publication de ce livre a été rendue possible grâce à l'appui financier du Centre de recherches pour le développement international (CRDI) du Canada.*

*Les opinions exprimées dans le présent document ne reflètent pas nécessairement celles du CRDI ou de son conseil des gouverneurs.*


10 VDN, Sicap Amitié 3, Lotissement Cité Police, DAKAR
direction@senharmattan.com / commandes@senharmattan.com
ISBN: 978-2-336-56551-4
EAN: 9782336565514

« Je ne suis pas africain parce que je suis né en Afrique,
je suis africain parce que l'Afrique est née en moi. »

**Kwame Nkrumah**

# Sommaire

# Remerciements

À mes parents disparus, Saliou Mbow et Aïcha Thiam ; qu'ils soient satisfaits du legs du devoir assumé de protéger la famille par les valeurs africaines. L'éducation qu'ils m'ont procurée a été le meilleur apprentissage pour confronter un monde tumultueux, incertain.

À mon épouse, Awa Donzo (Eva, mère de l'humanité, *Yaayu Niëp*), la conquérante de vertus et protectrice bienveillante du foyer. À mes enfants, Mathiam, Aïcha, Cherif et Noumbe, ces bouts de bois de Dieu pour qui je prie de devenir des arbres vivaces et utiles aux racines profondes pour résister aux aléas, caprices et tribulations de la vie.

Aux frères et sœurs, oncles, tantes, cousins de la famille élargie depuis Mayacine Maram Mbaye et Medoune Noumbe Fatma Naiba, merci d'avoir perpétué l'atavisme de solidarité active, ce sillon droit et profond qui préserve les valeurs du vivre-ensemble.

À mes maitres de *dara*, mes professeurs universitaires, mes enseignants de sciences et de lettres depuis le primaire, je retiens d'eux qu'une connaissance mal conçue est une menace pour la société et que le savoir non transmis n'existe pas. Je remercie les universitaires d'Afrique avec qui j'ai collaboré et particulièrement ceux de l'Université Cheikh Anta Diop (UCAD). Que ma famille de la Faculté des sciences et techniques et de l'Institut des sciences de l'environnement (ISE) soit satisfaite de ce travail.

Ma profonde gratitude à l'Académie des sciences et techniques du Sénégal, à l'Académie du Vatican, ainsi qu'aux réseaux internationaux (GLP, GIEC, Future Earth, Future Africa, Université d'État du Michigan (MSU), WYSS Academy. Le CSE (Centre de suivi écologique) a été un nid et une niche qui m'a donné la chaleur professionnelle et l'engagement pour la science transformationnelle. Que mes collègues et tous les collaborateurs puissent être les relais des idées proposées dans ce livre.

À tous mes amis et condisciples depuis l'école coranique au doctorat d'État, vous m'avez enrichi, forgé un état d'esprit de prise en charge de soi et permis de devenir l'Africain que je suis.

# Préface

*Voyager dans les souvenirs positifs de son parcours est un devoir de loyauté envers soi-même, une façon d'assumer ses choix et ses aspirations. La générosité de proposer des pistes pour améliorer la vie de la société par la science est l'expression d'une altruiste lucidité. Professeur Cheikh Mbow présente ici un ouvrage,* ***Les Cerveaux de l'espoir****, en s'inscrivant dans une dialectique entre la réminiscence d'un parcours parfois tumultueux et la recherche de la pureté dans une Afrique assaillie par des valeurs soumises à plusieurs contraintes. Je partage avec lui l'ambition de sécuriser un avenir radieux pour notre continent dont la finalité dépend largement de ce que nous faisons de nos cerveaux, de ce que nous pensons et de la manière dont nous agissons.*

*La gestion du paradoxe entre le besoin de penser pour se développer et la stigmatisation de la réflexion constructive appelle à la sincérité dans la relecture des faits. La reprise en main de notre destin nécessite de comprendre quelques causes profondes de la contre-performance scientifique, malgré les faisceaux convergents issus de multiples espaces académiques d'avant et d'après les indépendances. Il fallait cette réflexion courageuse, qui traduit un mal-être souvent dissimulé sous l'image révolutionnaire des chercheurs luttant contre les agressions à leur métier, véhiculées par des dynamiques extérieures et des contraintes locales. Et que dire lorsque c'est un homme du métier qui nous invite à une sorte d'autodafé auquel il n'échappera pas lui-même ? Je sens dans ce livre un rituel de purification de l'exercice scientifique mettant sur la balance les stigmates consubstantiels à la recherche et les facteurs socio-politiques qui étranglent parfois la science africaine.*

*Un chercheur qui s'interroge sur l'état de la science se désigne explicitement comme un adepte de la critique constructive ; il va au-delà des considérations « épistémologiques » pour développer un argumentaire audacieux et assumé, dont le but est de relancer la production scientifique au service de la société. Ce livre ne se limite pas à élucider des concepts : il constitue une véritable proposition de changement transformationnel, partant de la compréhension des voiles aveuglants du progrès pour formuler une série d'actions destinées à faire de la science un levier incontournable du développement d'un continent qui en a tant besoin.*

*Le livre est en soi un message d'espoir porté par les cerveaux qui sauront en faire un champ d'action et de possibilités. Croire à l'apocalypse, c'est rester sous l'influence de la défaite perpétuelle, signe d'une résignation à un sort fatal. Notre chère Afrique ne peut plus se permettre cette posture au moment où, dans toutes les réflexions prospectives, il est question de faire renaître le génie africain en s'appuyant sur ses atouts : sa jeunesse créative, ses ressources et sa centralité géographique mondiale. Mon métier de médecin me permet d'affirmer que pour soigner un patient, il faut d'abord établir un diagnostic précis. Les symptômes révélateurs des limites actuelles de la science africaine sont clairement identifiés : le nombre et le niveau des ressources humaines, la dépendance excessive aux financements extérieurs, les inégalités de genre, le manque d'inclusion des jeunes chercheurs, les déséquilibres territoriaux et les clivages politiques qui se répercutent dans le monde académique. Si l'on ajoute l'héritage de la colonisation, l'apprentissage dans des langues importées et l'attente d'un « miracle » scientifique à travers des méthodes peu adaptées à nos réalités, on comprend que cet ouvrage arrive à point nommé, au moment où l'on parle de souveraineté et d'équilibre dans la production mondiale des connaissances.*

*La logique locale mise en exergue est une invitation à s'investir dans la durée, pour des solutions endogènes capables d'impulser des changements durables et de répondre aux besoins de progrès social du continent. Cette approche nous conduit à concevoir le développement comme le résultat de réponses locales pertinentes aux défis locaux: sécurité alimentaire, changement climatique, santé, urbanization;tout en valorisant les apports extérieurs en matière de découvertes et d'innovations. Une telle appropriation de la science par et pour l'Afrique devient un moteur essentiel de son développement souverain.*

*Cette souveraineté scientifique, souhaitée par l'auteur, doit constituer le socle des autres formes de souveraineté. Elle permettra d'éviter la dépendance chronique du continent à toutes ses formes de solutions importées. Il faut donc développer et soutenir notre capacité à innover, à maîtriser la science et la technologie, pour créer des solutions locales contextualisées pour le développement endogène.*

*Les réflexions du professeur Cheikh Mbow sont un appel au devoir de prendre position, d'agir et de réformer en profondeur l'enseignement et la recherche en valorisant les savoirs endogènes et les sciences appliquées. Il s'agit de réorienter la formation scientifique vers le développement économique, afin de résoudre la désaffection des jeunes pour les filières scientifiques, de freiner la fuite des talents et de redonner à la jeunesse africaine le goût et la passion pour la science et la technologie, leviers essentiels de la transformation rapide et durable de nos sociétés.*


**Professeur Awa Marie Coll SECK**

*Présidente de Galien Africa*

*Ancienne ministre d'État, ancienne ministre de la Santé*

*Membre de l'Académie nationale des sciences et techniques du Sénégal*

# Introduction

À ce moment de ma vie, je me suis décidé à partager des réflexions puisées d'un itinéraire professionnel fait de turbulences dans la recherche scientifique et d'une mémoire récalcitrante à l'oubli de ce qui m'a façonné. J'écris ce livre pour partager le ressenti profond d'un professionnel de la recherche scientifique qui a navigué entre satisfactions et déceptions, autour des espoirs, réalistes ou pas, d'impulser le progrès en Afrique. Les idées véhiculées dans ce livre sont tirées du substrat de mon parcours et des concours de circonstances qui m'ont conduit à exercer plusieurs fonctions dans le domaine de la production et de l'utilisation des connaissances scientifiques. Il s'agit de réflexions d'une personne ordinaire, d'un « chercheur », d'un « acteur » de la vie académique et du développement qui, par la force persistante des choses, a suivi un cheminement dont les itinéraires et les destinations renseignent sur les troubles et remous de la production scientifique en Afrique.

Je suis un Africain-Sénégalais, j'ai grandi dans une petite ville, Louga, au milieu du Sahel, et j'ai travaillé successivement pour l'Université Cheikh Anta Diop de Dakar (Sénégal), le Centre mondial de recherche sur l'agroforesterie (ICRAF) à Nairobi (Kenya), en tant que chercheur principal, à START-International, à Washington DC

(USA), comme professeur et directeur de Future Africa Institute[1], et enfin en tant que directeur d'un centre d'excellence régional appelé Centre de suivi écologique (CSE), basé à Dakar. Pendant 25 ans, j'ai donc contribué à de nombreux programmes de recherche tels que le Programme mondial sur les terres (Global Land Program), le Programme international géosphère-biosphère, l'Observation mondiale du couvert forestier (GOFC/GOLD), le GIEC et Future Earth.

Je suis animé principalement par le désir de connaitre et de comprendre les merveilles de la vie et de l'humain, la science vectrice de transformation sociale. Cela se manifeste en moi comme une soif continue d'apprendre, une passion pour les découvertes, ou une motivation à explorer et à lever des incertitudes, conduisant à l'évolution et au progrès. Cette curiosité scientifique vient avec la satisfaction d'apprendre et l'obligation de création de connaissance pour servir nos pays et notre continent. La gratification de se rendre utile, de s'engager pour le bien commun au lieu de commander ou de dissuader devient un modus vivendi. C'est alors par devoir et par nécessité que s'impose l'impératif de faire entendre la voix de l'Afrique par la science produite par les Africains pour les Africains.

Mon ambition professionnelle allait au-delà de ce que pouvaient percevoir mon entourage immédiat. Je faisais mien l'engagement des intellectuels africains qui se sont érigés en bouclier contre les messages de dépravation intentionnellement conçus pour dévaluer notre cher continent. Dans ce type de mission, j'allais dire *de combat* pour notre société, on n'est pas trop nombreux devant la pluralité des antagonismes qui sont à la fois externes et internes.

Au cours de mon parcours, j'ai appris que la perception par les autres et de nous-même était prise comme une large part de la réalité. J'ai été en contact avec un monde scientifique pour le moins éclectique, de différentes obédiences et de cultures diverses, des laboratoires ou des groupes de recherche à la pointe de la technologie à Michigan State University (USA), USA Global Change Research

---

[1] Future Africa Institute, à l'Université de Pretoria (Afrique du Sud), est une plateforme de recherche panafricaine et transdisciplinaire pour promouvoir le leadership scientifique et influencer les politiques pour un avenir prospère, équitable et durable. Elle sert d'incubateur de projets de recherche, de lien entre les chercheurs pour catalyser le développement du continent.

Program (USGCRP), Université de Sherbrooke (Canada), University of Copenhague (Danemark), Université de Pretoria (Afrique du Sud), ou alors avec les programmes de recherche de la NASA et de l'ESA[2] et avec les institutions de recherche les plus excentrées, quasi absentes de la carte académique. La distance académique et culturelle entre ces centres de recherche faisait qu'il fallait se recréer devant chaque situation. On n'est pas le même chercheur selon qu'on est aux USA ou dans les laboratoires moins dotés, simplement parce qu'on vous perçoit différemment. C'est certain que l'espace dans lequel on se meut influence inévitablement nos aspirations et nos ambitions, mais aussi notre cotation intellectuelle. Mais je dois avouer que plutôt qu'un choix, ma carrière scientifique a été un voyage providentiel dont je ne maitrisais ni la destination ni le chemin. Tout était concours de circonstances, sous l'impulsion de mains tendues, parfois perceptibles, souvent non, sous couvert de mystérieuses contingences.

Le privilège de travailler avec des sachants compétents, éclairés, adeptes de la qualité et dotés d'un profond sens de l'humanisme fait du métier de chercheur une exception professionnelle fondée sur l'acceptation volontaire du devoir, du sacerdoce et de l'éthique. La recherche du vrai, du précis, du juste, de l'utile, fait du chercheur un être complexe, parfois mal compris, souvent isolé de la société. Je vous le dis franchement, j'ai les pires défauts d'un chercheur, c'est-à-dire que je m'évertue à tout relativiser, à tout soumettre au questionnement, même les certitudes les plus apparentes.

Garder son étiquette d'être social qui vit sa société comme tout le monde et explorer des horizons cognitifs qui vous détachent du vécu quotidien est souvent vu par le chercheur comme une tension forte rendant ambiguës notre aventure humaine et notre vie en société, surtout dans le contexte africain où les coutumes et les traditions sont des repères existentiels inévitables. Ces traditions, celles qui ont permis de structurer les connaissances solides et efficaces pour le vécu des peuples, m'ont le plus fasciné. On a appris à l'école « des Blancs » des choses qui étaient beaucoup plus structurées et d'une portée

---

[2] NASA : National Aeronautics and Space Administration.
ESA : European Spatial Agency.

pratique plus affirmée avec les « connaissances directes »[3] acquises au fil des millénaires par les sociétés africaines.

Les réminiscences me parviennent comme des légendes racontées par ma mémoire et traduites par les tambours invisibles, mais audibles, des faits du vécu. Le rendu que je propose dans ce livre est, hélas, fait avec « un vocabulaire venu d'ailleurs pour traduire un cœur venu du continent africain »[4]. Devant puiser au plus profond de mes convictions, les ailes du souvenir se déploient sans retenue avec, pour m'en excuser, des interprétations discutables sur une vision du monde scientifique africain qui n'a qu'une seule ambition : remettre l'Afrique et ses cerveaux à la bonne place. Aucun espoir n'est permis sans des cerveaux pour mener l'action depuis la conception jusqu'à la réalisation. Ces cerveaux sont les produits de la société et du vécu des groupes épistémiques dans lesquels ils sont formatés. C'est en voulant devenir un contributeur de la marche de notre société que je me suis rendu compte que les apparats de la science sont taillés à l'aune des aspirations sociales, qui influencent celles des scientifiques eux-mêmes. Je me suis engagé sans prétention dans cet exercice, mais avec sérénité, pour isoler des faits d'une particulière singularité afin de proposer un diagnostic des défis contemporains pour une production de connaissances scientifiques permettant d'accélérer le développement de notre continent.

Pour ne pas surprendre le lecteur, je dois décliner ici mes centres d'intérêt scientifiques, c'est-à-dire mon identité professionnelle. J'ai travaillé essentiellement sur la résilience des écosystèmes. J'ai progressivement travaillé sur les dynamiques terrestres comme la déforestation aux feux de brousse, ou l'exploitation des produits forestiers. Mes recherches sur la réponse des forêts naturelles au changement climatique, y compris le potentiel de séquestration du carbone, m'ont permis de contribuer aux travaux du GIEC pendant une décennie. À la fin de cet engagement au GIEC, j'ai beaucoup travaillé sur la productivité des terres à travers les systèmes agroforestiers, les défis de la sécurité alimentaire, l'approche

---

[3] « La connaissance directe » : expression utilisée par Cheikh Anta Diop.

[4] Par analogie au dilemme de Léon Laleau qui affirme son « désespoir à nul autre égal d'apprivoiser avec des mots de France, ce cœur qui (lui) est venu du Sénégal ». (Léon Laleau, cité par L. S. S. dans son *Anthologie de la nouvelle poésie nègre et malgache de langue française*. Paris : Seuil, 1948.)

holistique des systèmes alimentaires et leur implication dans le changement climatique et la dégradation des terres. Ces aspects sont au cœur des risques humains et mes recherches se concentrent sur les mesures d'atténuation et les solutions locales pour lutter contre la dégradation des terres et le changement climatique.

Se fondant sur cette expérience, ce livre est à la fois une expression de l'espoir que porte la science et un partage de perspectives quant aux limites de la science en Afrique. Il traduit une vision de la manière dont nous envisageons l'avenir de l'Afrique dans les décennies à venir et le type de transformation dont nous avons besoin. Il est désormais reconnu dans les cadres de développement durable que nous devons faire face à des systèmes socio-économiques et socio-écologiques couplés, d'une grande complexité. Faire face à la dynamique complexe des ressources naturelles et à des problèmes connexes nécessite de transcender les frontières disciplinaires pour mobiliser une communauté beaucoup plus large, prête à travailler de façon holistique pour une co-conception constructive de solutions durables.

Les défis actuels du développement en Afrique doivent être relevés avec de nouvelles connaissances et de nouveaux comportements qui facilitent la production de résultats transdisciplinaires, permettant l'utilisation des résultats scientifiques de manière efficace et productive. Il s'agit d'infuser la science dans la société pour accélérer la transformation du continent. Les actions stratégiques que je propose se résument à deux aspects : les défis politico-opérationnels et le financement de la recherche. Un scientifique doit avoir une agilité hors laboratoire pour répondre à un besoin social et mobiliser les ressources et les moyens pour atteindre ses objectifs consistant essentiellement à répondre aux besoins de la société.

La survie d'un scientifique dépend dans une large mesure de sa capacité à sceller un partenariat actif autant avec des scientifiques qu'avec les services de développement qui relèvent de l'État ou des ONG, des industries et des services techniques déconcentrés. Cette aptitude n'est cependant pas donnée à une grande majorité des chercheurs et il s'agit là d'un levier pour impulser le cycle de l'action avec l'application de la connaissance produite localement. La recherche, notamment celle des universités, n'est pas suffisamment financée par nos États, mais les salaires des chercheurs sont garantis par les services publics. La conséquence, c'est d'avoir une grande majorité qui n'est pas suffisamment encline à trouver des financements pour elle-même. A contrario, la compétitivité des centres de recherche internationaux, comme les CGIAR (Consortium of International Agricultural Research Centres), viendrait du fait qu'il faut à la fois publier ou périr, mais aussi lever des fonds pour garantir sa survie professionnelle. Disons-le en passant, cet état d'esprit a des inconvénients puisque l'impact de la recherche n'est pas toujours garanti. Se tirer d'affaire, pour ces centres internationaux, c'est souvent savoir sécuriser son salaire à travers les projets ; leur mandat n'est pas souvent clair et la promesse de transformer l'Afrique par la science reste une véritable arlésienne.

Par ailleurs, cette inadéquation entre le financement de la recherche et la demande scientifique constitue le premier niveau de faiblesse et certainement le plus inquiétant puisqu'elle inhibe toute possibilité de structurer les réponses humaines et techniques permettant d'apporter les solutions de développement à la société. Les faibles capacités de recherche influent directement sur la qualité de la formation qui s'appuie nécessairement sur les résultats scientifiques pour établir la panoplie d'applications permettant de relever les défis quotidiens. La stratégie globale reposera donc sur des actions stratégiques complémentaires portant à la fois sur le développement d'une masse critique de scientifiques et sur une confluence d'innovations et d'informations pertinentes pour la société. Se doter d'un nombre critique de scientifiques dans différents domaines ne suffit pas. Il faudra aussi penser à trouver de la cohérence dans les activités de recherche et établir les convergences transdisciplinaires pour répondre aux questions émergentes caractérisées par des relations de causalité propres aux systèmes complexes.

Le soutien aux programmes d'étude et de recherche a longtemps ignoré l'impérieuse nécessité de promouvoir la collaboration intra-africaine pour assurer une production massive de connaissances sur des problématiques spécifiques au continent. Établir des réseaux fonctionnels d'experts et de centres communs d'excellence qui seront chargés de fournir des connaissances scientifiques adaptées aux besoins des parties prenantes à différents niveaux devient une obligation pour améliorer l'empreinte de la recherche en Afrique. Il s'agit d'impulser une solidarité scientifique active qui incite les principales universités et les centres de recherche à travailler dans un esprit de co-construction des connaissances dont le continent a besoin. En termes simples, il s'agit d'un « panafricanisme scientifique » qui devrait compléter la dynamique des grands ensembles régionaux et celle de la Commission de l'Union africaine. Ces grands principes que sont l'appui à la recherche pour mettre en adéquation la demande et l'offre de connaissances ainsi que la nécessité d'intensifier les liens entre chercheurs africains sont des fondements pour amorcer le changement souhaité.

Pour ce travail, nous ne cherchons pas des fautifs ou des héros, encore moins les prodiges dotés de capacités exceptionnelles. La passion mène au meilleur et au pire. Nous adopterons une analyse inclusive simple, plus orientée sur les formes d'expression de la science devant les défis africains et surtout, ce qui constitue les goulots d'étranglement qui nous empêchent de croire à un destin positif.

L'Afrique est le berceau de l'humanité, par conséquent, c'est le point de départ des civilisations et donc des sciences. Permettez-moi cette déduction facile pour opérer le choix de parler de l'Afrique comme première terre des sciences. Nous savons tous que notre continent a permis le développement de réflexion scientifique sur l'astrologie, les mathématiques, la philosophie, la science de la vie et de la terre, etc. Ces sciences ont évolué sous plusieurs formes depuis des siècles et ont abouti à une forme normative véhiculée par les universités occidentales. Les universités ont commencé à émerger en Europe au Moyen Âge, plus précisément au XIe siècle. Cela fait suite à l'arrivée des peuples africains en Europe sous forme de conquêtes religieuses ou d'échanges commerciaux avec la partie nord du continent.[5] Historiquement, l'Université de Bologne, fondée en 1088 en Italie, est souvent considérée comme la première université européenne.[6] La coïncidence perceptible de l'influence africaine sur l'Europe suite aux conquêtes des peuples du nord de l'Afrique est à souligner, même si je ne me risquerai pas à lier les deux dynamiques historiques.

---

[5] Bernard Nantet (2015). *Histoire du Sahara*. Éditions Tallandier.

[6] Voici quelques-unes des plus anciennes universités européennes : Université de Bologne (Italie, 1088) ; Université de Paris (France, 1150) ; Université d'Oxford (Royaume-Uni, 1167) ; Université de Cambridge (Royaume-Uni, 1209) ; Université de Salamanque (Espagne, 1218) ; Université de Padoue (Italie, 1222) ; Université de Naples (Italie, 1224) ; Université de Toulouse (France, 1229) ; Université de Montpellier (France, 1289).

Ces universités ont joué un rôle clé dans le développement de l'éducation, de la recherche et de la culture en Europe. La connaissance scientifique produite en Afrique et par les Africains a influencé fortement les institutions académiques européennes, même celles qui ont cherché à s'autosatisfaire de leur soi-disant suprématie intellectuelle et qui finissent par puiser dans les sources intarissables de la sagesse africaine. Les meilleurs anthropologues européens de l'époque coloniale ont été les curieux les plus habiles à transcrire les connaissances africaines.

Le professeur Cheikh Anta Diop[7] a rigoureusement démontré l'antériorité des civilisations africaines en mettant l'accent sur les fondements scientifiques qu'il explique par les migrations humaines depuis l'Égypte pharaonique et bien avant. Dans *Civilisation ou barbarie*, C. A. Diop dit que « dans la mesure où l'Égypte est la mère lointaine de la science et de la culture occidentale, la plupart des idées que nous baptisons *étrangères* ne sont que les images brouillées, renversées, modifiées, perfectionnées des créations de nos ancêtres. »

L'Afrique est berceau de l'humanité et donc tout ce qui est humain ne lui est pas étranger. Ces civilisations fondées sur un savoir et un savoir-faire africains n'ont bénéficié d'aucune influence étrangère, au contraire. Donc, le discours colonial consistant à dire que l'Afrique était un continent « vierge » est la plus grande absurdité de l'histoire.

La civilisation égyptienne a produit une science éclectique dans des domaines tels que les mathématiques, l'astronomie, la médecine et l'architecture, qui ont influencé l'histoire des sciences. Cette science robuste et riche qui a fasciné Hérodote se révéla être un don du Nil. Elle fut longue de trois millénaires, productive et consistante. Le focus sur l'Égypte met regrettablement au second plan la grande civilisation du pays de Pount, sur le territoire actuel de la Somalie et du Soudan, plusieurs siècles avant J.-C., ou celle du royaume de Koush à la même époque, tout comme le royaume d'Aksoum, situé au nord de l'Éthiopie.[8] Pour rappel, les bassins scientifiques et civilisationnels rapportés dans les livres d'histoire nous permettent de citer quelques

---

[7] Cheikh Anta Diop (1923-1986), historien.

[8] Claude Rilly. « L'autre Terre des pharaons ». *Histoire et civilisation du Soudan*, edited by Olivier Cabon, Africae, 2017. https://doi.org/10.4000/books.africae.2812.

exemples, qui sont loin d'être la liste complète des lieux d'expression du génie africain pendant les périodes lointaines. Il s'agit de :

- la culture nok (de 1000 à 300 avant notre ère), sur le plateau du Nigeria, que la découverte, en 1928, de sculptures d'une grande sophistication a rendue célèbre ;
- la civilisation Sao, depuis le VIIe siècle avant J.-C., existait dans les basses vallées du Logone et du Chari, sur les territoires actuels du Tchad, du Cameroun et du Nigeria ;
- l'empire du Ghana, en 1240, l'une des civilisations les plus cosmopolites, longtemps terre de cohabitation entre des Arabo-Berbères et des Soninkés, aux confins de la Mauritanie et du Mali actuels ;
- le mystérieux empire du Grand Zimbabwe, aussi appelé l'empire du Monomotapa, dont les impressionnantes ruines sur 7 $km^2$ ont été révélées, en 1871, par l'explorateur allemand Karl Mauch. Le drapeau du Zimbabwe comporte un oiseau qui est la réplique d'une statue trouvée sur ce site.

Aucun talent scientifique ne saurait mieux exprimer le rôle de l'Afrique dans la civilisation mondiale que l'historien Cheikh Anta Diop ainsi que tous ceux, mus par le principe d'africanité, qui ont eu le courage de rompre avec les idées reçues. Tous les hommes vivant aujourd'hui sur notre planète sont « d'origine africaine »[9]. L'ancêtre des Britanniques avait la peau noire, il s'appelle « Cheddar Man », et son ADN prouve son origine africaine il y a 10 000 ans. Cela confirme et consolide le fait que l'Europe dite leucoderme (blanche) au gré des adaptations au climat froid était d'abord une Europe mélanoderme (noire). L'Afrique est la terre natale de l'Homo sapiens, l'espèce humaine qui y est apparue il y a 200 000 ans et qui est sortie du continent pour se répandre à travers le monde, il y a environ 70 000 ans, « *out of Africa* ». Et depuis lors, à chaque fois que l'Africain est sorti du continent, il s'est passé une révolution scientifique majeure. Même l'esclavage combattu par les Africains a

---

[9] L'origine africaine de l'Homme moderne est la théorie la plus communément admise. Cette théorie porte aussi l'appellation anglaise *Out of Africa* qui renvoie aux migrations du genre *Homo* hors d'Afrique au cours du Paléolithique. Joël Ignasse, « L'Homme moderne a bien une origine africaine unique », Accès libre, 2007.

fini d'imprimer une marque indélébile dans la production de connaissances mondiales et a porté les germes d'une modification profonde de la science. La nouvelle vague migratoire par les bateaux de fortune, qui fait rage depuis deux décennies en Afrique de l'Ouest et à travers le désert du Sahara, risque de devenir un autre cycle transformationnel avec tous les jeunes Africains qui vont dans les pays du Nord.

Comment pourrait-il en être autrement d'ailleurs, puisque la cristallisation des civilisations indo-européennes n'a pu se réaliser que pendant l'Holocène (ère géologique caractérisée par la stabilité du climat)[10] au moment où l'Afrique avait un climat plus propice (chaud et humide) qui a permis de développer des connaissances existentielles favorables à l'éclosion de la vie en société ? Avec les nombreuses mutations que connait notre planète, notamment les changements globaux, dont les changements climatiques, force est de reconnaitre que cette science, qui a permis à ces révolutions d'impulser ce qu'on appelle le progrès, a fini par nous installer dans une nouvelle ère, qu'on appelle l'anthropocène, et qui démontre que les mutations actuelles de notre planète ne sont plus dues à des évènements naturels mais bien à l'homme.

La science moderne, avec son lot de « rigueurs normatives », est à mettre au banquet de l'éthique et de la sagesse pour opposer le « progrès » à la « précaution » puisque, plus que jamais, nous sommes devenus les vrais pourfendeurs de notre propre existence avec la rigueur mécanique de la science qu'on ne filtre pas assez avec le discernement de la morale et des exigences de la nature. Les questions soulevées dans ce livre sont une série de circonspections sur cette science de possession, d'exclusion et de domination. Elles portent aussi particulièrement une remise en question de ce que l'Afrique fait de la science pour son propre épanouissement social. Quelles en sont les opportunités et les barrières pour commencer une nouvelle page dans notre dynamique collective ? L'intention derrière les idées partagées ici, c'est de libérer la réflexion pour redéfinir les cadres et

---

[10] L'Holocène est une période (depuis 11 700 ans) de l'histoire de la Terre où la planète était stable et chaude, et où les humains sont passés du statut de chasseurs-cueilleurs à des sociétés sédentaires. Elle est remplacée par une nouvelle ère appelée Anthropocène, un terme utilisé pour décrire l'ère géologique actuelle dans laquelle l'activité humaine a un impact significatif sur la Terre.

options permettant de lever les contraintes qui ont fini par suffoquer le scientifique africain ou celles qui ont conduit à oppresser des talents qui auraient pu, dans un élan original d'africanité, proposer à l'humanité une dimension singulière de la science « made in Africa » pour un développement durable tel que créé et vécu par nos ancêtres.

Cette Afrique-là, méconnue, stéréotypée, ensevelie dans les décombres cyniques du fait colonial, cette Afrique-là n'est pas une Afrique dépourvue de science. Il s'agit d'une Afrique qui, pendant longtemps, a développé des systèmes de connaissance performants qui n'ont rien à envier aux sciences importées, qu'elles soient cartésiennes ou abstraites. Or, notre confiance en un futur radieux pour l'Afrique ne peut se concevoir qu'avec le développement de la science qui reflète l'aspiration du continent. Sans science domestique, pas de futur pour notre continent. Je peux me permettre d'être catégorique sur ce point !

Mais c'est quoi la bonne science pour l'Afrique ? Question très difficile à traiter. Tout ce que je sais, c'est que le suivisme ne nous permettra pas de répondre adéquatement à cette interrogation. Cet engagement pour un « rattrapage » est contre-productif puisque les besoins de connaissances ne sont pas les mêmes et l'effort cognitif qui les sous-tend ne doit pas être structuré de la même manière entre l'Afrique et les autres continents.

Les barrières physiques, qu'elles soient naturelles ou faites par l'homme, n'ont jamais pu arrêter la circulation des idées scientifiques, et ces dernières sont véhiculées par des cultures et des civilisations diverses. Utilisant différents mécanismes de partage de connaissances, les hommes ont pu, au gré des échanges séculaires, pénétrer les murs de l'isolement soit par persuasion, soit par dissuasion, pour un brassage culturel qui, dans une large mesure, entraine une fertilisation croisée des humanités. C'est en s'enrichissant de nos différences que l'on converge vers l'universel[11].

Devant cette logique implacable des influences, il est important de préserver ses racines, sa science, en forgeant un caractère humain propre à sa société comme fondement de tout le reste. Cette protection du savoir selon les groupes sociaux passe par la préservation des

[11] L. S. Senghor a théorisé la civilisation de l'universel sous l'angle des différences culturelles.

structures sociales en place, y compris celle des valeurs familiales, et par le système de production de connaissance et d'apprentissage. La détérioration du système éducatif trouble les modèles sociaux et les références tout en dépréciant la réputation, la valeur et l'utilité des connaissances endogènes. Les maitres et les érudits africains ont subi toutes les formes d'agression par le régime colonial pour qu'ils doutent d'eux-mêmes ou alors pour qu'ils ne soient pas écoutés par leur peuple afin que leur conquête des esprits se perde intégralement et définitivement de notre mémoire collective. La dilapidation de la conscience collective et de l'estime de soi était le premier choix pour dégrader les **valeurs humaines** des Africains. Cette mission n'a jamais pu réussir grâce à plusieurs résistances d'intellectuels, religieux notamment, au niveau du continent.

Le caractère « universel » de la science a été l'excuse pour ruiner toute réflexion périphérique aux approches de production de connaissances occidentales, même si une large part de cette science s'est avérée être d'origine africaine. C'est le caractère normatif de cette science dite moderne qui élimine les autres formes de construction des connaissances, dont celle des communautés africaines. Il n'y a pas de science a priori qui soit bonne partout. La bonne science est celle qui est comprise et qui répond aux aspirations des communautés pour lesquelles elle est produite. Pendant la période coloniale et après les indépendances, l'infusion de la science occidentale à travers plusieurs approches comme l'assistance technique nous a habitués à la dépendance aux autres pour réfléchir, à notre place, sur nos problèmes et créer ainsi une passivité inquiétante devant la tyrannie des solutions importées.

En écrivant ce livre, je prends le risque mesuré mais assumé consistant, d'une part, à soulever des questions qui seront interprétées comme étant des dénonciations de certaines catégories professionnelles censées promouvoir la science, et de l'autre, à restreindre la réflexion sur les défis plus proches de mes sensibilités scientifiques, ce qui pourra limiter la profondeur de l'analyse. J'étais confronté notamment au désir de décrypter le monde réel et de l'opposer au monde idéal ou aux mondes possibles en m'appuyant sur des situations vécues.

Avoir des idées sans idéaux vous rend libre dans l'effort intellectuel, mais limite l'ambition. La poursuite des idéaux se traduit par une obligation morale de les atteindre ; elle devient astreignante, contraignante en ce sens qu'elle réduit notre flexibilité cognitive. Les deux problèmes que cela pose, c'est qu'un idéal n'est jamais parfait, il dépend du niveau d'ambition et des aspirations individuelles, et ensuite, il est une réalité fuyante qui se redessine sous d'autres formes au fur et à mesure qu'on fait des progrès pour l'atteindre. L'un dans l'autre, le monde réel nous rappelle toujours ce qui est possible, mais pas toujours ce qui est désirable. Chacun a un rêve, accompli ou non..., on veut toujours des choses loin de nous... germe de l'ambition. Il faut libérer tous les sens humains qui structurent nos ambitions pour fructifier la science dans sa plénitude. Il s'agit de ne pas nous limiter aux connaissances techniques comme dimension suffisante du savoir mais d'aller vers une pluralité de connaissances pour un mieux vivre.

L'autre risque dans cette critique de la science en Afrique est d'ordre relationnel, c'est celui de perdre des alliés et des amis qui pourraient percevoir à travers ces écrits l'esprit mélancolique d'un frustré. La réplique que le jugement a été trop réducteur est une possibilité. Cette peur du rejet est sans commune mesure avec la satisfaction de dénoncer certaines pratiques que je trouve inadéquates pour asseoir une science africaine qui serve à l'Afrique. Le marteau et l'enclume sont faits pour forger la vie des objets. Nous nous imposons alors cette dialectique des idées pour faire avancer notre continent.

Les défis identifiés pour la science africaine ne sont pas sortis *ex nihilo*, ce sont des expériences vécues ou comprises en écoutant d'autres scientifiques. Mon parcours n'a rien d'exceptionnel, ce sont les faits vécus pendant ce parcours qui m'ont fouetté au plus profond de mon orgueil d'Africain pour ne pas vouloir taire ce que j'ai compris pendant un quart de siècle de vie professionnelle dans le domaine de la science.

Mon objectif n'est pas de vous convaincre, parce que mon expérience reflétée dans ce livre n'est peut-être pas la vôtre, mais c'est un pas en avant pour soumettre à votre attention quelques aspects importants du développement scientifique persistant en Afrique autour des leçons sur la façon de relier les connaissances à l'action pour la durabilité, pour identifier des exemples spécifiques pour éclairer ces leçons et mieux intégrer la science à la société pour favoriser le développement du continent.

Ce livre n'est pas un sermon ciblé sur le retard scientifique africain, parce que nous n'avons aucun retard à combler. Nous ne courons derrière personne. Ce que nous avons cherché à traduire, ce sont les choix qui déterminent les itinéraires à suivre pour produire des connaissances calibrées à nos besoins d'Africains.

# Le portrait du livre

Les contours de la science en Afrique sont un sujet largement débattu, ils font l'objet de profondes analyses depuis les « révoltes idéologiques » des panafricanistes des périodes pré et post-coloniales. Toutes les disciplines et surtout la littérature (Senghor, Achebe), la politique (Nkrumah, Nyerere), la philosophie (Ntoundji), l'histoire (Cheikh Anta Diop), le septième art (Sembene Ousmane), etc., ont acquis leurs lettres de noblesse en structurant un débat consistant à remettre la dignité africaine à l'endroit. Ce débat se revivifie soixante ans après les indépendances avec des intellectuels qui n'ont qu'une relation distante avec les puissances européennes qui ont colonisé l'Afrique : des intellectuels décolonisés. Si au début c'était l'affaire de l'intelligentsia de la diaspora africaine d'Europe, comme le Quartier latin et les clubs négro-africains, maintenant, le mouvement est massif et porté par une jeune génération qui a fait sien l'effort de déconstruction des certitudes coloniales pour faire de la place à une originalité typiquement africaine.

À mon humble avis, il ne faut pas s'attendre à ce que ces débats prennent fin de sitôt. Le dernier mot revient à l'émergence de l'Afrique, un réveil de géant tant attendu. Nous sommes en plein dans une évolution à plusieurs étapes pour répondre à une question simple : comment la science africaine est-elle produite et progresse-t-elle pour servir le continent ? La première étape était celle de la contestation (négritude), la deuxième, le retour vers soi (égyptologues, Maryse Condé Ségou), la troisième, celle de la déconstruction (rapports alternatifs sur l'Afrique[12], l'Histoire générale de l'Afrique[13]). Cette déconstruction est devenue plus agressive puisque la nouvelle forme de contestation est celle basée sur l'argumentation scientifique anticonformiste et orientée vers l'intérêt de nos peuples sans s'attarder singulièrement sur les dissonances concernant le critère de scientificité des disciplines.

Les forces motrices de cette dialectique sont pour moi à chercher dans les interactions entre acteurs de la recherche et leurs stratégies individuelles et collectives pour asseoir une originalité africaine dans la science. Il ne s'agit pas des préférences théoriques pour un courant de pensée ou pour un autre, mais des reformulations, de nouvelles théories, des innovations et des rhétoriques qui s'appliquent aux besoins locaux. Les oppositions d'arguments scientifiques autour de centres d'intérêt académiques n'excluent pas le souci de convergence sur les réponses apportées par les chercheurs africains. Les scientifiques africains de notre époque ont le double défi de maitriser les théories dominantes et de proposer des nouveautés scientifiques sans être captifs du biais de la soumission à un mode de pensée européocentrique.

Sur un autre registre, l'Afrique est soumise aux standards venus d'ailleurs pour l'évaluation des performances scientifiques et des critères de développement et d'amélioration de l'innovation scientifique. Le plus important est de comprendre comment les chercheurs ont pu saisir les opportunités de recherche et comment ils ont pu surmonter les obstacles pour devenir des scientifiques hautement performants. Ce livre propose un ensemble de défis quotidiens auxquels sont confrontés les chercheurs et, par conséquent,

---

[12] Le Rapport alternatif sur l'Afrique (RASA) est une initiative d'institutions africaines et internationales de renom (Enda Tiers Monde, Forum du Tiers Monde, TRUSTAFRICA, Fondation Rosa Luxembourg, l'Institut des futurs africains [IFA], CODESRIA, Institut de prospective agricole et rurale [IPAR], PANAFRICARE, l'AFARD [Réseau des femmes africaines pour la recherche et le développement], LEGS AFRICA, l'Alliance pour la refondation de la gouvernance en Afrique [ARGA], West Africa Think tank [WATHI], OXFAM), dont la vocation est de travailler à la souveraineté intellectuelle du continent et redonner aux institutions et citoyens africains la capacité de projection vers l'avenir selon leurs propres imaginaire et intérêts.

[13] *Histoire générale de l'Afrique*, entreprise par Amadou Mokhtar Mbow à l'UNESCO.

s'appuie sur les performances de la science mais aussi sur une série de blocages qui limitent le développement de la science en Afrique.

Les scientifiques africains doivent s'arroger la même ambition et le même honneur de devenir et rester des agents du changement que les hommes politiques. L'histoire d'autres continents montre une reconnaissance tout aussi forte envers les savants qu'envers les leaders politiques. Il faut, pour cela, déjà corriger les rapports du scientifique avec la société. La science devrait d'ailleurs être dotée d'un pouvoir transformateur plus puissant que les politiques du fait de son universalisme et de son intemporalité. Les vérités scientifiques durent plus longtemps que les idéologies politiques. Les idéologies n'ont de sens que dans des contextes sociaux et des moments précis de l'histoire alors que les acquis scientifiques, même ceux qui sont révocables, servent toujours, dans une logique de contradiction dialectique, à faire évoluer les connaissances scientifiques.

Malgré ses apparences de transparence, l'action politique se fonde souvent sur des vérités souterraines, sur des arrangements mystérieux, alors que la science répond du principe intangible de l'ouverture, de la réplicabilité et de la lumière dans les conditions de mise en œuvre des connaissances afin que nul ne les ignore. Le mérite d'un homme politique, c'est de garder le mystère, et le mérite du scientifique, c'est de révéler le mystère. L'un craint de divulguer ce qu'il sait, l'autre craint de garder ce qu'il sait.

Les cerveaux africains doivent être porteurs d'espoir et sous ce rapport ils doivent cesser d'être des spectateurs. Cet espoir doit germer à la fois dans la tête et des scientifiques et des hommes politiques, parce que le destin de l'Afrique dépendra de la bienveillance mutuelle entre les deux. Cette convergence entre science et politique permet de passer de l'impact du business au business de l'impact parce que les Africains doivent tout simplement mieux vivre. Une philosophie de l'action doit naître de ce besoin (penser et agir, *think and do*) qui vient avec son lot d'exigences pour changer ou faire face aux besoins émergents, y compris les nouveaux défis comme le changement climatique ou les mutations sociales portées par une jeunesse très exigeante et informée.

Il faut une culture des résultats avec comme leitmotiv une systématisation de l'impact de nos actions. Retenir ce qui est bon et remodeler ce qui ne l'est pas restera le choix pour tout progrès ; le changement du statu quo, une amélioration du système qui ne signifie pas un changement systématique des objets mais de leurs relations. Oui, il y a des valeurs et de bonnes choses à conserver malgré le besoin d'un redémarrage (*rebooting, rebasing*). C'est avec cette sagesse que les talents africains pourraient s'accommoder des attentes du client qu'est le peuple.

Cette solidarité dans l'interface science/politique permet d'échapper aux filets des puissances extérieures, armées de tous les atouts cognitifs et de communication (soft power) pour déconstruire, affaiblir nos systèmes afin de les accaparer et d'exercer cette fonction de domination dont elles ont du mal à se départir. La liberté de penser permet de relativiser l'action politique et de lui offrir des alternatives. La veille sociale par la science devient alors un gage de stabilité politique et de progrès social. Le contrôle de la pensée devient ainsi un fort levier de contrôle social, et c'est cela qui est recherché par les influences intellectuelles promues par les programmes de leadership scientifiques pour canaliser les dynamiques collectives.

L'utilité de la recherche commence donc par concevoir l'innovation dans le développement afin de déployer les efforts d'investigation permettant de stimuler les applications scientifiques pour répondre aux problèmes émergents. Les pays asiatiques, notamment la Chine, le Japon, la Corée et Singapour, sont des modèles achevés de la fusion entre les aspirations locales et la domestication de la recherche. Pour passer d'une économie d'émergence à une puissance économique enviable, ces pays asiatiques ont commencé par deux fondamentaux : premièrement, la restructuration des guides pédagogiques depuis les classes d'initiation, et deuxièmement, l'édification des infrastructures de recherche en y mettant l'effort d'investissement à la dimension de l'ambition affichée. Une telle infrastructure ne se résume pas dans des bâtiments clinquants et scintillants, mais surtout dans les outils et des laboratoires de recherche modernes dont une grande partie devrait être conçue localement.

Nous examinons alors l'état du développement scientifique avec une opinion personnelle sur les différents défis tels que les bravades structurelles quotidiennes, les goulots d'étranglement tout le long de la chaîne de valeur du savoir, la complexité des constructions sociales et les normes inspirées des modèles importés qui affectent négativement quasiment toutes les dimensions de la science. Les avancées mitigées des modèles importés de la science, dits conventionnels, s'expliquent par une résistance des offres non normatives qui peinent à assurer des impacts sur le continent parce que non promues, non reconnues par les politiques publiques de recherche scientifique. Une approche ascendante de la recherche permettant de formaliser un système de production de connaissances qui est au moins une approche hybride entre les méthodes occidentales et les connaissances empiriques produites localement serait une bonne option.

À l'heure actuelle, l'Afrique doit contenir les tensions entre les exigences de durabilité (ODD, changement climatique, conservation de la biodiversité) et les urgences imposées par le chassé-croisé entre une croissance rapide de la population et la réduction drastique des bases productives des écosystèmes. L'équation est de savoir comment produire suffisamment pour une demande croissante tout en réalisant un excédent pour produire de la valeur ajoutée sans compromettre le capital naturel. Pour passer du statut d'importateur net à celui d'exportateur net de produits de première nécessité, nous devons plus que restreindre l'ambition à la seule satisfaction de la demande intérieure de biens et de services. Pour viabiliser nos modèles économiques, il faut produire suffisamment pour satisfaire les besoins et exporter pour créer des richesses.

Se développer, c'est aussi une question de relations internationales. Par conséquent, nous ne cherchons pas à singulariser la science africaine dans ce livre. Il ne sera pas question non plus de lui donner un statut particulier en l'opposant aux sphères scientifiques du reste du monde. Notre but, c'est simplement de donner une portée pratique et une reconnaissance de la production scientifique africaine pour le développement de nos pays. Pour aligner cette production scientifique africaine avec les normes scientifiques en vigueur, il faudra créer une synergie entre les valeurs universelles et celles locales. Cette synergie ne devrait pas être une conformité normative, mais une adoption des critères africains de performance dans l'application des connaissances. Cette convergence entre les biens publics globaux et les besoins pratiques au niveau local passerait par la transmission des connaissances à travers le prisme des valeurs culturelles locales. La dynamique transformationnelle de la vie des populations nécessite un démarquage avec les systèmes post-coloniaux qui se perpétuent malgré les réformes académiques depuis les indépendances. La supposition que ce qui fonctionne en Europe doit fonctionner en Afrique doit faire l'objet d'une profonde reconsidération.

La pensée localisée et contextualisée attirera l'attention sur l'importance de développer une compréhension ciblée de l'impact réel que la production scientifique est censée avoir. Parallèlement à la production de connaissances critiques, il faut des rapports pragmatiques entre la génération de connaissances et la résolution des défis quotidiens. La réussite de la mission scientifique dépendra essentiellement de la prise de conscience que les solutions importées sont souvent inappropriées. Cela nous amène à souligner que la science n'est pas un processus mécanique visant à produire des résultats désintéressés ou sans intention opérationnelle ou morale. En d'autres termes, la science africaine doit avoir comme objet la recherche de solutions à des problèmes concrets et devient par conséquent une construction sociale avec une intention transformationnelle, et rien que ça. Il faut alors mettre en place une traduction des connaissances scientifiques et une communication plus efficace pour une utilisation factuelle des résultats de la recherche. Nous devons réinventer les politiques de recherche en Afrique afin de créer de nouvelles opportunités de plaidoyer pour revigorer les capacités scientifiques dans de nouveaux domaines émergents.

Il existe de nombreux facteurs importants pour que le développement scientifique réponde efficacement aux besoins de la société. La nature des défis exige déjà un cadrage des connaissances transdisciplinaires en fonction de la situation de polycrises. Il s'agira aussi de la mise en conformité entre les modes d'apprentissage et les contenus produits localement. Une nouvelle politique scientifique à cheval sur les besoins de compétences nécessite à la fois de nouveaux contenus de formation professionnelle pour répondre aux besoins spécialisés, ainsi qu'une révision approfondie des structures académiques pour s'adapter aux exigences pratiques émergentes.

# Le déterminisme des influences

Né d'une mère analphabète (mais très cultivée) et d'un père presque autodidacte, qui a gravi les échelons à force de formations professionnelles, aller à l'école formelle pour acquérir des diplômes ne pouvait être un choix qu'avec le soutien d'un État bienveillant envers qui nous sommes très reconnaissant. Sur ce plan, le Sénégal, comme d'autres pays, a consenti au devoir régalien d'un État pour garantir la formation scolaire de ses enfants. La particularité du devenir des scientifiques est donc à trouver dans leur parcours.

Nous partons de réflexions et d'expériences personnelles à travers des circonstances heureuses ou malheureuses qui ont fini par faire de nous un acteur de la recherche aux influences variées dans diverses régions d'Afrique et du monde. Comme plusieurs scientifiques, je n'avais pas été prédestiné à devenir chercheur ; je n'en avais même pas l'ambition. Pour arriver là où j'en suis, j'ai utilisé les meilleurs côtés des nombreux « accidents » de parcours, provenant de concours de circonstances et qui m'imposaient des passions et des choix « sans regret ».

La première conjonction de circonstances de ma vie est d'avoir grandi à Louga[14], dans cet endroit qui aura subi les sécheresses les plus sévères d'Afrique qu'est le Sahel. Vivre dans un environnement hostile stimule la créativité, une réflexion profonde sur la condition humaine et suscite un esprit critique et l'appétit pour la découverte. Dans le vécu quotidien des Lougatois, tout effort pour libérer la créativité était avant tout et après tout inféodé dans le quotidien, puisque la culture et la connaissance sont des traits de caractère qui ont façonné et rythmé la vie sociale dans cette localité. Sous ce rapport, le liant social était une émanation de la foi religieuse, du talent artistique et de la performance scolaire. Louga est un microcosme de la pluralité culturelle qui traduit une identité plurielle forgée par un esprit d'ouverture et le courage d'embrasser la différence. Penser et agir tout en célébrant son identité culturelle et sa foi pourrait être le fondement social de notre détermination devant les défis de la vie.

Le deuxième facteur est l'environnement compétitif durant notre parcours estudiantin et professionnel, où les performances individuelles ne peuvent être reconnues sans affirmation de soi, le seul moyen d'appréciation de l'action persévérante érigée en vertu. L'excellence était d'abord une notion générationnelle, même si elle s'exprimait avec des performances d'individualités. On est d'un bon niveau scolaire parce qu'on est dans un groupe qui est bienveillant et performant. Dans cette culture africaine de fraternité de case et d'amitié de classe, on ne peut rien faire sans référence au groupe auquel on appartient. Dans cette solidarité collective, tout est mis en place pour donner une chance à tout le monde. Chacun peut aider ou se faire aider. Le baromètre, ce sont les espaces de socialisation, une forme moderne de « l'arbre à *palabre* »[15]. Ce terme est une expression violente de la condescendance coloniale. Les Africains n'ont jamais caractérisé ces lieux d'échange comme des espaces de palabre, c'est-à-dire de contradictions sans objet.

---

[14] Ville située au nord du Sénégal et qui est cœur du Sahel africain. Une ville moyenne qui a conservé les pures traditions des empires de la culture wolof.

[15] Lire l'article de Fweley Diangitukwa (2014). « La lointaine origine de la gouvernance en Afrique : l'arbre à

Palabres », Revue *Gouvernance*, vol. 11, numéro 1, 20 p.

L'origine de la gouvernance africaine trouve ses fondements dans ces lieux de partage et d'expression des sensibilités sociales. Dans ces mécanismes de partage de connaissance, la prise de parole est tout aussi importante que le choix de l'écoute et l'observation.[16]La parole étant un moment de déduction, elle n'a de sens qu'après une phase d'induction, c'est-à-dire d'appropriation des faits. C'est la parole qui établissait le lien social et qui était mise en exergue pour résoudre les conflits sociaux. La valeur de la prise de parole dépend de quatre situations : parler sans but ni objet (pour se faire distinguer), parler parce qu'on doit le faire, parler parce qu'on a le pouvoir, parler parce que c'est un devoir.

Le *penc*, en wolof (ma langue natale et maternelle), est une forme spécifique de médiation sociale institutionnalisée, un lieu de rencontre et de discussion public permettant aux acteurs de différentes audiences de décider du sort commun sur tous les domaines de la vie sociale. La volonté générale devient une loi qui s'applique à tous et s'obtient non pas avec des face-à-face entre les parties, mais à travers une certaine compatibilité « scientifique » des connaissances locales. Les espaces publics, les grand-places, deviennent ainsi des « espaces participatifs » d'où émane la vérité populaire. L'autorité devient ainsi la garante des règles communes et pas la source de celles-ci. Le dépositaire d'un pouvoir devient protecteur et serviteur et n'agit que pour l'intérêt commun. On entrevoit dans cette sagesse africaine les prémices d'une démocratie à l'africaine qui est fondée sur un système de partage de connaissances et une méthode inclusive qui donne du sens aux connaissances diverses sans arrogance et sans mépris. Cette approche encourage les convergences pour (r)établir la vérité afin de consolider les liens sociaux et l'unité[17], tout en collant à la culture locale et à la réalité africaine.

---

[16] Nelson Mandela en fait une description édifiante dans sa biographie, *Un long chemin vers la liberté*.

[17] Cette logique est décrite par Fweley Diangitukwa (2014). « La lointaine origine de la gouvernance en Afrique : l'arbre à palabres », *Revue Gouvernance*, DOI : https://doi.org/10.7202/1038881ar

Les lieux institutionnalisés de débat intellectuel par des groupes fraternels sont presque des couvents dont l'appartenance est définie par la génération de laquelle on est. Il est impossible, si on ne dispose pas des codes sociaux abstraits, de différencier les hauts fonctionnaires des ouvriers, les travailleurs des chômeurs. Ce réseau social permettait des échanges de connaissances, de confidences, de soutiens moraux et psychologiques, mais aussi de solidarité active pour permettre à chacun de réussir son entreprise sociale, y compris, pour notre génération, sa réussite scolaire.

Devant cette organisation sociale, il m'est arrivé d'opérer des choix personnels guidés par la passion plutôt que par les opportunités, pour maitriser certaines compétences pratiques. Le choix des sciences de la nature (géographie physique, biogéographie, botanique, agroforesterie) est une émanation d'un vécu d'une ruralité du fait d'un grand-père agriculteur, cordonnier et érudit de l'islam dont le travail (ici-bas) et la religion (pour l'au-delà) étaient deux facettes de la foi. L'école occidentale ouvrait une troisième option, celle du « métier du Blanc ». Mon père a amorcé ce basculement vers le « métier du Blanc » en devenant un sous-préfet, donc dans l'administration centrale de l'État. Cette fonction nous a fait valser entre plusieurs régions du Sénégal et enrichir notre ouverture culturelle, géographique, pour un pays aussi diversifié que le Sénégal.

J'ai fait un tour dans d'autres localités du pays au gré des affectations de mon père. Mes séjours remarquables à Birkilane, Gossas, Paos Koto, Bambey, Thiès, Kédougou, Kidira, Eloudia Wolof sont inoubliables du fait de la diversité des cultures et des écosystèmes qui les caractérisent. Cette diversité géographique m'a permis de vivre comme un homme du bled et m'a obligé à parcourir les champs, traire des vaches, chasser des outardes, conduire des calèches, et surtout m'essayer en agriculture avec mon petit troupeau de chèvres et mon potager à l'âge de 11 ans, à Paos Koto. J'étais devenu un apprenti paysan et un vrai citoyen du Sénégal pour avoir étendu mon terroir à toutes les contrées.

Cependant, mon allégeance inconditionnelle à la ville de Louga (mes origines) m'oblige à une relation fusionnelle et éternelle avec cette ville. Mon africanisme, c'est d'abord mon enracinement dans mon terroir. C'est l'appréciation de sa différence qui permet d'accepter la convergence des valeurs africaines. Sans être *dans sa* et *de sa* culture, on ne peut pas avoir une certaine sécurité identitaire qui permet d'embrasser celle des autres. Si je devais prendre un pseudonyme, je choisirais avec une prudence mesurée le nom propre de « Louga ». Oui, je me serais appelé Louga Mbow.

Après la première année du primaire, j'y suis revenu à l'âge de 12 ans pour y passer mes années scolaires jusqu'au baccalauréat, à mes 19 ans, avec des sorties dans toutes les localités où mon père a servi. Le quartier où j'ai grandi était initialement une nouvelle extension urbaine appelée Santhiaba, accueillant les arrivées des ruraux de l'arrière-pays (mon grand-père venait de Keur Serigne Mor Abdou Seye, un leader religieux, adepte et compagnon de Cheikh Ahmadou Bamba, fondateur du mouridisme). C'est l'économie coloniale de l'arachide et du chemin de fer comme moyen de conquête coloniale qui attira les ruraux vers les centres de traite, qui n'étaient rien d'autre que les gares ferroviaires à cette époque. Pendant plusieurs décennies, la région était le cœur du bassin arachidier, la zone de culture d'oléagineux par excellence et un commerce de traite qui ont animé une économie très active pendant de longues périodes.

La raison de mon attachement à Louga est simple : l'unicité de groupe et l'esprit de solidarité entre les différentes familles qui y vivent. En majorité wolofs et musulmanes, les familles sont fortement liées depuis les arrière-grands-parents. J'aime Louga pour ses très nombreux atouts, une ville rurale devenue capitale administrative régionale avec un arrière-pays qui polarise à lui seul plusieurs écosystèmes : côtier, niayes[18], agricole, pastoral, lacustre et dunaire. Louga, c'est donc une terre d'élevage, dans sa partie est, le Ferlo, avec une forte présence des Peuls éleveurs qui, par des pratiques immémoriales, ont gardé des pratiques performantes d'élevage extensif, résilientes, basées sur le mouvement transhumant pendulaire des troupeaux et la gestion rationnelle des pâturages. Vers l'ouest, nous avons cet écosystème azonal[19] appelé les niayes, où la culture de contre-saison combinée aux cultures pluviales a formaté des dynamiques économiques à forte valeur ajoutée. Dans sa partie nord, un écosystème lacustre, le lac de Guiers, le plus grand réservoir d'eau

[18] Cet écosystème permet une culture de saison sèche par sa fertilité et la proximité de la nappe phréatique. C'est un écosystème azonal, interdunaire, le long de la grande côte du Sénégal.

[19] Le caractère azonal est expliqué par l'affinité soudanienne ou guinéenne des espèces et le climat plutôt subhumide au milieu du Sahel.

potable du Sénégal, notamment la capitale du pays (Dakar), avec des perspectives d'approvisionnement des villes majeures comme Touba (deuxième grande ville du Sénégal). Louga est au cœur du Ndiambour, dont la riche histoire au sein de l'empire du Djoloff a fini de cristalliser un héritage historique et culturel qui porte sa marque sur la vie contemporaine du Sénégal.

La ville ne présente pas de bâtiments exceptionnels ou des monuments qui en seraient une signature géographique à l'image de toutes les villes mythiques, mais l'influence de ses hommes a fini par lui donner de la place dans la cosmogonie nationale. Il faut noter que je n'aime pas Louga parce qu'elle est unique ! Je l'aime surtout parce qu'elle ne laisse aucune imagination indifférente, avec ses érudits comme Serigne Cheikh Ahmadou Kabir Mbaye (compagnon de Cheikh Ahmadou Bamba, le leader spirituel des mourides), Serigne Abass Sall (un grand érudit de la confrérie tidiane), Serigne Moutaga Tall (un influent leader religieux) et bien d'autres. L'église au cœur de la ville, à quelques encablures de la grande mosquée, est la marque de la diversité religieuse. C'est la ville du deuxième Président du Sénégal, M. Abdou Diouf, et de bien d'autres icônes de la vie nationale.

Louga, c'est également un lieu de brassage social. Elle m'a permis de voir les possibilités uniques de rencontres avec des personnes de toutes les ethnies, de toutes les religions, de toute origine sociale, de tout âge. Autant de personnes que je n'aurais jamais dû rencontrer sans le brassage imposé par un style de vie fait de partage et d'acceptation de l'autre ! J'ai aimé ses espaces, sa tranquillité, son caractère semi-rural. J'ai vécu dans une ambiance rythmée par les saisons des pluies courtes et incertaines et les saisons sèches, longues et rudes. Les occupations étaient simples pour un jeune : en saison des pluies, les champs et le championnat populaire, appelé *nawetanes*[20], en saison sèche, les études, rien d'autre. Le reste, c'est le moule de l'histoire dont l'atavisme se ressent sur les valeurs que nous avons gardées jalousement au fil des années. C'est cet environnement qui a forgé ma personnalité et ma culture.

---

[20] *Nawetanes* est un néologisme pour désigner les activités de vacances. Celles-ci sont à la fois faites de tournois sportifs, mais aussi culturelles, et c'est une très importante préparation à la vie en société et à la cohésion des terroirs.

Après deux vagues de sécheresse (1970 et 1982) qui ont jalonné mon enfance, nous avons vécu les tumultes sociaux très profonds ; les champs furent subitement improductifs, les mares asséchées, les pâturages inexistants, les terres arides et dégradées, installant un grand désarroi humanitaire et exposant les populations à l'insécurité alimentaire. Les issues n'étaient pas nombreuses : soit s'inscrire sur la liste des immigrés (vers Dakar ou vers l'Europe), ce qui était devenu la première option, soit tout donner pour ses études, s'il y avait encore des ressources familiales pour vous soutenir.

J'ai choisi de poursuivre mes études alors que beaucoup de mes camarades, même parmi les plus brillants, ont décidé de déménager en Europe pour « sécuriser » leur avenir. La ville tant aimée a fini par présenter un quotidien de désolation pour ses habitants : pression de la pauvreté, indigence des moyens de survie, pour dire le moins. Prendre cette situation comme une fatalité n'était pas l'attitude la plus commode mais la plus dangereuse. Il fallait se battre pour relever la tête. Devant cette opacité des horizons, seule la créativité permettait de sortir de la crise. La science avait-elle déserté les terroirs devant les défis les plus persistants comme les grandes sécheresses dans le Sahel ? Non, justement, les deux premiers chefs d'État de notre pays (Senghor et Diouf) ont pris ces défis à bras le corps.

Il s'est agi de démontrer que la science n'est pas un apparat superflu, mais un facteur actif d'action et d'anticipation ou de prévention des crises, de sécurité sociale et de maintien des bases productives des populations. Ce rôle de la science est d'autant plus prégnant devant cette situation de crises climatiques récurrentes. L'École était non seulement un refuge mais aussi une assurance vie pour les perspectives qu'elle offrait de ne pas dépendre de l'agriculture et des aléas hostiles de la nature. D'ailleurs, il n'y avait pas grand-chose à faire à part les études et jouer au football de rue pour se faire quelques aptitudes en attendant les grandes vacances ou les tournois de football animés et passionnés permettant aux jeunes de s'occuper. Je passais aussi mes vacances à lire les ouvrages que j'avais pu acquérir pendant les cérémonies de distribution des prix, les récompenses aux élèves ayant eu des résultats honorables dans certaines disciplines. L'émulation qui pousse à performer dans certaines disciplines afin d'obtenir un prix (don de livres) valait plusieurs sacrifices pendant l'année scolaire.

Nous n'étions pas de jeunes élèves dotés de moyens financiers permettant d'acheter des ouvrages en librairie ou de s'abonner à des bibliothèques fournies. Je me rappelle mon premier abonnement à la bibliothèque régionale, place Yacine Boubou de Louga, qui m'avait été offert par mon professeur de français, monsieur Ndao, qui pensait que je souffrais d'un déficit en lecture pour améliorer les capacités dans toutes les autres disciplines. Il voyait que ce n'était pas ma faute. Mon assiduité dans la lecture des livres de mon niveau m'a permis de finir très vite les quelques collections qui étaient sur les étagères. Je suis devenu très tôt un « rat de bibliothèque » de sorte que j'ai fini par devenir un assistant du curateur, qui me confiait la gestion de la bibliothèque quand il devait se déplacer pour aller prendre sa solde ou assister à un évènement social. Pour ce service, on renouvelait gratuitement mes abonnements et j'ai pu ainsi, jusqu'à mon baccalauréat, maintenir mes relations avec la bibliothèque de Louga.

Pour le reste, il y avait une très grande solidarité intra et intergénérationnelle. On se passait des cours d'une classe à l'autre, des ouvrages, des sujets de maths, de littérature, des annales et toutes sortes de manuels didactiques puisque personne ne pouvait se suffire du peu qu'il pouvait acquérir au gré des distinctions scolaires. Très rares étaient ceux qui pouvaient se procurer des livres des librairies, qui étaient trop onéreux pour le budget familial. C'est ainsi qu'en arrivant à l'université, j'ai pu me faire une collection d'ouvrages de base en géographie physique et en sciences de la nature par le biais des amis qui en disposaient et qui souhaitaient échanger mes ouvrages littéraires contre les leurs, scientifiques.

Devant cette solidarité apparente, la concurrence acharnée, tant à l'intérieur des familles (apporter le meilleur résultat) qu'à l'extérieur du grand foyer (être distingué dans le quartier), a fini d'asseoir une quête de l'excellence qui a produit de brillants esprits à Louga. L'apprentissage du Coran chez des guides religieux du quartier (Baaye Mbokhoss, Serigne Ndiaga Fall) qui étaient des compagnons et amis de mon grand-père paternel, Mame Mathiam Mbow, un homme de fortitude (qu'Allah l'élève au paradis) nous a permis non seulement d'apprendre les bases de la religion mais aussi les fondements culturels de vertu, de respect et de discipline. Le séjour à l'école coranique avant l'école française était à la fois un passage pour la spiritualité mais aussi une formation utile sur les humanités.

On nous y demandait de préparer l'encre noire qu'on utilisait avec des plumes taillées dans des tiges de paille pour écrire les versets sur des tablettes en bois. Cette encre n'était rien d'autre que la suie noire collée sur les marmites et qui s'accumule après plusieurs semaines de cuisson au feu de bois. Les jours de collecte de cette suie étaient souvent des jours où il était permis de glaner un peu de nourriture dans les maisons. Le même récipient tendu aux mamans devait contenir le vrac de nourriture qui permettait de structurer son humilité, ou de prouver qu'on est rustique, robuste, qu'on était, dans notre jargon, un « guerrier » et un vrai talibé. Après le lavage des tablettes/ardoises, on nous faisait boire une partie de l'eau de lavage qui contenait les mots divins du Coran qui y étaient dilués. C'était le début d'un apprentissage qui nous a permis plus tard de franchir les étapes les plus dures de la vie tout en restant humbles, collectifs, mesurés et, je l'espère, sages.

Juste avant l'école primaire, il fallait passer par l'étape mémorable de la circoncision. Oui, il faut devenir très vite des hommes parce que les défis de la vie doivent très vite commencer à balafrer notre insouciance et notre quiétude d'enfance. Ce passage allait au-delà du supplice chirurgical pour devenir un rituel aux nombreuses facettes : se retirer en brousse, danser et chanter pour vaincre sa timidité, savoir endurer, manger des plats atypiques comme un mélange de lait caillé avec de l'huile de palme, savoir tuer une chèvre, la dépecer et manger sa viande et ses tripes. Je n'aurais jamais, par ma seule volonté, consommé ces bouillies ou mangé à la main avec tout un groupe de personnes dans une calebasse, avec des règles d'hygiène douteuses. Bref, il faut vivre cela pour savoir de quoi il s'agit.

De l'école primaire au baccalauréat, j'ai vécu tranquillement avec les grands-parents et oncles avant de retourner chez mon père, qui se déplaçait au gré des affectations à l'intérieur du Sénégal du fait de ses fonctions. Il me ramena à Louga après quelques années pour éviter les perturbations liées aux incertitudes de ses déplacements. Retour à Louga à 12 ans, sous les soins de mon oncle, pour passer l'entrée en Sixième et faire le secondaire et le lycée. Tout est parti de là. On n'y trouve à aucun moment les ingrédients permettant de former un scientifique, on était enfant de tous, mais enfant éclairé par les balises sociales et culturelles qui nous permirent d'embrasser l'avenir avec assurance et courage. Ce début si longuement décrit permet de comprendre le parcours ultérieur qui m'a conduit à Dakar et en Europe.

Les deux étapes de ma formation supérieure furent à l'Université Cheikh Anta Diop de Dakar (UCAD) et les universités du Danemark et de Sherbrooke, au Canada. Dans la foulée, un séjour à Michigan State University avant de servir comme enseignant-chercheur à la Faculté des sciences et techniques et à l'École supérieure polytechnique. C'est pendant ces années que je me suis engagé dans la recherche, puisqu'il fallait le faire pour passer mes diplômes supérieurs.

# Le dernier kilomètre académique

Commençons par mon séjour eu Europe. Être doctorant au Danemark était une tâche ardue, avoir obtenu un doctorat était un statut honorifique. Mes relations avec les titres sont antagoniques. Se faire appeler Docteur, Maitre, Professeur, Excellence, Honorable ne pouvait en aucune façon être un attribut, mais une façon commode de reconnaitre son statut. Nelson Mandela nous le rappelle lorsqu'il disait : « Un titre n'est pas un talisman de réussite » et soulignait que ce n'est pas parce qu'on vous appelle par ces titres que vous êtes supérieur aux autres. J'opposais ces déclarations de sagesse à tous mes projets de carrière en tant qu'universitaire, pour construire et suivre une philosophie de l'action sans m'attendre à la reconnaissance.

De toute façon, la chose la plus difficile à dénicher dans le caractère d'un individu, c'est ce qu'il connait. Quand on parle, on est exposé, puisqu'on soumet ses propos aux jugements de valeur des autres. Quand on fait des allusions, on est en danger, puisqu'on soumet ses jugements de valeur aux autres. L'appréciation de l'excellence se fait souvent avec des standards subjectifs qui peuvent nous perdre. L'adage wolof dira que *la connaissance est par nature cachée* (*xam xam dafa laxu*), ou alors, que *c'est une aiguille perdue, chacun peut la ramasser*. De ces dictons populaires on apprend qu'il faut écouter tout le monde quel que soit son titre pour dénicher la vérité et la connaissance. La hiérarchie occidentale basée sur les diplômes ne devrait pas nous dévier de l'obligation de chercher la science auprès de toutes les couches sociales.

Le programme DANIDA-ENRECA[21] m'a beaucoup aidé au développement de mon penchant « entrepreneur scientifique », de sorte que je suis devenu véritablement convaincu qu'il y a une valeur en chaque individu qui peut nous aider à relever sans crainte nos propres défis sociétaux. Sans ce choix pour l'Afrique et la fierté de servir le continent, ma contribution aux programmes internationaux (Global Land Programme, International Geosphere-Biosphere Programme, Future Earth et Intergovernmental Panel on Climate Change) n'aurait pas eu de signification pour moi. Il faut pouvoir offrir des valeurs pour en prendre chez les autres. Notre avantage comparatif par rapport à la science est dans le choix de notre identité intellectuelle pour apporter notre africanité, une perspective unique venue d'Afrique. Pour paraphraser Léopold Sédar Senghor : « L'humanité s'épanouira lorsque nous nous enrichirons de nos différences afin de converger vers les valeurs universelles. »

J'ai toujours gardé cette forte conviction que l'Afrique ne peut bénéficier des connaissances des autres que quand elle offre elle-même des connaissances produites pour répondre aux besoins de ses sociétés. Malheureusement, la rhétorique sur de nombreuses questions liées au continent vient de non-Africains. Par exemple, les connaissances très utilisées sur le changement climatique en Afrique sont développées par des scientifiques non africains. J'ai suggéré récemment, dans le domaine du changement climatique, qu'un point de départ consisterait à utiliser toutes les sources de connaissances climatiques élaborées par les Africains. Peu importe qu'ils ne soient pas publiés dans une revue à facteur d'impact élevé ou par des organismes intergouvernementaux. Le plus important pour moi est l'impact de l'auteur sur les acteurs, et ces acteurs devraient dans ce cas de figure être le plus proches possible des études locales en lieu et place des évaluations scientifiques globales. Ceci est tout à fait réalisable car le besoin est évident et la capacité de faciliter le « leadership scientifique » dans ce domaine existe sur le continent si

[21] Danish International Development Agency (DANIDA), Enhancement of Research Capacity (ENRECA), programme de coopération entre le royaume du Danemark et les pays en développement.

on encourage un engagement constant à travers divers modèles innovants de renforcement et d'utilisation des capacités.

Pendant longtemps, le rôle des chercheurs locaux s'est limité à celui de guides ou de collecteurs de données : ils aident à négocier et à désenclaver le terrain physique et culturel plutôt qu'à concevoir les projets ou à y contribuer à parts égales. Nos institutions de recherche étaient devenues des « réduits académiques » ou des « appendices » des autres institutions du Nord, plus fortes et plus influentes. Les chercheurs locaux acceptent eux aussi ce rôle, peut-être parce que les ressources et les équipements dont ils disposent ne leur permettent pas toujours de redresser le déséquilibre académique. Pour eux, le choix est clair entre être le dernier auteur d'un article ou ne pas être auteur du tout. La lutte pour valoriser les scientifiques africains nécessite plus que des discours pour parvenir à un jumelage mutuellement avantageux entre les connaissances produites en Afrique et celles des autres. Comprendre et répondre aux besoins locaux devrait être le seul choix des scientifiques africains.

Lorsque j'ai obtenu la bourse d'études doctorales octroyée par ENRECA-DANIDA et que j'ai rendu visite à mon père pour partager la nouvelle, tout s'est bien passé jusqu'à ce qu'il me demande le domaine d'étude que j'allais suivre au Danemark. Avec un visage illuminé, j'ai expliqué en wolof, dans ma langue maternelle :

— Papa, je vais travailler sur les feux de brousse en utilisant la science des satellites, appelée télédétection.

Le nom « feux de brousse » en wolof se dit *daay*.

Sa réaction a été à l'opposé de la mienne et il a immédiatement riposté en disant :

— Mon fils, tu vois, je suis très inquiet, as-tu étudié toutes ces années et voyagé si loin au Danemark pour comprendre c'est quoi un daay ? Nous en avons partout, nous en voyons souvent et depuis des siècles. Comment expliquer fièrement que mon fils va être l'expert de daay, un homme de brousse qui court derrière les incendies ?

J'étais frustré au début, mais j'ai dû ravaler mon ego et donner plus de profondeur à ma réponse. Après que je lui ai expliqué toute l'importance du sujet concernant la connexion des technologies satellitaires et la préservation de nos écosystèmes pour le bien des citoyens, il s'est montré un peu plus détendu, mais toujours circonspect. Il a mis en moi, à ce moment précis, le germe de la pertinence scientifique, et j'ai dû utiliser mon énergie pour démontrer l'importance et l'impact de mes études pour notre société.

Faire avancer cette expérience nécessite de solides compétences entrepreneuriales pour promouvoir la révolution silencieuse qui se produit en Afrique, où les jeunes portent le flambeau de la science qui conduit à des impacts positifs sur notre vécu quotidien. Quel que soit le système d'apprentissage en place, nous avons besoin de soutenir vigoureusement l'avancée de nouvelles valeurs entrepreneuriales (pas seulement commerciales) sans remettre en question la sagesse et les cultures qui imposent un fort déterminisme dans la manière dont les gens utilisent les connaissances.

En d'autres termes, il s'agit de développer une mentalité d'innovation dont le socle est l'action, sans porter préjudice aux normes sociales et aux équilibres avec la nature. Entreprendre en science consiste alors à chercher à améliorer le bien-être des personnes tout en s'engageant dans le développement d'une attitude morale conduisant à un fort sentiment d'humanité. L'efficacité et le contrôle des actes sont essentiels mais difficiles à concrétiser dans un monde imparfait où la connaissance est partielle et où les décisions sont soumises à la pluralité des valeurs sociales. Aborder le leadership scientifique dans ce contexte permet également de cibler les investissements sur le « socio-scope » et pas seulement sur le « micro-scope », permettant d'expliquer les détails, ou sur le « macro-scope », pour une compréhension scientifique holistique sur une réalité complexe, déroutante mais stimulante, parce que porteuse de cet espoir d'un grand saut qualitatif pour le progrès.

Le dernier kilomètre pour que la science réponde aux ambitions du continent est une distance à la fois académique, économique et organisationnelle. Nous savons tous que la science en Afrique ne compte que pour seulement 1 % des connaissances produites pour 13 à 15 % de la population mondiale. Cette faible production scientifique rapportée à sa démographie ne peut pas s'expliquer uniquement par le manque de capacités, mais par le manque d'opportunités pour l'innovation. Ces opportunités ne sont pas forcément d'ordre financier, mais parfois et souvent une demande publique de connaissances par nos États. La recherche n'est pas toujours considérée comme une priorité politique.

La priorisation de la recherche commence d'abord par une mise en place de structures de mise en œuvre et une forte réorganisation du secteur. Il est possible d'appuyer dans un premier temps les académies des sciences ou les fondations nationales et de les doter de financements adéquats avec un mandat de développement de service dans des domaines permettant une accélération du progrès social. La neutralité des académies ou des fondations scientifiques permet de réduire la barrière de la connotation politique quand une telle politique scientifique est portée par un département ministériel imbibé de fonctions politiques. Les ministères de la Recherche devraient, à mon sens, plutôt créer les conditions de gouvernance, de réglementation et de garantie pour l'exécution de la recherche dans nos pays. Autrement dit, les ministères devraient se limiter à leur rôle étatique d'encadrement de la recherche dans leur secteur d'intérêt, pas plus.

Cet effort de renforcement des structures de recherche nationales est une condition pour rendre possible la collaboration entre chercheurs africains. Asseoir des systèmes nationaux forts et dotés de ressources budgétaires et humaines avec un système de gestion transparent et diligent permet d'envisager la fertilisation croisée pour plus de résultats scientifiques. La plupart des publications répertoriées par l'UNESCO dans ses rapports annuels[22] montrent que les scientifiques africains ne produisent pas assez et ne publient pas ensemble, ils sont portés par des centres de recherche du Nord. Un avenir prometteur pour l'Afrique est forcément associé à sa capacité à produire et à connecter l'ensemble de ses talents.

L'atout que constituent nos ressources naturelles pour le développement ne peut se traduire en progrès que si des solutions robustes pour leur transformation et leur valorisation sont développées et éprouvées en Afrique. Pour le moment, ces connaissances techniques sont plutôt l'apanage des pays avancés qui détiennent la plus-value de nos ressources minières de nos cacaoyers et caféiers avec les marchés les plus florissants pour ces produits dont le prix de vente à l'état brut est simplement dérisoire. Ce que sera l'Afrique au XXI^e siècle dépendra fondamentalement de ce qu'on fera des résultats de la recherche pour transformer nos ressources naturelles en produits

---

[22] Le rapport sur la science de l'UNESCO a été lancé en 1993 sous le nom de Rapport mondial sur la science. Depuis lors, l'UNESCO a publié sept rapports dans cette série.

à haute valeur ajoutée. Une force de proposition scientifique à la dimension de cette ambition transformationnelle devrait émaner d'une appréciation positive des scientifiques africains pour appuyer et orienter sans complexe les politiques vers les solutions domestiques. Nous partons cependant d'une ligne de référence très basse, ce qui rend le parcours très long sur une pente raide.

En raison des nombreux défis, l'image de l'Afrique ne surprend plus personne. L'Afrique est décrite comme un continent soumis à une succession perpétuelle de crises, une image invariable marquée par des conflits armés, des sécheresses et des famines, des perturbations politiques, de la corruption, des crises sociales, sanitaires, et une cascade de crises environnementales. La jeune génération désespérée, qui considère l'émigration comme la seule voie de réussite, n'entend et ne voit rien d'autre qu'un avenir inévitable de misère et d'effondrement. Cette description apocalyptique n'est pas ce que l'Afrique est dans les faits. Une transformation profonde et rapide pour l'Afrique nécessite une reconstruction de notre image et pour ce faire, il faudra de la passion, de l'enthousiasme, de l'engagement et de l'espoir de la part des jeunes scientifiques pour qu'ils soient prompts à relever les défis de leur société plutôt que de toujours porter l'espoir sur une « Euro-utopie » qui, à bien des égards, n'est qu'un cliché.

Une rhétorique inversée doit être judicieusement préparée par une nouvelle génération d'universitaires pour attirer tout le potentiel permettant d'améliorer la gouvernance et la gestion des ressources naturelles, la résolution des conflits, l'éducation par la recherche et la domestication des options de développement. Nous devrions changer l'image pernicieuse de la misère pour mettre en valeur les performances potentielles de l'agriculture, de la lutte contre la faim et de la pauvreté, afin de garantir l'accès à l'eau douce et relever les défis de santé et du progrès économique et social tout court. Cet espoir s'est cristallisé tout le long d'un parcours, saccadé certes, mais qui m'a conduit progressivement vers une destination à la fois inattendue et gratifiante.

# Les déterminants du parcours

J'ai exercé mon métier de chercheur dans des organisations scientifiques respectées, comme la Faculté des sciences et techniques (FST) de l'Université Cheikh Anta Diop de Dakar (UCAD), au Sénégal, le Centre mondial de recherche en agroforesterie (ICRAF), le programme américain START-International, appendice du USGCRP (United State Global Change Research Programme), de l'institut Future Africa de l'Université de Pretoria, en Afrique du Sud, et un retour au Sénégal au Centre de suivi écologique (CSE).

Aucune de ces institutions ne ressemble à l'autre, tant du point de vue de ses missions que de sa structuration et même du profil des agents qui y travaillent. Ces différences expliquent la diversité des expériences vécues dans chacune d'entre elles. Ce qui est notoire, c'est la nature et les formes de collaboration et d'exposition dans chacun de ces milieux professionnels. Le point commun, c'est l'étiquette de « scientifique africain », une signature, une marque de fabrique, une identité qui reste et qui n'est portée que si on est africain. Les autres sont des chercheurs normaux, tout court.

J'ai donc commencé ma carrière de jeune scientifique quand le processus d'africanisation de nos universités a été achevé. Ce moment correspond à la période où quasiment tout le corps enseignant qui m'a formé a eu ses diplômes dans les universités du Nord, formaté dans une large mesure par les principes occidentaux. Malgré l'effort de cette génération à remettre en question un esprit européen dominant, ils n'ont pas pu produire aussitôt des ressources pédagogiques pour remplacer les manuels didactiques produits pour l'Europe afin de contextualiser la recherche et la formation des jeunes Africains. Les méthodes scientifiques apprises pour asseoir le progrès africain n'ont été que partiellement satisfaisantes et incomplètes pour répondre aux problèmes spécifiques du continent. Ainsi, dans la première phase de ma carrière, j'étais confronté au dilemme d'appliquer ces connaissances importées aux réalités africaines. L'africanisation de la recherche devrait être plus qu'une substitution démographique, c'est-à-dire plus qu'un remplacement des Blancs par les Noirs. Il s'agirait à mon avis de produire d'abord les fondamentaux africains pour la science opérationnelle utile pour nos apprenants et pour notre contexte local. Ce défi du contenu est d'autant plus difficile à relever que la science telle que pratiquée est à la fois un prolongement naturel de l'héritage colonial et un fort esprit de confinement dans les limites absolues des disciplines qui donnent très peu de marge à une approche intégrée, transdisciplinaire.

# Spécialisation disciplinaire ou cloisonnement scientifique

Le dilemme de devenir un spécialiste d'une discipline tout en s'ouvrant aux autres matières scientifiques s'accompagne d'une tension très prégnante au niveau des chercheurs africains. Devant l'obligation existentielle de compenser la masse critique limitée de scientifiques, les chercheurs africains sont souvent exposés à la diversification de leur champ de compétences en s'ouvrant aux disciplines connexes pour adresser les questions scientifiques multiples. Cette ouverture s'impose particulièrement aux chercheurs non universitaires qui sont confrontés au quotidien aux défis complexes de développement local. Cette posture propre aux « scientifiques éclectiques », consistant à apprécier des choses très diverses sans exclusion, pose la problématique du choix d'une filière de recherche pour sécuriser une carrière scientifique alors qu'en même temps, l'exercice du métier exige un niveau élevé de transdisciplinarité pour faire face aux défis contemporains.

Le choix d'une discipline est un passage obligé, conforme à la normalisation des curricula et des canaux de formation académique rigides. Ces tunnels se rétrécissent au fur et à mesure qu'on arrive au bout de la formation supérieure. On devient ainsi un scientifique « pointu ». L'autre nous dira qu'au bout d'une pointe, il n'y a pas grand-chose. Des possibilités devraient exister pour qu'un sociologue puisse avoir des notions en santé pour mieux aider sur les questions d'anthropologie humaine sur ce sujet ou l'inverse, qu'un mathématicien puisse avoir des notions en biologie pour aider aux analyses des données complexes en biostatistique, qu'un juriste puisse s'y connaitre en géographie pour une meilleure gouvernance des ressources naturelles. Chaque fois qu'on lie une science à une autre, on ouvre une nouvelle page cognitive pour créer une nouvelle couche d'information qu'une discipline prise isolément ne pourrait produire. D'ailleurs, en wolof (ma langue maternelle), la connaissance, c'est *xam-xam*[23] ; autrement dit, il faut ajouter ce qu'on sait avec ce que l'autre sait pour que ça devienne une connaissance. La notion de partage des idées revient ainsi dans la plupart des cultures africaines comme le fondement d'une gestion efficiente de la chose publique.

C'est pendant mon séjour en tant que chercheur au Centre mondial de recherche sur l'agroforesterie (ICRAF) que j'ai réellement ressenti la pertinence des recherches transdisciplinaires. L'ICRAF fait partie du réseau des centres CGIAR dont l'empreinte institutionnelle dans le paysage de la recherche en Afrique a fini par dessiner en gros caractères l'importance de faire de la recherche appliquée pour accompagner les politiques agricoles. Pendant les cinq ans passés dans les CGIAR, j'ai pu mesurer la différence entre la recherche universitaire et la recherche-développement. L'une est purement académique mais n'exclut pas l'autre, plutôt orientée vers des solutions pratiques pour les sociétés.

Ce passage aux CGIAR me donne le sentiment que c'est l'attachement du chercheur aux espaces géographiques étudiés qui induit sa passion. Un Africain qui se retrouve dans des contrées familières et comprend la mentalité locale est plus enthousiaste et moins enclin aux jugements de valeur qu'un autre qui n'a qu'un rapport distant avec ces réalités. Ne pas faire sa recherche dans son environnement culturel a des avantages et des inconvénients. Certains arrivent sur le terrain par plaisir et par désir, d'autres y arrivent par contrainte et par astreinte professionnelle. Les codes sociaux et l'acceptation du chercheur par les communautés prennent du temps et pourraient affecter le chercheur.

Les aspects les plus difficiles de la navigation dans ces centres internationaux, ce sont à la fois la diversité des domaines de recherche

---

[23] *Xam* : connaitre ; *xam-xam* : connaissance.

(les fonctions de la recherche) et la pluralité des identités des chercheurs (les factions de recherche). Cela ne s'applique pas seulement au clivage entre le groupe des chercheurs africains et celui de leurs homologues occidentaux ; il peut advenir au sein du même groupe racial en fonction des influences académiques reçues. Ceux de l'École française et ceux de l'École anglo-saxonne, ceux qui ont été formés dans les pays émergents, surtout asiatiques, peuvent créer des territoires identitaires pour limiter les interactions selon les origines.

L'exposition à la recherche internationale implique de nombreuses rencontres scientifiques. De telles rencontres constituent à la fois des espaces d'apprentissage pour acquérir de nouvelles connaissances — des cours gratuits ou des *amphis* ouverts— et améliorer ses connaissances par la fertilisation croisée. Pour moi, la meilleure manière de sortir de sa zone de confort c'est cette exposition internationale. Les études de cas spécifiques aux contextes particuliers deviennent des preuves de concept pour la structuration de théories globales. Ce que je retiens de cette ouverture disciplinaire, c'est que cela ne remet pas en cause les compétences disciplinaires qui deviennent une monnaie d'échange dans les métiers de la science. Chacun donne un aspect de la solution et élargit en retour son spectre de possibilités.

La contribution aux biens publics globaux à partir des résultats scientifiques domestiques, dans des contextes particuliers, permet d'exister sur la carte du monde scientifique mais ne garantit pas toujours l'utilité du scientifique à sa communauté. L'objectif de se sécuriser dans un groupe est très commode pour sa reconnaissance scientifique, mais oblige ses membres à mettre beaucoup d'énergie à défendre leur « intérêt » scientifique. C'est ainsi d'ailleurs que dans de nombreux cas, il n'est pas fréquent, dans une rencontre scientifique internationale, d'inviter des « intrus », c'est à dire des intellectuels qui rament à contre-courant d'une doctrine scientifique qui s'est dessinée depuis les revues scientifiques qui publient les recherches de scientifiques coalisés par leur formation et la compatibilité de leurs idées. La sélection des discours d'ouverture (*Keynotes*) et des panélistes est minutieusement faite pour éviter des surprises fâcheuses sur le contenu souhaité. La franchise apparente dans la dialectique des idées pour de tels groupes ne va pas plus loin que la consolidation d'idées conformes aux théories dominantes.

J'ai relevé dans certains réseaux scientifiques une organisation sociale typique du clanisme qui mène à des archipels de connaissances émiettées et qui suscitent davantage des oppositions de personnes que la construction d'idées pour le progrès. Souvent, ces compétitions sont favorisées par la façon dont les scientifiques mènent leurs évaluations pour asseoir une promotion du « mérite ». Le peu de ressources disponible aiguise des velléités d'élimination de concurrents plutôt que d'activer la solidarité scientifique. Les écoles se heurtent, des carrières sont brisées, certains sont mis hors circuit. Les pertes et dommages collatéraux, des étudiants, chair à canons, démotivés, ralentissent la dynamique de production scientifique. Pour atténuer ces conflits d'intérêts, il faut promouvoir un couplage entre les institutions de recherche et l'action collective qui est le dessein commun pour le progrès. Le sens de produire la science pour la société ne doit pas se diluer dans la lutte des egos pour se perdre dans les abysses de considérations subjectives.

Le scientifique africain, c'est aussi dans certains cas un garant, une assurance tous risques pour attester le crédit moral de l'action politique. Il devient, chemin faisant, un gardien inconscient de la caution des hommes politiques. Ces derniers, à court d'arguments, ont un besoin de « sauver leurs têtes » en s'appuyant sur le crédit scientifique. On a vu des chefs d'État africains réclamer la découverte de potions magiques contre le sida, d'autres autoriser des réalisations sur des localisations non indiquées ou créer des villes dans des espaces inadaptés et par la suite, faire valider ces choix, par le biais des billets, à des scientifiques véreux. La même chose est arrivée sur les questions de droits et les manipulations des Constitutions africaines. Se définir comme scientifique africain revient à toujours garder son âme et cet effort est différent des choix idéologiques ou de l'orientation qu'on souhaite donner à la recherche. Ces choix extra-académiques ne nous permettent pas d'être totalement neutre dans notre approche scientifique, ce qui rend difficile l'exercice du métier avec toute sa déontologie, et surtout, de rester indépendant et « franc » devant la tentation forte de servir des causes partisanes.

Être un scientifique à décharge pour remorquer les détenteurs du/des pouvoirs n'est pas propre aux pays africains, cela existe dans les arcanes complexes des réseaux économiques et des groupes de pression ou de propagande politiques mondiaux qui protègent des intérêts divers d'ordres financier, idéologique et social. Les théories les plus influentes qui ont façonné l'histoire moderne et qui ont conduit à de nombreuses crises humanitaires comme le nazisme, l'apartheid, les répressions religieuses sans exclusivité, l'ont été sur des fondements dits scientifiques. Même l'horrible crime contre l'humanité qu'est l'esclavage avait une justification scientifique, anthropologique.

« Les cerveaux de l'espoir » traduit les attentes pour le développement de l'Afrique et contraste avec le principe accepté de l'universalité béate de la science consacré par l'UNESCO comme principe du caractère global de la science en tant que bien public mondial. Chaque science produite devrait être accessible à tous les humains. Intuitivement, cela est vrai ; dans la pratique, la connaissance pour le contrôle des ressources favorise des relations de pouvoir qui émanent des relations géopolitiques mondiales. Il faut alors gérer les asymétries. Les différences notoires induites par les expériences plurielles, la masse de données détenues, les zones géographiques couvertes, les utilisateurs ciblés, etc., renvoient au défi d'avoir des relations équilibrées pour sécuriser l'influence de la science. Ces rapports de force apparaissent avec des apparences de solidarité scientifique et imposent des contraintes sur l'orientation du développement des sciences. Les résultats de recherche, inaccessibles, de certaines organisations montrent un réel protectionnisme sur les données. Il faut à la fois promouvoir l'accès aux données et savoir gérer la pléthore et la diversité d'information. La révolution numérique nous conduit à la surcharge de données certes, mais l'interconnexion des informations et des expériences permettent d'approfondir les perspectives pratiques. Pour tester notre compréhension du monde, il faut rester proactif et prompt au partage. Le partage ne doit pas être transactionnel, mais transformationnel. Les données deviennent de l'or puisqu'elles ont une valeur inestimable dans toute la géopolitique et l'économie mondiale. L'économie des données est très dynamique et très florissante surtout à l'ère du big data et de l'intelligence artificielle. Puisque l'information scientifique a de la valeur, l'argent mobilisé pour la produire n'est plus une dépense mais un investissement.

Être un scientifique africain signifie également entretenir une relation de survie avec les puissances scientifiques de l'extérieur. Les grandes institutions de recherche considèrent souvent le scientifique local comme un assistant de recherche et non comme un collègue. Le rôle des chercheurs locaux se réduit à celui de guide touristique : ils aident à négocier et à lever les barrières physiques, politiques et culturelles plutôt que de servir comme partenaires dans la conception des projets de recherche ou de contribuer à la production scientifique sans préjugés.

Les scientifiques africains participent à des recherches avancées, mais leurs noms restent généralement une image pâle des scientifiques occidentaux. Bien que ceux qui viennent de l'Europe soient souvent perçus comme mieux formés que les scientifiques locaux, ce n'est pas la seule raison pour laquelle ils reçoivent généralement un meilleur préjugé scientifique. La différence se situe le plus souvent sur la robustesse des institutions qui portent ces chercheurs. Les chercheurs locaux acceptent également le second rôle, peut-être parce que les ressources et moyens de recherche à leur disposition ne leur permettent pas toujours de redresser les déséquilibres de pouvoir. Pour eux, le choix oscille donc entre participer ou ne pas participer du tout à la production de connaissances. Leur capacité de résister à la domination abstraite des chercheurs du Nord dépendra des expériences, des rapports établis avec les autres, et surtout, de leur capacité à assumer leur fonction sans se soucier du prestige personnel.

# Le fardeau du vécu imposé

Les rudiments d'une langue étrangère, le français, marquent le début du cycle primaire. Savoir lire et parler une langue venue d'ailleurs était le premier supplice à subir. Il fallait avaler les couleuvres, pardon, les mots français. Ils étaient nombreux à subir ce passage comme une véritable torture psychologique. Personnellement, je le ressens d'ailleurs au moment d'écrire ce livre. Je me bats pour trouver les mots au même titre que j'essaie d'articuler ma pensée pour partager des idées. Quand Nicolas Boileau disait que « tout ce qui se conçoit bien s'énonce clairement, les mots pour le dire arrivent aisément », il fallait compléter la phrase pour dire : « s'il parlait dans sa langue maternelle ». Bien dire ce qu'on conçoit suppose qu'on utilise une langue maternelle (douce, éolienne) pour en maitriser les subtilités, les raccourcis et les figures de style. Même si monsieur Boileau a élégamment posé un principe essentiel de la communication et de l'expression, il faut corriger son assertion en précisant que la facilité de trouver des mots pour exprimer sa pensée dépend de la langue qu'on utilise pour s'exprimer. Boileau a raison si et seulement si on est français et qu'on parle français. Mais si on est wolof et qu'on parle français, vous voyez… Si ce combat est sans fin, on est doublement handicapé par le vocabulaire et la rigueur de la pensée pour véhiculer ses idées. Autrement dit, on est en position d'inconfort quand on ne maitrise pas assez une langue, on devient ambivalent. Chaque fois qu'on traduit d'une langue (de pensée) à l'autre (d'expression), on a des pertes et on élargit la distance entre les idées et la portée pratique des concepts.

Être *assimilé* revenait à maitriser le français. Même si ce qu'on disait n'avait aucun sens, on était comptés parmi les instruits. Plusieurs règles grammaticales, des exigences de prononciation étranges, un effort de mémorisation, et tout cela était réprimandé si par malheur on y performait avec approximation. Une des sanctions qui m'a traumatisé jusqu'à présent, c'est cet os (un long et lourd fémur) de bœuf ou un objet étranger visible de très loin (une corne de zébu), pendu au cou de l'élève qui par inadvertance parlait la langue locale, en l'occurrence, le wolof, à l'école. L'humiliation, la stigmatisation de l'élève « fautif » faisait fuir tous ses camarades qui pouvaient devenir la prochaine victime s'ils glissaient par mégarde un mot wolof dans leur conversation. Certains élèves en difficulté alignaient simplement des mots pour donner l'impression de parler un français qu'on appelait ironiquement le « langage des tirailleurs ». J'ai compris plus tard qu'il s'agissait d'un transfert d'une forme de persécution coloniale sur les « indigènes » qu'il fallait acculturer à tout prix pour servir le colon, ou, s'il faut le nommer, une certaine forme de lavage de cerveau dans une logique de mission dite « civilisatrice ». Une reprise identitaire était nécessaire pour être un intellectuel. La renaissance scientifique africaine ne va être un succès qu'avec une renaissance des langues africaines.

Sous ce rapport, l'école était déjà très répulsive. Malgré le talent de nos enseignants de l'école Santhiaba Sud (Louga) pour nous inculquer des notions de biologie, l'étude de la morphologie, de la terre et du vivant, l'histoire, etc., l'apprentissage aurait été plus facile si on avait appris tout cela en wolof. Les enfants bénéficieraient de plus de soutien à la maison après l'école en raison de la langue ; la science serait plus facile à s'approprier, par ce véhicule linguistique, pour l'ensemble des couches sociales. Des enfants doués et intelligents ont raté leur cycle primaire pour une raison de compétences linguistiques plutôt que par un réel manque d'aptitude à maitriser le contenu. Il n'était pas rare que certains parmi les exclus du CM2 soient devenus de brillants hommes d'affaires, des professionnels de haut niveau, et aient mieux réussi que ceux qui sont restés plus longtemps à l'école française.

À partir du secondaire, on est déjà doté de meilleures compétences linguistiques, mais c'est le moment d'ingurgiter plus de théories conçues pour d'autres cibles et donc importées de contrées lointaines. Des cours plus longs à mémoriser, un vocabulaire iconoclaste mais très peu d'expérimentation sur nos réalités, notre vécu. Il fallait être à même de restituer ce qu'on nous faisait absorber comme des éponges. Tous les cours dits scientifiques étaient plutôt descriptifs : sciences naturelles, géographie, biologie, physique et chimie. La formation portait plus sur les capacités logiques que sur les capacités pratiques. On a appris l'histoire des autres, les héros des autres, les gloires des autres nations, la sagesse philosophique des autres et au bout du processus, on devient un spectateur. Ça, c'est un problème ! C'est pourquoi nous nous sommes posé la question, à cette étape de la vie : c'est quoi, la vérité scientifique, si on ne peut pas l'appliquer sur notre vécu ? Puisqu'en science, la compréhension des principes n'a de sens que si on l'applique pour résoudre des questions liées au bien-être de sa société. Parce que les contextes sont différents, tout évolue en fonction de déterminants physiques et culturels singuliers, faire la science revient à œuvrer pour éclairer sa société.

Nous avons des certitudes ; vraies ou pas, nous sommes d'accord que l'eau bout à 100 °C ; il faut ajouter « sous des conditions normales de pression et de température ». L'eau dans l'espace bout plus vite puisque la pression diminue. La végétation est verte quand on l'observe dans le spectre électromagnétique du visible. Dans l'infrarouge, cette herbe a une couleur rouge. L'instrument de mesure détermine la perception de la réalité. Beaucoup de vérités scientifiques sont des théories élaborées sur la base de réalités vécues et relèvent donc d'une pure expérimentation. Toute théorie et toute hypothèse non vérifiées par les faits sont appelées à périr. Les faits n'ont de sens et ne se comprennent que dans les contextes qui les régissent. Alors, l'analogie de l'eau bouillante est une théorie relativisée par des paramètres du milieu que sont la pression et la température, alors que la couleur de la végétation dépend des longueurs d'onde d'observation.

Les résultats scientifiques n'ont le potentiel d'être vrais que si on les prouve dans la réalité par la démonstration. La pertinence du retour aux langues natales sans ranger aux oubliettes le français ou l'anglais n'est pas juste une promesse qu'on doit s'imposer ou une prophétie salvatrice appuyée par des penseurs comme Cheikh Anta Diop ou Souleymane Bachir Diagne. Nous le disons parce que nous sommes convaincu qu'enseigner la science doit être un effort de persuasion et de co-construction, pour cela, rien ne doit être opaque. Les pays les mieux dotés en ingénieurs sont ceux où l'enseignement de la science dans toutes ses composantes se fait en langues locales (Allemagne, Japon, Corée, Chine, Inde). Le retard africain est lié dans une large mesure à nos méthodes d'analyse et d'apprentissage abstraites.

À l'université, c'était le filtre aux mailles fines. Sur la masse des bacheliers qui y arrivaient, très peu pouvaient atteindre le niveau de la maitrise. La réussite à l'université Cheikh Anta Diop dépend de nombreuses considérations non académiques, notamment son origine sociale, et donc ses moyens de subsistance, des conditions d'études et du matériel didactique. Au moment où j'écris ce livre, plusieurs universités existent au Sénégal, mais pour notre génération, il n'y en avait que deux : l'UCAD et l'UGB. On en a désormais une dizaine au Sénégal. Cette accélération du nombre d'universités en Afrique est une opportunité pour amorcer un virage résolu vers l'économie des connaissances dans le continent.

J'ai fait un cycle normal en géographie physique pour une maitrise en biogéographie. Par la suite, j'ai été admis à l'Institut des sciences de l'environnement (ISE) de la Faculté des sciences et techniques (FST) de l'UCAD pour un doctorat ès sciences de l'environnement avec une spécialisation en télédétection et géomatique avec un appui de ENRECA-Danemark. Il s'est ensuivi une bourse d'excellence de l'OIF pour le Canada afin de suivre des recherches postdoctorales à l'université de Sherbrooke, suivie d'une bourse de leadership scientifique à Michigan State University (MSU-USA). Ce parcours universitaire est plein d'enseignement sur les concours de circonstances qui m'ont permis de suivre une carrière de scientifique par la suite.

Le choix de la télédétection relève d'une coïncidence entre une offre de bourse et des résultats scolaires jugés satisfaisants, pas plus. Au début, je n'avais aucune idée des exigences de cette discipline des sciences spatiales. Je me suis mis au travail pour apprendre la physique de base, la physique optique notamment, la programmation et le développement d'algorithmes qui nécessitaient des compétences poussées en informatique. Cette formation requiert beaucoup d'études de terrain pour étalonner les images satellitaires. Toute la suite professionnelle est liée à cette formation de base pour étudier des dynamiques terrestres comme les cycles de feux de brousse, la déforestation, la productivité de la végétation et la séquestration du carbone par les arbres, la botanique et la dynamique des écosystèmes, l'agroforesterie et les systèmes de production durables.

La vie professionnelle a été un moment de rattrapage : il fallait être très sélectif sur les options d'apprentissage pour atteindre des résultats qui pouvaient avoir un impact sur le développement de mon pays. Il fallait ainsi passer d'une orientation « imposée » à une approche « autonome » afin d'appliquer des outils et des méthodes permettant de répondre à des problèmes uniques pour l'Afrique. Cependant, ce besoin d'indépendance et de franchise intellectuelle se heurte aux goulots d'étranglement administratifs qui obligent la plupart des chercheurs de sacrifier à l'obligation de loyauté envers la hiérarchie académique qui elle, est (fut) largement influencée par le pouvoir politique en place.

Les identités remarquables des institutions de recherche ont été assez souvent une personne d'une forte influence dont le nom est synonyme de l'institution. Rien ne peut se faire sans sa bénédiction, et si vous êtes en dehors de son cercle d'influence, vous devenez fatalement un marginal. Il faut s'en remettre à ce patron, même pour des considérations personnelles, plutôt que d'exprimer son sentiment ou ses avis scientifiques. Il fallait sous ce rapport veiller à rester dans les rangs, avec le risque d'une expulsion brutale si on arrêtait de faire référence au chef. Les chercheurs qui ont tenté des rébellions y ont laissé leurs dents et leurs plumes.

Le mandarinat pourrait ressembler au concept traditionnel et religieux de *tarbiyou* : se dévouer à un religieux réputé pour s'instruire à son contact. Le *tarbiyou* idéalise la vertu et la droiture. Il est fondé sur le besoin de bénir une connaissance pour s'en servir. Il n'était pas fait avec un esprit d'asservissement ou de promotion du chef, mais pour forger des personnalités et les leaders de demain. Les rapports entre un guide et un apprenant devenaient des rapports pour la vie avec un devoir éternel de reconnaissance et de gratitude. Le mandarinat était pour une large part un rapport transactionnel d'opportunités, chacun voulant utiliser l'autre comme ascenseur pour faire évoluer ses ambitions.

Le parti pris, l'esprit partisan, les clivages de groupes ont jalonné l'espace professionnel. D'abord parce que les frontières disciplinaires étaient perçues comme des limites infranchissables. Qui était un géographe pour parler de la santé, qui était un environnementaliste pour parler du droit ? Le monolithisme cristallise les logiques grégaires protectionnistes. J'ai été témoin, dans les pays ouest-africains, de l'existence d'équipes de recherche qui finissent souvent par constituer une armée solidaire dressée contre d'autres pour leur propre salut. Cet état d'esprit a beaucoup de similitudes avec celui des membres de gangs : bien qu'ils exercent le même métier, ils veulent accaparer l'espace et détenir tous les droits et toute l'influence scientifique. Cela n'est pas sans rappeler ce que Thomas Hobbes disait : *l'Homme est un loup pour l'Homme*. On fera bien d'adopter la théorie de Rousseau devant cette situation en disant que « l'homme est né bon, c'est la société qui le corrompt » ; alors, le chercheur est un bon produit, c'est son groupe professionnel qui le transforme.

Ce rejet mutuel des groupes de recherche, ou alors les chasses gardées et précarrés, s'expliquent par le confort et la sécurité induits par des relations étroites de complicité et d'adhésion à des idées et méthodes homogènes, qui trahissent l'esprit de créativité et l'innovation. Les chercheurs ambitieux peuvent être étiquetés de prétentieux. Dans une communication orale, le Président Abdoulaye Wade[24] disait que tout esprit curieux doit être ambitieux. Ce qu'il faut éviter, c'est la prétention. La prétention étant une disproportion entre les aspirations et les moyens. L'ambition de bien faire, de se donner

---

[24] Président de la République du Sénégal du 1er avril 2000 au 2 avril 2012.

pleinement, est selon lui une bonne chose. Il faut éviter d'écraser l'ambition, surtout celle de la jeunesse qui se traduit par la curiosité scientifique et pratique. Selon Wade, on attend de chacun un épanouissement total pour se donner le maximum et pour cela, il faut libérer l'esprit créatif. L'ambition, c'est se donner pleinement pour bien faire sans espérer en retour une reconnaissance quelconque. Le travail réussi donne un sentiment de satisfaction.

L'opposition des idées, ou alors la lutte de classes, dans la théorie scientifique, garantit le progrès de la science dans ce contexte de neutralisation mutuelle. L'esprit de groupe trop poussé se traduit par un repli identitaire qui ne laisse aucune chance au chercheur « non accommodé » de bénéficier d'un environnement de recherche multidisciplinaire. Souvent, la disparition normale et prévisible de ces groupes intervient immédiatement après que leurs icônes partent à la retraite ou se retirent simplement du champ de la recherche pour diverses raisons. Que de talents brisés alors qu'il a été prouvé qu'ils réussissent souvent à l'extérieur, comme au Canada ou aux USA, au moment où on les réduit de façon anecdotique, à des rôles secondaires, dans leurs propres pays !

Mon expérience au niveau international a été différente pour de nombreuses raisons. Les gens provenaient de cultures différentes et les influences identitaires étaient bien perceptibles. Dans de tels groupes de recherche, il n'est pas rare de voir une forte stratification en fonction de la proximité culturelle des membres, qu'elle soit basée sur la race, la culture ou la religion. Ces proximités se manifestent plus en dehors du lieu de travail, où se négocient beaucoup de décisions de la vie professionnelle. Les regroupements instantanés de chercheurs présentant des similitudes répondent à plusieurs objectifs : sécurité, protection, dissuasion. Même si, dans la plupart des cas, cela limite l'efficacité institutionnelle globale, les gens se soucient souvent davantage d'eux-mêmes que de leur institution.

La bénédiction des faveurs peut même se jouer dans des sphères plus élevées comme les conseils d'administration internationaux indépendants où le respect des règles de transparence est censé être rigoureux. Les situations de népotisme, les recrutements promotionnels douteux sont apparus dans certaines grandes institutions comme le fait de civilités motivées par la proximité sociale. Ainsi, le jugement sur la qualité scientifique et la présomption sur la vertu des personnes sont influencés par leurs origines et leur réseau. C'est quand surviennent des scandales qu'on s'aperçoit des mécanismes cachés des réseaux. La lecture de ces grands scandales (Bernie Madoff, Enron, Volkswagen, Lehman Brothers, BP, Uber, Apple, Facebook, Valeant Pharmaceuticals, Kobe Steel, Toyota-Peugeot, etc.), tous en dehors de l'Afrique, montre que l'éthique n'est l'exclusivité de personne. Pourtant, ce sont les crises dans le monde africain qui font les choux gras des médias pour nous rappeler notre incapacité à faire les choses comme les autres. Cette perception erronée du continent déteint sur l'image des scientifiques africains.

Que se passe-t-il lorsque les liens de groupe s'effritent du fait d'une dissidence —j'allais dire : une lutte d'émancipation— ou pour d'autres raisons comme le départ de personnes influentes ? Les groupes les plus vulnérables sont ceux qui dépendent d'un seul référentiel, d'une figure iconique. Certains leaders se reconnaissent par leur hyperpouvoir, leur logique de domination et leur option pour le micro-management. Dans de nombreux cas, certains leaders scientifiques utilisent leur équipe pour leur propre promotion. Une fois qu'ils atteignent l'objectif promotionnel, ils délaissent tout derrière. Cela est une oligarchie mal placée au détriment des principes intégrateurs et fédérateurs de la science.

La frilosité dans l'espace de recherche de nombreuses institutions est liée aux clivages sociaux et aux conflits d'intérêts. Au sein des groupes d'intérêt scientifique, les membres délimitent leur territoire de façon mutuellement exclusive. Ils communiquent souvent en interne sur un contenu d'intérêt commun, mais gardent jalousement l'information entre eux : la répartition du budget, les avantages, les salaires, les opportunités de promotion, etc. L'ensemble des interactions dans de tels groupes reste affiliatif (convivial), solidaire, progressif et accommodant : « Tu me grattes le dos, je te gratte le dos, peu importe ce qui arrive aux autres. »

Lorsqu'il s'agit de collaborer avec d'autres groupes, la connexion est plus agressive, dissuasive et subjuguée, que persuasive. Tout est question de rapports de force, de façon implicite ou apparente. Les groupes scientifiques du Sud préfèrent, sous ces conditions, des collaborations avec des équipes du Nord sans enjeu dans le rapport de force local, même s'ils disposent de pouvoir de négociation et finissent par se vassaliser par rapport à leurs homologues du Nord. Que faire : faut-il des ennemis féroces au niveau local ou des amis dominateurs du Nord ? Dans tous les cas, la grégarité affaiblit les réseaux de recherche dans nos pays et anéantit l'établissement d'une dynamique collective pour des interactions constructives et continues, pour former et maintenir généreusement des liens productifs de travail, pour impulser et maintenir le progrès scientifique et les objectifs d'institutions compétitives. Les rapports actuels avec les chercheurs du Nord sont loin de respecter la réciprocité dans le fond et dans la forme. La coopération scientifique est devenue un mélange d'opportunisme et de rapports de domination, derrière une apparence d'altruisme qui cache très mal une certaine mentalité de patronage.

Ces rapports s'observent aussi avec les firmes de consultation internationales qui sont beaucoup plus sollicitées par les pays africains pour proposer des solutions instantanées à des problèmes brûlants. Ce choix pour les firmes de consultance étrangères réduit les opportunités que les institutions scientifiques locales ont pour se renforcer à travers la collaboration avec les services techniques de l'État ou les autres clients de la science. L'argument pour mettre l'expertise locale à l'écart, c'est sa faible expérience, ou ses effectifs très limités, ou alors les équipements et moyens de recherche limités. Les programmes nationaux sollicitent l'expertise extérieure au lieu de travailler avec les compétences nationales même si, à l'évidence, une très grande partie de ces prestations étrangères utilisent les ressources locales pour rendre des livrables pas toujours pertinents avec un grand risque de perte de mémoire institutionnelle.

Cela soulève une grande question sur la structure et les fonctions des équipes de recherche. Les équipes (pas des individus) fortes et dynamiques sont rares dans une grande majorité de nos pays. Une équipe doit faire corps de sorte qu'aucune mesure d'importance ne puisse jamais être prise sans y faire référence. Cette solidarité devrait mener à l'efficience dans la production scientifique de qualité et non pas à la logique de bras forts pour en combattre d'autres. La perception oblitérée et plutôt dédaigneuse d'une équipe en fait une force d'oppression qui occupe l'espace sans pour autant répondre à sa mission de livraison de connaissances. Ces équipes obtiennent les ressources et les partagent entre quelques complices. Aucune compassion envers les autres collègues et aucun intérêt pour le progrès collectif. La conséquence, c'est la disparition de groupes de recherche, de laboratoires, après le départ de la personne la plus influente. Les talents se dispersent, les compétences s'effritent, car il n'y a plus de liens et de liant solides pour maintenir le groupe. La voie la plus sûre pour construire durablement la recherche en Afrique, c'est de nourrir un fort esprit déontologique et d'ouverture (pour des institutions fortes et collaboratives), qui est inévitable pour asseoir des groupes forts et solidaires qui ont envie d'évoluer, de se régénérer pour faire avancer, avec d'autres, la recherche. Si nous ne prêtons pas attention aux risques liés à la dispersion au sein des centres de recherche, la dynamique de la recherche sera plus lente que le besoin des acteurs pour répondre aux exigences sociales et aux défis actuels et futurs du continent.

L'autre situation choquante que j'ai vécue est survenue quand j'ai obtenu mon premier poste de directeur de recherche aux USA comme administrateur d'un programme international sur la science des changements globaux en Afrique. On était en 2015 et je devais, comme tout expert appelé à travailler aux USA, obtenir un visa spécial qu'on appelle H1B1 (travailleur talentueux, ou *skill worker*). Avant ma nomination bien entendu, j'avais effectué plusieurs séjours scientifiques aux USA et j'obtenais sans difficulté majeure un visa de séjour. Pour une fois, je devais faire face à la réalité de l'obtention d'un visa spécial et de son renouvellement chaque année. Les contrôles administratifs pouvant durer plusieurs mois, pendant cette période, il était impossible de revenir à Washington. Le refus du visa est à compter parmi les freins des échanges scientifiques entre les pays.

Cette situation où le scientifique aspirant à une mobilité internationale, l'exposant aux modalités diplomatiques dont les tenants auprès des consulats ne pouvaient en aucune façon faire apparaitre leur importance ou leur portée sur les enjeux mondiaux, était un important motif de frustration. Que de fois les chercheurs africains n'ont pas pu participer à des rencontres internationales de grande importance pour des questions de visa alors que les chercheurs du Nord en font leur dernier souci puisqu'ils ne sont jamais soumis à cette obligation pour venir dans nos pays !

Les goulots d'étranglement sont nombreux, certains sont internes, d'autres externes. Pour évoluer, on devrait se focaliser sur les questions internes qui réduisent notre capacité à nous affranchir de l'autostigmatisation qui est un atavisme d'une longue colonisation scientifique.

# Colonisation et « blanchiment » des connaissances africaines

La colonisation, c'est « la victoire de la caravelle sur les caravanes », selon l'historien portugais Vitorino Magalhães Godinho. Les influences des caravanes arabes en quête de produits africains ont permis à l'Europe de se rendre compte de la richesse du continent. Il fallait, par la caravelle et ses cargaisons d'armes, vaincre les gardiens secrets de l'Afrique comme les maladies tropicales, la résistance armée, les États forts et structurés qui y existaient, mais surtout, le système de production et de partage des connaissances. De la peur de l'inconnu à la violence de l'occupation, l'Europe a exposé l'Afrique à une profonde perte mémorielle par plusieurs biais : l'instruction scolaire, l'évangélisme, le pillage et l'exploitation de l'homme par des systèmes inhumains d'esclavage qu'on reproche à tous les peuples attirés par les richesses humaines et naturelles du continent noir, y compris les Arabes eux-mêmes, bien avant les autres. On dirait d'ailleurs que cette Europe coloniale s'est inspirée du monde arabe. Je laisse le débat aux historiens.

Le processus de blanchiment des connaissances en Afrique a commencé par une pensée pernicieuse : celle consistant à croire que l'Africain n'était pas doté de raison et que c'était une peine perdue de l'inviter sur le champ de la logique cartésienne. Ce blanchiment des idées est plus néfaste que celui des capitaux. Les deux dimensions de ce blanchiment : le fait de penser que seul le Blanc pense (la raison est blanche), et le corollaire, vouloir accaparer toute bonne pensée non européenne pour le compte de l'Europe. Si on peut combattre le blanchiment des capitaux par la loi et des procédures administratives, le blanchiment des idées est difficile à cerner, à caractériser et à qualifier. Ainsi, les idées africaines ont été présentées comme conçues par d'autres, et cela, depuis l'Égypte antique. Avec le niveau d'abstraction de la pensée africaine, les possibilités de les codifier avec les méthodes européennes étaient réduites ; le plus simple, c'était de les ignorer à défaut de pouvoir s'en servir et dans plusieurs cas, il fallait les détruire pour faire place à un mode de pensée centré sur l'Europe. Plusieurs termes ont été utilisés pour cette falsification : « acculturation », « assimilation », « mission civilisatrice », qui concourent tous à réduire la science africaine à sa plus simple expression, pour dire le moins.

Quelles sont les manifestations de ce blanchiment des connaissances ? Alors que les Européens transgressaient le continent, la conquête coloniale devenait dans une large mesure une agression sur les connaissances africaines. La science coloniale était pour l'essentiel de la géographie, la santé et de l'anthropologie, pour une Administration coloniale avide de ressources naturelles et d'exotisme. La diffusion d'une partie de ces informations se faisait à travers les journaux illustrés, en France, la Penny Press en Angleterre et en Amérique. Des explorateurs comme Savorgnan de Brazza, David Livingstone ou Henry Morton Stanley étaient des symboles et des repères de connaissances nouvelles apprises en Afrique qu'ils faisaient découvrir à l'Europe. Ils ont donné des noms à nos fleuves alors qu'on en avait déjà, rebaptisé nos États et nos espaces géographiques souvent avec la pire des prononciations. Nos plantes n'étaient qu'une copie des leurs et il fallait les identifier sous forme de *pommier*, de *dattiers* ou de l'attribut sauvage en essayant parfois d'adjoindre le nom dit « vernaculaire ».

Ils ont mis sur des cartes une toponymie inventée, « créé » des lieux-dits déjà occupés par les Africains. Ils sont passés à la postérité à cause de leurs prétendus exploits qui n'avaient pas plus de mérite que le courage de s'aventurer dans des terres inconnues. Il s'agissait plus de récits que de science proprement dite. En France, l'hebdomadaire illustré *Le Tour du monde*, fondé en 1860, se spécialise dans les récits de ces grands explorateurs (la maison Hachette).

La place de la colonisation dans le développement de la science peut être caricaturée en deux moments. Dans un premier temps, le moment des formations de seconde zone pour produire des agents coloniaux de l'Administration ou pour assurer certains services, comme dans le domaine de la médecine, avec la mise en place des premiers embryons d'universités (Dakar, Accra, Nairobi) afin de développer une masse critique d'assistants pour sécuriser le projet colonial. Ces universités dépendaient des académies de France ou d'Angleterre et desservaient les régions coloniales comme l'AOF. Dans un deuxième temps, et cela après le retour des premiers docteurs et agrégés, s'est opérée une consolidation des universités africaines, après la Deuxième Guerre mondiale et plus précisément à la fin de la colonisation et au début des indépendances. Cette phase a consisté à maintenir les assistants techniques avec l'enseignement supérieur dominé par les professeurs de la métropole.

Le processus d'africanisation a mis au moins trois décennies avant de retrouver des universités « purement » africaines. Elles partagent toutes le fait que leur fondement, les règles qui les régissent, leur structuration et leur mode de fonctionnement sont encore très largement d'influence coloniale. C'est pour cette raison que je suis resté longtemps sceptique sur le concept de décolonisation de la science qui pour moi devrait aller de pair avec la décolonisation des structures qui régissent le fonctionnement de la recherche. On veut changer le contenu sans modifier le contenant, et pour ce cas de figure, cela me semble impossible. Le Québec l'aurait réussi sans bruit avec une « révolution tranquille ».

La quête scientifique de nos universités est modulée par la suprématie politique, linguistique et épistémologique des pays du Nord. La décolonisation de la recherche passe déjà sous ce rapport par une indépendance politique et linguistique pour inciter la production du savoir plutôt que la capitalisation du savoir produit par d'autres. Les pays asiatiques ont été des exemples parfaits de ce saut qualitatif vers ce renouveau scientifique. Il faut comprendre que le mouvement de la décolonisation de la science hérité de la colonisation et du système de pensée vise à remettre en cause la domination des paradigmes occidentaux/coloniaux dans la production et la diffusion des connaissances scientifiques. Ceci donne la primauté à des épistémologies dominantes. Il s'agit principalement de remettre en question les méthodes et les théories scientifiques qui ont été imposées par les puissances coloniales et qui ont marginalisé les savoirs et les perspectives des cultures africaines.

Pour nous, cette décolonisation devrait donner de la place aux savoirs domestiques produits par les pratiques scientifiques en Afrique dans l'esprit de promouvoir la diversité et l'inclusivité. L'universalisme scientifique doit être avant tout une question de participation et de représentation des scientifiques et des communautés marginalisées dans la production et la diffusion des connaissances scientifiques comme un bien commun global. Dans cet ordre d'idées, le point de départ, et la condition principale, est la décolonisation des institutions scientifiques. Si vous pensez à une souveraineté scientifique, vous avez raison puisque si ce qu'on croit et ce qu'on pense pour sa société est porté par d'autres, on n'a que très peu de place pour traduire ses aspirations en réalités. C'est ce qu'on pourrait appeler la seconde décolonisation. La troisième sera la décolonisation économique, qui cristallise l'attention. Les masses populaires semblent porter une attention plus forte à la souveraineté économique sans que le préalable soit assuré sur le plan des connaissances. Si l'on tient le système de production d'un pays, on ne lui donne aucun choix de s'affranchir. Il faudra, pour l'Afrique, œuvrer résolument pour une transformation des structures et des pratiques des institutions scientifiques pour qu'elles soient plus inclusives et représentatives de la diversité des cultures et des savoirs africains.

Cette transformation structurelle des systèmes de production de la science permettra de faire émerger de nouvelles formes de science qui intègrent les perspectives et les méthodes des cultures africaines pour répondre aux besoins et aux défis locaux. Le débat actuel de la décolonisation des connaissances passera par plusieurs étapes au-delà des déclarations de principes circonstancielles et passagères. Il s'agit de déconstruire un héritage de centralité décisionnelle pour le contrôle des ressources et des populations qui n'ont aucun rôle à jouer dans la structuration des aspirations communes. Le fait de garder toutes les formes de pensée et de décision entre les mains d'une aristocratie politique crée une forte inertie qui réduit le progrès souhaité. Toute vision opposée ou toute audace manifeste portée vers le changement du statu quo est perçue comme une menace. La créativité implique la prise de risque pour un leadership actif afin d'accélérer le changement. La colonisation a créé des cloisons et la méfiance, qui ont inhibé l'esprit de coopération et d'ouverture. La performance, qui est une expression de la mise en pratique des idées innovantes, souffre du poids du conformisme comme gage de sécurité des individus dans un système fortement centralisé.

Cette décolonisation de la science est donc un processus complexe et nécessite un engagement collectif et une volonté politique de transformation profonde pour mettre en place un environnement de travail stimulant qui motive l'éclosion du talent. Le changement proposé par la science locale n'est pas toujours un risque à éviter, mais une opportunité pour le progrès. Au Sénégal, les avancées digitales sont un motif de progrès qui n'est pas souvent bien accueilli par une bureaucratie d'une autre époque, satisfaite des méthodes classiques, désuètes. Ça commence à bouger dans ce sens, et c'est une bonne nouvelle. Il me semble que les pays asiatiques l'aient bien réussi pour résoudre efficacement beaucoup de problèmes de développement actuels et futurs.

Sur la démarche, on peut aussi inverser le débat en posant la question de savoir si on parle de « la science de la colonisation » ou de la « colonisation dans la science », pour parler comme Paul Pélissier. Une lecture scientifique de la colonisation ne correspond pas forcément à une étude de la science coloniale. Cette distinction revient à différentier le parti pris idéologique qui serait propre à la colonisation et le pari scientifique qui est de rendre à l'Afrique sa dignité intellectuelle. C'est pour cette dernière que se sont investis de grands chercheurs comme Cheikh Anta Diop. La science d'aujourd'hui n'est pas celle d'avant les indépendances. Il y a eu d'abord une science pour servir les « comptoirs commerciaux », celle du XIXe siècle : une science pour les explorateurs coloniaux, sans prétentions normatives mais plutôt un souci informationnel pour optimiser l'exploitation des ressources. Les Sociétés de géographie, les bureaux de recherche minière, les instituts coloniaux ont tous œuvré à la consolidation de la colonisation même si par ailleurs ils ont porté les germes de la libération de l'esprit critique des Africains qui ont fait partie de ces projets.

Le point de rupture entre cette période coloniale et celle qui a suivi ne correspond pas à l'indépendance politique des États africains. Jusqu'au moment où nous écrivons ce livre, la science dans les pays francophones est restée dans sa structuration et dans son contenu largement influencée par la science française. D'abord parce que l'axe de collaboration scientifique ne s'est que très peu dilué par des recherches réalisées avec d'autres partenaires[25], ensuite, parce que la collaboration intra-africaine pour la recherche est restée très faible, malgré le nombre croissant de programmes de recherche régionaux sous l'instigation des organisations régionales et de la Commission de l'Union africaine (CUA).

La science dans un espace colonisé souffre toujours du biais d'un héritage de domination et du patronage. Il faut distinguer le chercheur colonial de son homologue africain perçu comme dépendant quels que

---

[25] Rapport UNESCO.

soient son talent et ses aptitudes scientifiques. Les Africains qui ont « plagié »[26] les chercheurs français ont été dénoncés, alors que le pillage intellectuel des chercheurs occidentaux sur la science produite par les Africains n'a jamais fait l'objet de contestation. Quand on était « découverts », on ne pouvait pas « découvrir ». C'est donc normal que des connaissances non codifiées et non normalisées ne puissent trouver leur salut qu'à travers leur valorisation par des chercheurs occidentaux qui n'ont eu de mérite que de transcrire en langue française des connaissances apprises ailleurs et diluées dans leur jugement de valeur.

Il faut cependant relever qu'il a existé des chercheurs occidentaux qui ont été neutres dans leurs méthodes et leurs outils de recherche (Père Berhaut, sur la botanique, Théodore Monod, en biologie). Ces auteurs ont dû inventer leurs propres méthodes de travail, fondées essentiellement sur une interprétation des connaissances locales africaines (Joseph Kerharo sur les plantes médicinales), de leurs représentations (Pierre Michel sur la géomorphologie des bassins du Sénégal et de la Gambie), des usages et des pratiques (Paul Pélissier, « Les paysans du Sénégal »), des fouilles locales (Pierre Michel Thilmans, archéologie) et l'enquête directe (anthropologues). Eux étaient les inventeurs et les Africains étaient des inventés.

Les chercheurs coloniaux produisant une science africaine ont développé des méthodologies pour comprendre et s'adapter aux réalités du continent. Pour ce faire, la question de la langue est essentielle. Ils ont été nombreux à emprunter le vocabulaire local pour décrire certaines évidences scientifiques (par exemple, *bowe-peul*, *tann-sérer*), pour pénétrer les structures sociales en vigueur mais aussi les connexions entre la représentation des espaces et leurs utilisations. Ils ont cherché à maitriser les langues locales pour ne pas verser dans les travers des investigateurs coloniaux qui passaient par des interprètes, avec un lot de contingences et d'erreurs. La fascination des autochtones de voir un *Toubab* (*musungu*, *porto*) parler leur langue avec un certain accent était à la fois amusant et gage d'ouverture puisque cela crée un rapprochement identitaire. L'inverse, quand les Africains maitrisent et parlent les langues

---

[26] Yambo Ouologuem, avec son ouvrage publié en 1968, ***Le Devoir de violence***, un roman qui lui a permis de gagner le prix Renaudot, a été accusé par la suite de plagiat.

étrangères, on prend cela comme une assimilation avec son lot de non-dits sur l'acculturation des peuples.

La présence de chercheurs français en terres africaines n'aurait pas eu l'influence qu'elle a eue si nos pays n'avaient pas été colonisés. Ils sont venus pas seulement pour comprendre l'Afrique, mais pour maitriser ses ressources pour son exploitation au profit de la métropole. Tout cela a été organisé par le système colonial dans ses composantes diverses comme les traders des comptoirs commerciaux, les religieux évangélistes, les forces militaires et surtout, une administration coloniale structurée et fortement organisée. Un grand nombre de ces scientifiques extradés avaient un besoin d'évasion, de sortir de l'Hexagone par goût du voyage, plutôt que de faire une science utile pour les pays africains. L'Afrique noire était un monde à découvrir, un objet de curiosité. Malgré cela, il y a eu une connivence certaine entre l'Administration coloniale et les orientations des chercheurs français.

Ainsi, on imagine difficilement une science française dont l'objet porte sur l'Afrique sans que les pays du continent aient été colonisés. Cette stratification géographique de la production scientifique coloniale épouse celle des frontières mécaniques, subjectives, de la colonisation dessinée sous forme de « territoires coloniaux » ou de précarrés qui ont servi de marqueurs et de cadres à des identités administratives n'ayant, à l'origine (sauf rares exceptions), aucune réalité socio-politique. Aujourd'hui, ce sont autant de « morceaux » appelés « pays » avec parfois des dénominations plutôt impérialistes au début (Haute-Volta, Gold Coast, Rhodésie), mais rebaptisés pour laisser une consonance africaine correspondant à une réalité historique. C'est cette division pour mieux régner qui a entrainé une pulvérisation dans une logique de balkanisation dont le but était de donner corps au partage du gâteau africain (réf. roi belge). Cette division du continent porte les stigmates du cloisonnement scientifique de nos États jusqu'à l'heure actuelle.

Il n'y a ainsi que très peu de pays ayant une identité socio-anthropologique et géographique homogène, ce qui, malgré les efforts d'édification des Nations africaines à la suite du découpage décidé à

Berlin[27], laisse un continent où les divergences d'aspirations rendent complexe la production de connaissances scientifiques pertinente pour chaque groupe social. Certaines frontières coupent des communautés en plusieurs ethnies (par exemple, le peuple haoussa, les communautés fulani, les Wolofs, etc.). Toute cette géopolitique coloniale transparait dans la déconstruction des cultures locales qui sont le fondement de la production séculaire de connaissances scientifiques domestiques. La dégradation des civilisations africaines s'est ainsi accompagnée d'une perte mémorielle des mécanismes de production et de partage des connaissances.

Certains retiennent —aussi arbitraires qu'elles soient— que ces frontières coloniales ont créé un sentiment territorialiste qui s'est mué, quasi spontanément, en dissidence nationaliste au sein des pays. Le découpage de l'Afrique n'a pas effacé les identités ethniques qui sont restées vivaces en arrière-plan des relations sociales. Ainsi la possibilité qu'ont nos pays de devenir des puissances technologiques grâce à la recherche relève-t-elle à la fois d'un besoin d'apprentissage en plusieurs langues africaines, mais aussi d'un retour vers les connaissances ancestrales.

Certains paradoxes ont persisté depuis cette période coloniale sur des cas particuliers assez symptomatiques de l'incohérence des logiques impériales. Il s'agit des territoires incrustés ou des remembrements territoriaux démesurés. Pour la sensibilité diplomatique du sujet, je me garde de citer des exemples. Ces situations ont entrainé des déchirements, des ruptures des systèmes et circuits de production de connaissances locales. Le fait colonial est donc prégnant par ses conséquences sur la production scientifique même si aucun pays africain n'a disparu depuis le partage colonial, même si les minuscules pays ne se sont pas fondus dans un ensemble plus vaste permettant de structurer une force motrice pour le développement de la science et de la technologie.

La décolonisation intellectuelle est un long processus non seulement pour se débarrasser des certitudes savamment ancrées par la colonisation, mais aussi pour asseoir des connaissances alternatives

---

[27] La Conférence de Berlin fut convoquée de novembre 1884 à février 1885. À cette conférence fut décidé le partage systématique de l'Afrique et l'installation de façon durable de la colonisation de l'Afrique.

permettant à l'Afrique de trouver son itinéraire propre. Elle nécessite la conversion d'une vision d'émancipation scientifique en une série de choix dont le fondement est la mise en place d'un nouveau narratif fait par et pour l'Afrique. Il y a deux étapes dans cette décolonisation :

- s'accorder sur les arguments scientifiques à utiliser comme ce fut le cas avec les travaux de Cheikh Anta Diop, l'histoire générale de l'Afrique, ou encore, les précurseurs de la philosophie et de l'anthropologie africaine. Les autres disciplines devraient opérer ce réveil épistémologique pour consolider le sursaut permettant de faire surgir un rayonnement scientifique africain spécifique au continent ;
- utiliser ces nouvelles connaissances de rupture pour déconstruire les théories coloniales ou toute science importée avec la prudence de conserver les paradigmes universels tout en faisant le choix d'apporter des solutions aux problèmes de développement et une dignité à la recherche africaine.

La capitalisation des connaissances antérieures est un effort incontournable pour se projeter dans le futur. L'influence occidentale de la colonisation ne devrait pas freiner le souhait de construire le futur avec toutes les possibilités. Cette prospective est nécessaire pour structurer des alternatives africaines. Nous proposons la figure ci-dessous, pour mettre en exergue les étapes pour la décolonisation totale des connaissances.

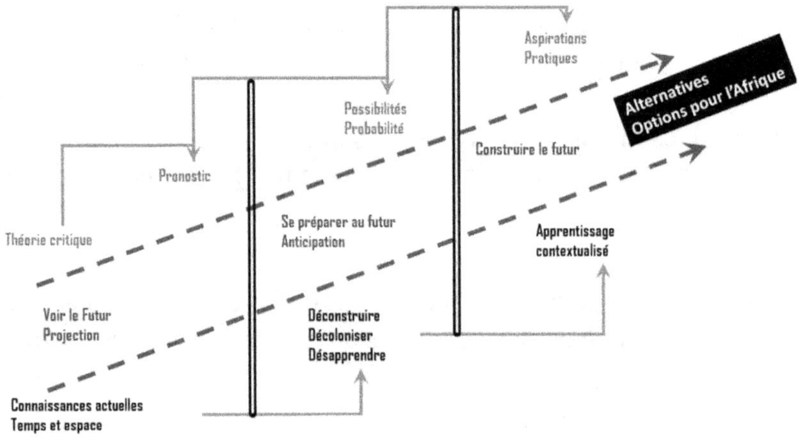

# Stigmatisation et dilution mémorielle

L'Europe dite des Lumières était aveugle sur l'histoire de l'Afrique au point d'y jeter une ombre juste pour en faire une « hétérotopie », comme le disait Michel Foucault, ou alors le laboratoire de sa « mission civilisatrice ». C'est paradoxalement pendant le XVIII$^{e}$ siècle que le mystérieux et inquiétant « cœur des ténèbres » fait l'objet d'une agressive conquête pour ses connaissances et ses ressources. L'Afrique a été victime d'une véritable négation de son histoire, soutenue par la philosophie européocentrique, représentée par Hegel, qui a soutenu que « l'Afrique noire ne peut avoir d'histoire proprement dite », c'est-à-dire que le continent n'était pas digne de civilisation et de production de connaissances. Cette théorie choquante et saugrenue a été reprise par Nicolas Sarkozy[28] dans son fameux « discours de Dakar » qui affirmait que l'Homme africain « n'est pas suffisamment entré dans l'histoire ». Il vit dans un « pays de l'enfance » qui est une Afrique qui n'a d'autre choix que d'être dominée par les autres civilisations. Cette Afrique qui, « au-delà du jour de l'histoire consciente, est enveloppée dans la couleur noire de la nuit », selon Hegel. Ces phrases à l'emporte-pièce nient l'histoire, sont une vilaine négation de la science et des civilisations africaines. En prononçant ces idées racistes, ces auteurs n'ignoraient pas que c'est ce « pays de l'enfance » qui paradoxalement a fait vivre et entretient jusqu'à présent les « pays des adultes » connus pour leur addiction à nos ressources et à nos hommes. Cliché pour cliché, cet obscurantisme de l'histoire de l'Afrique cachait mal une légende dorée faite de succès millénaires sur une utilisation des richesses multiples et des États africains puissants. Il fallait déconstruire tout, afin d'asseoir un engagement résolu pour siphonner les ressources du continent avec toutes les justifications réductrices que les Européens ont du mal à réclamer sur l'autel des droits humains et du principe du respect de la diversité.

---

[28] Discours de Dakar de M. Nicolas Sarkozy, président de la République française, prononcé le 26 juillet 2007, à Dakar : « Le drame de l'Afrique, c'est que l'homme africain n'est pas assez entré dans l'histoire. »

Pour installer des stéréotypes dans la conscience collective des Africains, il fallait d'abord procéder à une stigmatisation et à une trivialisation de nos connaissances. Tout commence par l'utilisation de certains termes comme « indigènes », « peuplades » pour parler des États trouvés sur place, comme « vernaculaires » pour les appellations, toponymies et attributs utilisés par les populations africaines, ou alors le terme « autochtones » pour désigner des us et coutumes séculaires. Cette banalisation de notre patrimoine culturel et scientifique s'est très vite transférée aux intellectuels africains qui ont mis du temps à comprendre que les connotations de tels concepts traduisaient une profonde condescendance. Un mot comme « indigène » a une connotation péjorative, dévalorisante, puisqu'il qualifie des sociétés de seconde zone et de rang inférieur, sans civilisation en quelque sorte.

L'utilisation de ces concepts renvoie à une opposition entre une conception occidentale de la société (normale) et une réalité perçue comme « barbare » (anormale) qu'il fallait déstructurer à tout prix pour adopter la méthode européocentrique permettant la suprématie du « savoir-faire » colonial. La mission civilisatrice dénoncée par les chantres de la négritude ou les écrits des historiens africains avec *L'histoire générale de l'Afrique* réécrite par l'UNESCO et toutes les tentatives de décolonisation de l'esprit africain s'inscrivent dans ce cadre. Le travail actuel des intellectuels africains consiste dans une très large mesure à donner à la civilisation africaine sa véritable dignité.

Ce combat de déconstruction n'incombe pas à ceux qui ont créé le problème, c'est celui de ceux qui l'ont subi, c'est-à-dire les intellectuels africains eux-mêmes. Alors, la stratification cognitive entre ceux qui étudient et ceux qui sont étudiés ne permet pas d'abattre certaines barrières. Un scientifique est d'abord un être social et ne peut en aucun cas prospérer en dehors des groupes sociaux qui l'ont produit. Le scientifique n'est qu'un produit de sa société. L'influence culturelle transparait forcément dans les cadres de réflexion établis, dans les mécanismes de collaboration et dans l'intensité des relations sociales et des règles morales et éthiques qui encadrent le processus de production de connaissances. Une prise en compte de cette identité africaine est la première condition pour asseoir la science, la politique, la culture, etc. Ce n'est pas un aveu souverainiste mais un appel au respect de nos spécificités.

Il s'ajoute que les méthodologies de recherche établies en France, par exemple, seraient assez souvent difficilement transposables en Afrique sans adaptation au contexte. Cette influence, consistant à appliquer des méthodes d'investigation européennes sur une réalité africaine, se dilue au fur et à mesure qu'on assume notre indépendance. Cette indépendance académique a été chronologiquement décalée par rapport à l'indépendance politique, notamment par le biais des universités qui étaient d'abord une émanation des académies de France (UCAD et Académie de Bordeaux). Nos universités se sont affranchies de leurs tutelles au fil du temps et au gré de l'africanisation du personnel enseignant chercheur.

Parallèlement, l'Administration coloniale s'était déconnectée progressivement du pouvoir académique dans son cheminement implacable vers la liberté après la Deuxième Guerre mondiale. L'Administration comme le monde de la recherche coloniale n'étaient pas monolithiques et comportaient des sensibilités diverses et des opinions contradictoires. Ces universités procoloniales étaient dirigées par des Blancs dont le centre d'intérêt portait sur l'Afrique. Ils ont transmis la science occidentale à des Africains qui ont par la suite cherché à opérer des mues cognitives dans un élan appelé « africanisation ». Ces mues ne sont pas encore achevées parce qu'il reste des reliques de mimétismes qui transparaissent à la fois sur le référentiel et sur les perceptions de la qualité scientifique.

La confiance et le surcrédit accordés aux chercheurs de la « métropole » n'ont fait qu'accentuer la logique de marginalisation des intellectuels africains. Avoir accès aux informations coloniales les plus précieuses reste l'apanage des chercheurs européens. Il était hors de question de faire des archives coloniales un objet de convoitise pour les Africains même les plus illuminés, même si ces informations portaient sur le destin de notre continent.[29] Cette réalité est toujours prévalente sur plein de faits coloniaux comme des déportations, des massacres, des emprisonnements, etc. La France détient beaucoup

---

[29] Comme le cas des informations relatives au massacre des tirailleurs à Thiaroye, le 1er décembre 1944. Le nombre de victimes n'a pas encore été établi, et encore moins le lieu exact de leur sépulture.

d'informations sur l'Afrique et parfois des connaissances « volées, spoliées, pillées » qui sont devenues inaccessibles aux Africains.

Un mouvement historique a été amorcé par des intellectuels africains pour faire revenir les objets de culte, les chefs-d'œuvre culturels, les symboles des États africains, illégalement subtilisés au continent par les colons. Le retour des objets d'art et du patrimoine culturel (certains) ne suffit pas pour restituer toute la mémoire perdue. La déconnexion entre notre patrimoine et sa fonction sociale est une perte mémorielle immatérielle que le seul retour des objets ne pourrait permettre de restituer. L'art africain est un garant et un véhicule de transmission de savoir. Chaque objet volé (et violé) est un pan de notre histoire et un chapitre scientifique qui est perdu. Dans cette logique d'acculturation et de rupture des liens avec le savoir africain, toute résistance devant cette perte mémorielle était prise comme un anathème par le pouvoir colonial.

La production des connaissances transparait ainsi sur les rapports de pouvoir, qui connait, dirige, c'est-à-dire que la domination des Occidentaux était (est) assise sur le contrôle de l'information. L'espoir d'agir au même pied se révèle vain si on ne peut pas apporter une réplique scientifique opposable aux autres. Le rapport de pouvoir crée une stratification qui crée un rapport hiérarchique du savoir dès le départ. Quelques exceptions, des hommes éclairés et courageux, comme Cheikh Anta Diop, furent reconnus bien plus tard par la force des circonstances parfois très atypiques et des arguments robustes, et ont pu résister à la négation de leur projet scientifique suivie parfois d'une stigmatisation par nos propres hommes politiques frigides devant leur liberté de penser et d'agir.

Pendant cette période de la domination coloniale, les chercheurs africains ont été défavorisés par leur non-appartenance aux réseaux affectifs et affiliatifs avec les services techniques coloniaux qui détenaient une bonne partie du savoir-faire. On n'implique les Africains, à cette époque, que pour être des assistants, des conducteurs des travaux. Nombre d'études locales ont eu parmi leurs acteurs quelques rares pépites africaines qui ont permis de les réaliser (les travaux d'Ake Assi en Côte d'Ivoire, en botanique, Gaoussou Sambou au Sénégal)[30]. Ces rapports entre chercheurs français et leurs appuis locaux ont été parfois décevants.

Les centres de recherche qui semblaient donner satisfaction sont ceux qui dans les apparences de soutien aux besoins des populations locales œuvraient pour les ambitions lointaines de la métropole. Pour le cas du Sénégal, il s'agit de la recherche agricole portant sur l'arachide, culture de rente pour satisfaire les besoins en oléagineux de la France, ou alors la recherche médicale sur les maladies tropicales comme le paludisme ou la fièvre jaune, les jardins d'essai au Sénégal et en Côte d'Ivoire pour domestiquer certaines espèces comme le cacao, le café, le coton, etc. D'ailleurs, le premier embryon de l'Université de Dakar s'est structuré sur la recherche des maladies tropicales pour faire tomber une barrière majeure à la pénétration africaine qu'étaient les maladies tropicales mortelles.

La typologie de la recherche pendant cette période coloniale opposait souvent la recherche fondamentale, celle des laboratoires, à la recherche centrée sur l'homme, les pratiques, les religions et les coutumes. Les premiers regardaient les autres avec condescendance, voire une certaine méfiance. La recherche appliquée sur les sociétés était perçue par les scientifiques de laboratoire, les blouses blanches, comme de la pseudo-science, puisque il n'y aurait aucun mérite à parcourir la brousse ou à passer du temps avec les communautés pour en tirer quelque chose de rigoureux. Les premiers étaient dans des fermes expérimentales, les autres dans les villages pour mieux comprendre les logiques productives et les dynamiques de sociétés. Ce sont ces derniers pourtant qui ont eu la plus grande influence coloniale.

Les premières universités africaines ont permis une certaine solidarité intellectuelle, une forte diplomatie scientifique et un rapprochement entre chercheurs africains. L'UCAD est restée longtemps la seule université francophone au sud du Sahara. Les étudiants y venaient de toute l'AOF (Afrique Occidentale Française) et même d'au-delà. Ce melting-pot paraissait si précieux qu'il a permis une solidarité régionale des premières générations. Cette

---

[30] Ils sont tous les deux d'éminents botanistes devenus chercheurs de haut niveau en Côte d'Ivoire et au Sénégal.

solidarité s'est effritée avec la création d'universités comme instrument de souveraineté à la suite des indépendances.

Un autre exemple avorté provient des États jumeaux du Togo et du Bénin (à l'époque le Dahomey). En 1964 est créée l'Université du Bénin : les lettres et la médecine à Lomé, le droit et les sciences à Cotonou. Quatre ans plus tard, à la première crise estudiantine, une rupture s'est produite, suivie d'expulsions réciproques. Chaque pays a fini par créer sa propre université. La réussite de ce modèle aurait pu non seulement rapprocher les peuples mais aussi fortifier l'impact scientifique de ces universités.

# Que serait la science de l'Afrique sans la colonisation ?

Pour répondre à cette question, je vais m'appuyer sur l'exemple des pays du Sud qui n'ont pas été colonisés, ou sur les universités créées avant l'ère coloniale. Malheureusement, les exemples ne sont pas légion. Le cas le plus connu est celui de l'Éthiopie. L'enseignement supérieur et la recherche en Éthiopie ont été une initiative de religieux, notamment l'Église orthodoxe éthiopienne, basée sur des institutions de la royauté depuis le VI^e^ siècle, et commence à se moderniser au XX^e^ siècle avec l'empereur Hailé Sélassié. On voit que bien que le pays n'a pas été réellement occupé par les puissances occidentales ; la mise en place de son système universitaire de recherche national n'a pas réellement eu une avance sur les pays colonisés. On peut affirmer que l'inverse est observé si on met dans le lot un pays comme l'Afrique du Sud, sous l'influence d'un long régime d'apartheid, ou alors les universités créées par les retours d'esclaves au Liberia et en Sierra Leone.

Ces repères historiques de la période coloniale mettent aux oubliettes les universités connues avant la période coloniale et qui ont prospéré au gré de l'enseignement religieux, islamique notamment. C'est le cas au Maroc, à Tombouctou, et en Égypte. Au Sénégal, des exemples d'institutions académiques de haut niveau qui ont fonctionné avec les mêmes missions académiques que celle de notre époque existent. Khaly Amar Fall (1555-1638) y fonde au début du

XVII^e siècle (1603 ?) le centre islamique de Pire (département de Tivaouane), qui fut l'une des premières universités d'Afrique noire. En reconstituant l'âge des universités historiquement créées en Afrique, celle de Sankoré à Tombouctou reste la plus ancienne.

**Avant l'ère coloniale**

Université de Tombouctou, Mali (982CE)

Université d'Al-Karaouine, Fez, Maroc (859AD)

Université Al-Azhar, Caire, Égypte (972AD)

Université de Pire, Sénégal (1600)

Le classement des cinq premières universités au monde compte des universités africaines qui sont plus anciennes que celles de l'Europe :

1. **Fès, université Al Quaraouiyine : an 859**
2. **Al-Azhar : an 969**
3. Bologne, Italie : an 1088
4. Oxford : an 1116
5. Université Paris-Sorbonne : an 1200

**Pendant la colonisation**

Université Fourah Bay College, Sierra Leone (1827)

Université de Cape Town, Afrique du Sud (1829)

Université du Liberia (1862)

Université Stellenbosch, Afrique du Sud (1903)

Université du Caire, Égypte (1908)

Université d'Alger, Algérie (1909)

Université de Fort Hare, Afrique du Sud (1916)

Université américaine du Caire (1919)

Université Makerere, Uganda (1922)

Université du Ghana (1948)

Université d'Ibadan, Nigeria (1948)

Université d'Addis-Abeba (1950)

Université du Zimbabwe (1952)

Université de Dakar (Cheikh Anta Diop), Sénégal (1957) Université Agostinho Neto, Angola (1962)

En 2023, il existait 2 389 universités en Afrique selon le classement d'University Rankings UniRank. Il s'agit d'une augmentation de plus de 50 % par rapport à 2020, où il y avait 1 225 établissements d'enseignement supérieur officiellement reconnus en Afrique, selon la base de données. Ce doublement du nombre d'universités va avec une augmentation exponentielle des chercheurs africains. Mais est-ce que la production scientifique de qualité a suivi cette tendance ? Je ne le pense pas puisque l'Afrique ne contribue pas à plus de 1 % de la production scientifique mondiale. La multiplication des universités répond davantage à une pression démographique et sociale qui oblige les États à répondre à la demande croissante d'une population estudiantine qui explose en nombre. Tirer profit du dividende démographique commencerait par une optimisation de l'utilisation de cette matière grise pour prendre en charge la demande pour un développement transformationnel du continent.

Devant l'accélération de la création des universités pendant et après les indépendances, il serait réaliste d'imaginer le développement de la recherche et de l'enseignement supérieur dans sa forme actuelle avec une moindre influence de l'Occident. Même les pays « non colonisés » comme le Japon ou la Chine ont fait des révolutions intellectuelles qui ont conduit à une adaptation de la mission des universités à leur réalité. La recherche dans ces pays était programmée pour répondre aux exigences politiques bien planifiées avec une forte institutionnalisation de la science domestique pour asseoir un secteur privé porteur d'innovations et d'emplois et pour un soutien inconditionnel à la prise de décision.

La différence fondamentale entre ces pays non colonisés et les autres, c'est l'orientation intentionnelle de faire de la recherche et de l'enseigner avec leurs propres langues. Tous les pays colonisés ont importé à la fois la science et la langue qui les véhiculent, ce qui met en cause une identité nationale. Pendant que l'Union européenne utilise vingt-quatre langues officielles pour permettre à chaque Nation d'être dans son confort linguistique, l'Union africaine n'en a retenu que six : l'anglais, le français, le portugais et l'espagnol — héritées de la colonisation —, l'arabe et le kiswahili. L'arabe est une langue anciennement « coloniale » mais non imposée comme les langues européennes l'ont été en Afrique et ailleurs ; alors que le kiswahili est issu du métissage entre langues bantoues et l'arabe, et est devenu par la force des choses une *lingua franca* de l'Afrique orientale.

Les langues africaines pour véhiculer les connaissances scientifiques sont presque toutes importées. La « connaissance directe » prônée par Cheikh Anta Diop consistant à produire les éléments constitutifs de la sagesse collective avec nos propres langues ne peut se faire qui si une réforme profonde de la recherche et de l'enseignement par nos langues africaines est promue. Dans une revue scientifique, le professeur Cheikh Anta Diop partageait cette réflexion qui dans le fond traduit le caractère étriqué de la perception d'un intellectuel qui ne l'est que parce qu'il parle une langue venue d'ailleurs.

> « ... leur but est de briller aux yeux des Européens, tout en défendant, accessoirement une cause africaine. On se rend aisément compte que celui qui écrit cherche avant tout à s'exprimer correctement en français, à faire preuve d'un talent littéraire inattendu, de subtilités grammaticales, plutôt qu'à exprimer des idées utiles à sa collectivité. Le français n'est pas seulement un instrument d'acquisition d'une science mais une science en soi : on doit démontrer qu'on le possède entièrement, le reste n'est que secondaire. On saisit alors la raison de notre pédantisme et toute la valeur de l'expression *da fa degi nasaraan* chez l'élite sénégalaise : "Ah, combien il s'est assimilé le français, celui-là". On comprend également que de tels littérateurs concentrent tous leurs efforts à rendre leurs récits intelligibles, non aux Africains, mais aux Européens, comme si leur seul but était de forcer la considération de ces derniers ; ce qui est pour le moins puéril. »
>
> Cheikh Anta DIOP
>
> Alerte sous les tropiques, page 34

Plusieurs écrits refont surface et donnent une version très contrastée du passé de l'Afrique en matière de production scientifique. Comment ne pas avoir la nostalgie de notre Afrique précoloniale avec ses systèmes politiques et ses connaissances balayés par l'oppression coloniale ? Comment ne pas s'offusquer de l'ascendance des langues étrangères et de toute la culture importée sur celles des Africains ? Comment trouver les équilibres entre la réflexion et l'action quand toutes ces influences africanisées se mêlent ou s'opposent à nos réalités singulières pour dessiner les contours d'un rapport de force selon les courants de pensée favorables ou défavorables à l'Afrique ?

Maintenant que notre destin universitaire est fatalement lié à nos influences européennes, il est nécessaire d'adapter le modèle à l'évolution du continent. Un accent particulier d'un tel modèle scientifique devrait porter sur les nombreuses et abondantes ressources qui font l'objet de toutes les convoitises. Ne pas développer nos aptitudes à gérer ces ressources nous expose au syndrome d'un « Far-West » minier qui prendra des allures de colonisation sous une autre forme. C'est l'ignorance de la valeur de nos ressources qui a permis aux puissances coloniales d'en profiter ; maintenant que nous savons, il faut éviter de soumettre nos ressources à la merci de ces mêmes puissances post-coloniales. Cela est d'autant plus important que l'Afrique dispose d'une masse critique de chercheurs pour accélérer son développement sans dépendance passive de l'extérieur.

On ne peut pas projeter l'Afrique dans un avenir plein d'espoir en se contentant exclusivement des rhétoriques négativistes de l'Occident. C'est trop facile de voir les choses depuis l'Europe de façon manichéenne. Le bon c'est l'Europe, le mauvais c'est l'Afrique. Il s'agit d'une caricature grossière mais c'est bien le sentiment le plus perceptible et qui traduit l'influence des schémas narratifs occidentaux projetés sur notre vécu et qui inhibe notre capacité à proposer des solutions africaines aux défis africains. On ne pourra pas refaire l'histoire mais on pourra la réécrire pour replacer la rhétorique africaine à l'endroit. C'est à la nouvelle génération de l'Afrique de se sentir comptable de ses propres engagements et de la manière dont elle fait face à ses responsabilités devant le reste du monde. Les Africains sont les mieux placés pour parler d'eux-mêmes.

# Atavismes scientifiques et réalités contemporaines

## *De 1960 à 1980*

Pendant la période post-coloniale (1960-1980), les étudiants qui accédaient aux études de doctorat devaient se rendre dans les universités des anciennes puissances coloniales pour poursuivre leurs études. Systématiquement, tous les étudiants de troisième cycle qui voulaient poursuivre des études doctorales devaient, pour le cas de l'Université de Dakar, se rendre en France. Les universités africaines ne disposaient pas de tous les niveaux de formation pour assurer un cycle complet. Cette dépendance envers les universités du Nord pour faire des travaux de recherche pointus et bénéficier d'un niveau d'encadrement acceptable a rendu beaucoup d'universitaires dépendants au référentiel européen.

Pendant cette époque, les universités africaines n'étaient que de simples classes préparatoires pour continuer en Europe. Beaucoup d'étudiants finissaient dans l'enseignement ou dans d'autres métiers, avec très peu de candidats pour la recherche avancée. Le lot d'intellectuels qui ont souhaité rester dans les pays du Nord était très important, malheureusement, ils ont souvent été relégués à des postes subsidiaires dans le système de recherche occidental. Ils restent enseignants et n'ont jamais pu aspirer à devenir des dirigeants dans le système de recherche. Ils étaient chargés de créer les conditions de performance pour leurs collègues blancs. Les autres qui n'ont pas eu la même fortune finissent par travailler comme agents de sécurité, caissiers de supermarchés, et autres métiers où l'offre d'emploi est plus importante mais où les qualifications requises ne sont pas trop élevées.

Par ailleurs, cette période des années 1960 à 1980 a été une longue transition pour remplacer les professeurs de français par des professeurs africains formés pour la plupart en France. C'était aussi une période où la légion des chercheurs engagés en politique était forte pour le combat de la décolonisation et la construction des États africains. Il n'était pas rare de voir des scientifiques devenir des chefs de parti politique et de combiner ainsi des fonctions universitaires et des activités politiques. Il faut reconnaitre que ce constat est toujours valable de nos jours. Cheikh Anta Diop faisait partie de ces universitaires, mais il y en a d'autres comme Amadou Mokhtar Mbow, Abdoulaye Bathily, Iba Der Thiam, Madior Diouf, Yoro Fall, etc. En Côte d'Ivoire, on a eu Laurent Gbagbo, et au Burkina Faso, Joseph Kizerbo. Je me demande si c'était une mauvaise pratique puisque leurs contributions dans la construction citoyenne et l'éveil des consciences ont été phénoménales. Enfin, il existe un groupe de scientifiques et d'ingénieurs qui ont décidé de créer leur propre entreprise (Aliou Ardo Sow au Sénégal, avec la CSE, Pierre Goudiaby Atepa), qui sont devenus des magnats prospères dans les services du génie civil et de la technologie, en bénéficiant de l'expertise locale favorable à la recherche-développement. Les entreprises nationales ont ainsi recruté un grand nombre de ces scientifiques, principalement dans le secteur agricole.

Au même moment, des agronomes formés en Europe ont été massivement recrutés pour renforcer la dynamique de l'agriculture en Afrique, voulue comme levier d'accélération de la croissance. L'arachide du Sénégal, le coton du Mali et du Burkina Faso, le cacao et le café de la Côte d'Ivoire étaient perçus comme une source importante de génération de devises. Le problème avec les compétences agronomiques apprises et appliquées pour des écosystèmes tempérés n'avait de commun avec nos pratiques agricoles que l'intention de la récolte abondante. Dans la pratique, tout opposait les pratiques agraires d'Europe à celles de l'Afrique. Par exemple, la monoculture commerciale, qui a été un modèle hérité du système colonial, était un déni total des systèmes traditionnels basés sur la diversification et la conservation de l'agrobiodiversité. Les fonctions et services écosystémiques par la diversification au nom de la durabilité, un concept appliqué en Afrique depuis des millénaires à travers les pratiques agricoles et pastorales, impliquent un compromis entre productivité et environnement qui était à la base d'une utilisation rationnelle des espaces et des ressources. L'oubli de ces pratiques, leur non-codification et l'absence de mise à l'échelle créent un fossé entre les compétences acquises ailleurs et les conditions locales et deviennent ainsi un frein à la transformation sociale du continent par la science.

Cette période 1960-1980 a été une période trouble. De nouveaux dirigeants cherchent la rupture sans la trouver ni chez nos chercheurs ni dans des structures de recherche qui n'existaient pas encore. C'était une période où le clivage entre le statut de chercheur s'entremêlait avec d'autres fonctions socio-politiques. L'Homme de science était à la fois un repère du nouveau modèle africain producteur d'idées transformatives et un bouclier politique contre un monde polarisé entre des capitalistes et des communistes.[31]

## *De 1980 à 2000+*

Au cours de la période 1980-2000, l'africanisation des universités africaines — remplacement des coopérants blancs par les noirs — est devenue une réalité un peu partout. Mais les programmes d'études n'ont pas beaucoup changé car les espaces académiques africains ont été occupés par des scientifiques formés dans les systèmes du Nord desquels ils dépendent pour garder et le prestige et la légitimité dans la production de connaissances. Le simple fait de garder l'estime et l'amitié d'un chercheur blanc dans une université du Nord était une garantie contre son isolement académique. C'est ce tutorat qui affilie chaque scientifique à une école pour garantir et forcer le respect des autres. On était scientifique que si on était avec un scientifique européen. Ne pas appartenir à des groupes scientifiques connus de la métropole était à la fois une défiance et un facteur d'exclusion, à moins de s'armer de courage comme l'a fait Cheikh Anta Diop, qui assuma le risque de rester un paria scientifique avant d'être plébiscité mondialement.

Lorsque des universités post-coloniales ont été créées avec une nouvelle vision pour adapter l'enseignement supérieur aux besoins sociaux, une nouvelle ère de recherche s'est ouverte (à partir de 2000 environ). Ces nouvelles universités dites d'excellence étaient pour la plupart à la fois une demande sociale, mais aussi un besoin de rupture avec les vieilles universités. Les premières universités ont été un instrument de la contestation politique contre les régimes autocratiques de plusieurs pays africains. Elles étaient devenues des

[31] Senghor, avec sa théorie social-démocratique, essayait d'être équidistant entre ces deux idéologies.

condensats pléthoriques de contestataires qu'il fallait démanteler en ouvrant de nouveaux établissements universitaires.

L'occasion était très belle avec les programmes d'ajustement structurel (PAS) pour ravaler les universités à des niveaux de trivialité inhibante pour continuer à endosser leur mission de transformation sociale. De tels programmes ont impliqué des réductions budgétaires dans le secteur de l'éducation, y compris dans l'enseignement supérieur. Les coûts (levée des subventions, bourses sociales, etc.) de la formation ont rendu l'accès à l'enseignement supérieur plus difficile pour les étudiants issus de familles modestes. Ces aspects purement financiers ont entrainé une réduction de la qualité de l'enseignement. Les ressources disponibles pour les enseignants et les étudiants ont diminué, ce qui a affecté la qualité de l'encadrement pédagogique et de la recherche. La forte fuite des cerveaux qui s'est ensuivie a entrainé une perte de compétences et de connaissances pour les pays concernés.

Les chercheurs qui sont restés au pays ont mené une vie politique et syndicale hyperactive qui a valu la prison et parfois une élimination physique aux esprits récalcitrants.[32] Le bouillonnement intellectuel dans les conditions permises par les franchises universitaires était alimenté par la guerre des idéologies qui consistait à s'opposer à une forte empreinte néocoloniale dominée par le capitalisme. L'idéologie capitaliste était perçue comme la cause majeure de la domination des peuples africains et l'origine de la subjugation de nos leaders politiques. S'en défaire avec des arguments africains d'une nouvelle génération était une mission qu'il ne fallait trahir d'aucune façon.

Un peu avant et juste après les années 2000, on est entré dans une phase de grande dépendance aux financements extérieurs (FMI, Banque Mondiale). Ces instruments financiers ont plutôt imposé l'austérité économique en Afrique de l'Ouest. Le seul espoir pour financer la recherche portait sur les sources bilatérales. Cette dépendance est subie jusqu'à présent, puisque nos États se sont accommodés avec le fait de traiter la recherche comme une moindre

---

[32] Blondin Diop au Sénégal et d'autres.

priorité, ce qui rend hypothétique l'indépendance de la recherche africaine.[33]

À partir de 2005, on inaugurait une période de thématiques émergentes comme le changement climatique. Cette nouvelle donne scientifique pour un continent qui en subissait l'impact nulle part comparable est devenue une excellente opportunité de collaboration Nord-Sud. Les effets du climat imposaient une solidarité globale même si leurs manifestations locales étaient la cible de l'agenda pour l'adaptation des communautés vulnérables. L'Europe se sent concernée par les sécheresses au Sahel. Les migrations dues au climat sont devenues une inquiétude dans les pays du Nord. Sauf quelques inconstances de certains pays puissants, le débat et l'action climatiques ont fini par être un puissant fédérateur scientifique du multilatéralisme politique. Les questions de la biodiversité, de la pollution et de la dégradation des terres ont été d'autres sujets scientifiques du débat politique. Les retentissements de ces crises environnementales se font sentir non seulement sur l'économie mondiale avec des ruptures d'approvisionnement en produits agricoles comme l'arachide et le coton, mais aussi une pression politique avec la mise en place de fonds multilatéraux de réponses aux crises contemporaines, plus nombreuses et plus persistantes.

Ainsi, les chercheurs européens ont été encouragés à trouver des partenariats de recherche avec leurs homologues du Sud pour mieux comprendre les impacts des aléas climatiques et appuyer les efforts politiques en faveur de la résilience. L'objectif étant de faire face aux problèmes inhérents à la construction de connaissances pertinentes pour divers publics et la traduction de ces connaissances pour améliorer la résilience des populations vulnérables (exemples d'AMMA, d'ACCA[34]).

C'est au nom de la solidarité internationale pour arriver à bout des défis globaux que le retrait des fonds de recherche des grandes puissances finira par exposer l'humanité à des risques très graves et incertains. En observant comment les grands lacs ont été sauvés des impacts de la grande pollution industrielle et de la prolifération des

[33] La souveraineté intellectuelle est la mère de toutes les autres souverainetés.

[34] AMMA : Analyse Multidisciplinaire de la Mousson africaine (UE) ; ACCA : Africa's Climate Change Adaptation (CRDI).

algues grâce aux efforts conjoints des États-Unis et du Canada, on ne peut qu'accorder un crédit inoxydable à la coopération scientifique internationale. On peut détenir l'argent de la recherche, mais pas toujours les objets, les sujets, les géographie et la perspective régionale pour bien cerner les questions scientifiques. La recherche sur les maladies transmissibles, virales, comme Ebola, la variole du singe, le corona, etc., ne peut s'envisager qu'avec la complémentarité des actions depuis le prototypage des réponses jusqu'à leur mise à l'échelle.

Il faut relever cependant que si l'agenda est défini par les autres, les Africains sont juste embarqués dans la dynamique. En nous basant sur cette expérience de recherche sur le climat en Afrique de l'Ouest, nous soutenons que les chercheurs des universités africaines ont commencé à élaborer différents types de science :

- la « science pour les donateurs », qui est plutôt conformiste et accommodante ; « laissez-les entendre ce qu'ils veulent entendre » pourvu qu'ils libèrent les financements ;
- la « science pour les chercheurs », qui sont des articles dits « à comité de lecture » qui ne sont pas accessibles à la majorité des utilisateurs africains, mais qui satisfont aux critères d'une recherche d'excellence imposée par les bailleurs de fonds ; et enfin,
- la « science pour les communautés locales » qui inclut les acteurs locaux dont la science est censée contribuer à atténuer les problèmes.

Ce dernier type de science peut s'avérer difficile pour les universitaires africains formés dans des universités du Nord et donc habitués à se conformer aux critères d'une « recherche normative » avec le handicap de ne pas être totalement de l'environnement social pour lequel ils font la science.

Le dilemme de notre génération (2000+), soumise à une extraversion scientifique par la force des choses, était de pouvoir mener des recherches pertinentes pour nos communautés locales en développant nos capacités de « traduire » et rendre opérationnels les résultats de recherche pour les utilisateurs. Cela nous a exposés à une tension forte entre le besoin de recherche fondamentale pour produire des résultats authentiquement africains et d'établir les conditions pour une application directe sur nos sociétés. Cette mission de revitaliser la science pour la renaissance africaine[35] est une mission non encore accomplie.

Cette convergence fusionnelle entre les universités africaines et celles du Nord dans le cadre des réseaux de toute sorte (Laboratoires Mixtes Internationaux [LMI], Global Observation of Forest Cover/Land degradation [GOFC/GOLD], Future Earth, etc.), au nom de la coopération scientifique internationale, a revigoré l'influence académique de l'Occident sur la recherche africaine. Malgré les échanges Nord-Sud, le partage des rôles entre les deux mondes est resté déséquilibré. Le rapport de pouvoir et les influences ont été largement à la faveur des chercheurs européens.

Cette période est aussi celle des grandes réformes pédagogiques et des systèmes d'enseignement avec les modifications profondes des curricula académiques dans le double souci d'être dans l'air du temps, mais aussi de répondre au besoin d'harmoniser les programmes pédagogiques. La période critique pour ces réformes s'est déroulée entre 2005 et 2010 en Afrique de l'Ouest. Le système Maitrise-DEA-Doctorat est remplacé par le LMD (Licence, Master, Doctorat) et le recours aux crédits devient une règle en remplacement des anciennes formes d'évaluation en Afrique de l'Ouest francophone. On voit à travers cet élan de réforme un double saut vers un rapprochement méthodologique avec le reste du monde, mais aussi un rattrapage par rapport au système anglo-saxon qui était la référence mondiale par le simple fait que les classements des universités leur procuraient de meilleurs résultats.

La création d'autres centres de recherche en dehors des universités a permis une convergence entre les universités et les centres de recherche non universitaires. Ainsi, des centres de recherche nationaux principalement orientés vers les ressources naturelles et le développement rural (foresterie, agriculture et élevage, santé et environnement) constituent d'importantes sources d'informations de qualité connues dans le paysage institutionnel de la recherche. Ces centres nationaux de recherche ont des missions critiques, comme les services de vulgarisation ou de régulation pour la conservation et

---

[35] Cheikh M'Backé Diop (2023), « Sciences exactes et renaissance de l'Afrique dans l'œuvre de Cheikh Anta Diop », *Revue d'Histoire Contemporaine de l'Afrique*, n° 4, 15-33, en ligne. https://oap.unige.ch/journals/rhca/article/view/04diop

l'utilisation des ressources naturelles (ANCAR, INP, CSE, IED-Afrique, ENDA). De tels centres de recherche ont suivi le même cheminement que les universités en matière de transition après le départ des puissances coloniales.

Même si bon nombre de ces centres de recherche ont été créés immédiatement après les indépendances, la plupart d'entre eux ont été dirigés dès leur création par les chercheurs européens ou alors leur présence faisait déteindre une influence certaine de ce qui se fait dans les pays du Nord (ISRA, Institut Pasteur, CRODT). Sous la domination des chercheurs européens qui ont guidé la production scientifique pendant près de trois décennies après l'indépendance, la science de ces institutions a eu du mal — malgré des résultats très importants — à créer la transformation profonde de l'économie basée sur les ressources naturelles, comme prévu à leur création.

L'organisation de la recherche en Afrique ne peut pas non plus ignorer le rôle de puissantes organisations internationales de recherche, soit sous la forme de représentation d'institutions délocalisées (comme l'IRD, le CIRAD, le CODESRIA), soit sous la forme d'organisations internationales, telles que les CGIAR (ICRAF, CIFOR, CIAT, ILRI, Africa Rice), sous la forme d'organismes régionaux de recherche (ACMAD, AGRHYMET), ou encore en matière d'ONG (FARA, AGRA, WWF, IUCN). Ces organisations n'orientent pas toujours leurs recherches sur les priorités nationales, mais sur les sujets d'intérêt des donateurs. Elles sont en outre en concurrence avec des organismes de recherche au niveau national pour les mêmes sources de financement puisque le budget des États ne suffit pas pour soutenir ces institutions locales de recherche. La recherche en Afrique ne peut pas se développer et prospérer si les ressources sont dispersées et si les acteurs de la recherche se font concurrence avec de puissantes institutions qui se positionnent pour faire la science au nom de l'Afrique. En l'état actuel des choses, je cherche toujours un centre de recherche international qui ait eu un impact dans un pays africain.

Les termes de la collaboration scientifique entre les centres internationaux et ceux locaux peuvent changer en faveur des nouvelles conditions de production de connaissances comme la révolution numérique. Le point commun de ces institutions, qu'elles soient nationales ou pas, c'est le plein usage des outils digitaux qui ont permis d'améliorer et d'accélérer la production et l'utilisation de la science, mais aussi une augmentation des services académiques avec notamment le nombre croissant d'étudiants (chercheurs) depuis les années 1990. Il faut dire que la massification des universités (le grand nombre d'étudiants au-delà des capacités d'accueil) ne s'est pas traduite malgré tout par une amélioration de la qualité de la recherche.

La place de l'Afrique dans les découvertes scientifiques mondiales est restée faible malgré une augmentation exponentielle du nombre d'étudiants. Alors, le bond permis par la révolution numérique est porteur d'une dynamique de transformation rapide de l'enseignement supérieur et de la recherche avec les outils d'intelligence artificielle, de capacité de calcul avec le cloud, de l'accès libre aux logiciels et de la socialisation de données scientifiques importantes. La révolution numérique a transformé radicalement notre façon de produire des connaissances et de les partager. Elle a eu un impact profond sur la diffusion des connaissances, la communication (les e-mails, les réseaux sociaux et les messageries instantanées). Elle a surtout permis de faire des enseignements en ligne et le télétravail, le développement de plateformes d'innovation et la co-construction de solutions innovantes ainsi que la conception des outils numériques, démocratisés pour la création de contenu, permettant à chacun de produire et de partager des contenus scientifiques.

De nombreuses collaborations utilisant des plateformes virtuelles sont désormais opérationnelles, les données ouvertes deviennent une exigence pour la plupart des institutions et l'apprentissage virtuel est apparu pour faciliter la mise en place d'approches de grandes communautés de pratiques à la demande des donateurs internationaux tels que le Belmont Forum, la fondation Bill et Melinda Gates, la fondation Rockefeller ou la fondation Carnegie. Cependant, la révolution numérique a également soulevé des défis tels que la cybersécurité, la vie privée, ou la dépendance à des sources d'information scientifique non certifiées. Cette période post-2000 a permis un large accès aux données scientifiques, un foisonnement d'informations scientifiques, mais avec des inconvénients : la plus grande bibliothèque mondiale qu'est l'internet est aussi la plus grande décharge de mauvaises informations, un espace de désinformation et de *fake news*.

Quand la bonne information se raréfie, la pensée s'appauvrit. La suite logique, c'est que la prise de parole devient non encadrée puisque tout le monde peut s'exprimer librement sans responsabilité, ce qui mène à des discours creux et infertiles. Aussi, la substitution de l'intelligence humaine par l'intelligence artificielle favorise la montée en puissance d'une révolution qui n'a pas encore de nom, comme ChatGPT. Peut-être que ce livre sera lu, pour les intéressés, par des robots qui en feront des synthèses plus précises qu'un humain ne saurait le faire. Peut-être aussi que ce livre sera traduit en quelques minutes dans d'autres langues par une machine de sorte que le traducteur le plus talentueux ne soit capable d'en changer un seul mot.

L'ère dans laquelle nous vivons est donc celle de toutes les accélérations dans la production d'informations scientifiques, de données, de codes, de métadonnées, etc. Alors les centres de recherche doivent vite s'adapter et utiliser la technologie pour s'affranchir de la domination et de l'abondance des informations issues de la recherche importée.

## Les verrous de fer

Il est alarmant de constater que la science africaine ne contribue qu'à environ 1 % de la production scientifique mondiale, alors que le continent représente 13 à 15 % de la population mondiale. Ce n'est pas pour dire qu'on doit évaluer la science en fonction du nombre de publications scientifiques par habitant d'un pays parce que le caractère universel de la science en fait un bien public mondial. Ce qui intrigue le plus, c'est la part des résultats scientifiques destinés à relever les défis locaux de l'Afrique. L'impact de la science en Afrique est pour moi plus inquiétant que le nombre de publications généré par la science.

Il faut reconnaitre que la contribution de l'Afrique en matière de production scientifique et en qualité de publications n'a cessé de s'améliorer pendant ces dernières décennies. Ce développement de la recherche est accompagné par une « certaine africanisation », c'est-à-dire un remplacement des Blancs par les Noirs et une massification des universités, avec une augmentation des universités et du nombre de chercheurs. Pour nous, il reste l'autre dimension de « l'africanisation certaine » de la recherche avec une transition progressive vers des contenus qui reflètent plus les aspirations des sociétés africaines que l'héritage colonial. Il faudra, pour ce faire, réduire la forte dépendance à l'égard des universités plus fortes du Nord avec qui on doit collaborer dans une dignité égale même si elles ont plus de moyens que les universités du Sud.

Ces centres internationaux ont été prompts à susciter la fuite des cerveaux, interne et externe. De brillants scientifiques sont systématiquement recrutés par les institutions de recherche internationales et travaillent donc sur des priorités extranationales. Cette question de la fuite des cerveaux est restée la grande question non résolue de la perte des talents du continent. Il faut dire que la dimension la plus pernicieuse, c'est la perte interne des cerveaux, c'est-à-dire que les chercheurs éprouvés ne font plus de la recherche dans leur propre pays. L'image qui colle à cette réalité, c'est l'hémorragie interne et externe. Les médecins vous diront qu'il faut plus craindre l'hémorragie interne qu'externe. Quand on voit et mesure les pertes, on peut trouver plus facilement l'antidote, mais quand ces pertes sont imperceptibles, c'est là que cela devient vicieux. Ils sont nombreux les scientifiques de notre époque qui n'ont aucune envie de rester dans les amphithéâtres et des laboratoires puisqu'ils n'y sont pas suffisamment valorisés. Cette masse de chercheurs détournés ailleurs est un préjudice pour l'avancement et l'affranchissement de la science domestique.

L'Afrique perd des scientifiques talentueux à toutes les étapes du développement scolaire et professionnel. Dans la plupart des rapports sur les performances de la science, la perte des talents est l'un des aspects les plus mis en avant. Il existe plusieurs formes de talents perdus en Afrique. Il s'agit d'abord de la manière dont la science est enseignée au niveau de l'éducation de base. L'école primaire africaine, notamment dans les pays francophones, est basée sur la mémorisation plutôt que sur la construction de la rationalité opérationnelle avec des applications pratiques. Dans cette stratégie, la performance scientifique n'est pas dans la recherche de solutions pratiques mais dans *l'érudisme*[36], la capacité de répéter des formules et des processus scientifiques complexes. Les étudiants qui ne développent pas nécessairement un stade précoce de mémorisation d'information en masse sont exclus prématurément même si leur capacité à structurer des réponses aux défis du quotidien est plus aiguë

[36] Néologisme pour dire la mise en avant des connaissances théoriques approfondies dans une matière.

que la moyenne. La plupart des gens de ma génération étaient terrifiés par les tables de multiplication ou par la restitution par cœur des longues leçons de sciences naturelles et des réalités géographiques d'ailleurs.

Pouvoir répéter mécaniquement des choses ne garantit pas qu'on a saisi sa portée pratique. Cela peut être qualifié de « transfert mécanique » et repose sur la possibilité de faire une restitution textuelle de ce qui a été écrit dans les livres. Je ne blâme pas et n'exclus pas l'exercice de l'héritage colonial dans l'apprentissage. Tout ce qu'on a appris au contact des autres n'est pas mauvais. C'est l'esprit de leur transmission qui en est la cause. Les solides connaissances acquises sont un des biens globaux, elles sont universelles. La connaissance n'a pas de patrie, les attributions sont le fait du marketing des États pour asseoir une influence sur le reste du monde.

Même si la connaissance est un bien commun, ce sont les mécanismes de leur apprentissage qu'ils remettent en question. L'effort de mémorisation ne doit pas être une fin en soi. Il faut à tout instant apprendre la science pour développer ou améliorer les réponses aux défis actuels. D'ailleurs, toutes les sociétés retiennent et diffusent des récits « de mémoire », des contes avec des morales, des symboles et des parodies. Cependant, avec les moyens audiovisuels et les outils de stockage d'information et de calculs qui évoluent rapidement, le fait de mémoriser n'est plus d'une stricte utilité. Pour moi, l'utilité d'inciter les apprenants à mémoriser ne va pas au-delà de l'émulation des sensations, des émotions et des passions, qui sont des déterminants humains fondamentaux de l'être social.

L'autre dimension de la formation en science, c'est le caractère statique des enseignements. Ce n'est pas un secret que certains enseignants ont donné le même cours pendant toute leur carrière, mot pour mot, phrase pour phrase, au point de pouvoir dérouler cet enseignement sans préparation après quelques années. Étant étudiant, je prenais cela comme de l'érudition. Je me rends compte que c'était l'expression la plus manifeste de la passivité pédagogique alors que les réalités changent tous les jours et que les moyens pour les transmettre changent perpétuellement. L'enseignement par la recherche signifie une recherche continue de nouvelles informations, des mises à jour et un engagement envers les apprenants pour explorer d'autres champs d'application et des innovations. Il arrivait que des étudiants, conscients de l'invariabilité d'un cours, ne se présentent devant le professeur que le jour de l'évaluation. Ils avaient rassemblé entre-temps toutes les notes des cours antérieurs, qui étaient les mêmes depuis plusieurs promotions. Le contrôle pédagogique pour faire progresser les enseignements est réduit à son strict minimum et les directions qui en ont la responsabilité ne sont souvent pas dotées de moyens pour un suivi rigoureux des contenus et des compétences.

En plus du fait d'approches pédagogiques statiques, on perd aussi des cerveaux du fait de la répulsion de nos systèmes de gouvernance vis-à-vis de la recherche. La fuite des cerveaux (devenue une hémorragie) est un fait, mais la conversion ou le recyclage des cerveaux en est un autre. Certains chercheurs formés dans des domaines pointus n'ont jamais eu les conditions de mise en pratique de leurs connaissances. Plusieurs mathématiciens sont devenus des banquiers, des administrateurs civils. Plusieurs ingénieurs sont devenus des politiciens, etc. Pour vivre décemment, ces scientifiques développent des compétences dans des domaines d'expertise autres que leur discipline pour vendre une force de travail qui peut les nourrir. La physique nucléaire est enseignée un peu partout dans nos universités, mais leur application nécessite des moyens qui dépassent les capacités de nos centres de recherche. J'ai vu des physiciens devenus politologues, des scientifiques devenus journalistes et d'autres acteurs de la société civile et dans les ONG.

Ces pertes de cerveaux sont dramatiques pour l'enseignement supérieur. Si en outre on se déleste des esprits brillants en cours de route, la masse critique de scientifiques devient très déficitaire. Le taux de réussite en Faculté des sciences est extrêmement faible (moins de 30 % en 2023) malgré le parcours tumultueux, ardu, des jeunes Africains qui osent, malgré les incertitudes, se lancer dans les filières scientifiques. Pourquoi en est-il ainsi ? Le « mandarinat » qui fait que le succès du chercheur dépend de la bénédiction d'une personne n'aura pas facilité la promotion de l'excellence. On n'échappe pas à cette dépendance obséquieuse à un parrain, jusqu'aux dernières étapes de sa carrière. Il faut être dans les rangs ! Cette situation traduit une forme de cannibalisation au sein de ces milieux de recherche qui consiste à éliminer les acteurs qui n'adhèrent pas aux systèmes en place. Il faut maintenir la pureté du groupe quel qu'en soit le prix. Les cibles pour ce nettoyage grégaire sont les excentrés, les dissidents, ceux qui ont l'esprit libre soit parce qu'ils contestent les inégalités, soit parce qu'ils peuvent diluer le rapport de pouvoir qui va au-delà du respect hiérarchique dans une équipe organisée.

Un autre aspect de cette exclusion précoce est le lien très fragile entre les sciences que nous apprenons au cours de notre formation de base et les réalités vécues par les apprenants. Tout d'abord, les étudiants doivent lutter pour avoir une représentation correcte entre l'abstraction de certains concepts et la réalité. Par-dessus tout, ils ont du mal à acquérir cette connaissance en utilisant une langue étrangère. Je me rappelle que lors de notre examen pour le diplôme du BFEM (Brevet de fin d'études moyennes), l'épreuve de sciences naturelles portait sur la multiplication des bactéries dans l'eau, avec du « cresson ». Jamais entendu parler de cresson, qui est une plante des milieux tempérés, des lieux humides, à tige rampante et à feuilles découpées, qui ont une saveur piquante et se consomment en salade ou en garniture. Pour un élève dont le régime alimentaire est sénégalais, pour faire court, lui demander de connaitre ce qu'est le cresson relève simplement de la devinette. Il fallait juste utiliser un mot proche de nos réalités pour que toute la classe réussisse dans cette matière. De nombreuses personnes ont échoué simplement parce qu'un simple mot comme « salade » ne figurait pas dans la formulation du sujet de ce test. Cet exemple illustre le facteur d'exclusion dû à la collision tumultueuse entre la science, la culture et la langue.

Par ailleurs, la façon dont les étudiants sont évalués y est pour beaucoup dans la perte des cerveaux. L'approche élitiste, basée sur un processus d'évaluation trop sélectif, conduit à réduire un important potentiel de constitution d'une masse critique de scientifiques. Combien d'étudiants de différents niveaux de formation ont été exclus parce qu'ils n'atteignaient pas le critère d'excellence, c'est-à-dire l'obtention de notes exceptionnelles ! L'accent a été mis sur ce que l'on appelle les « prodiges », le groupe des « meilleurs » qui, dans de nombreux cas, finissent par s'épuiser avant d'avoir terminé leurs études et rejoignent le lot des mis à l'écart. Il n'est pas rare que le système contraigne trop tôt de jeunes étudiants innocents à n'être que des machines à « prendre des notes » pour une absorption sans esprit critique et cela reste le meilleur moyen d'annihiler la créativité et le talent.

Arrêtons-nous sur le rôle des réseaux de recherche dans les pays francophones. La mobilité scientifique a été un gage d'intégration et de réduction du fossé entre pays du Sud. Il faut noter que le fossé académique entre les meilleures universités africaines et celles du Nord est moins important que celui entre les universités africaines elles-mêmes. L'université de Dakar est plus proche d'une université française en matière de performance qu'une université de dernière génération dans les contrées reculées du continent. De ce fait, le travail pour rapprocher les chercheurs du Sud est un effort et une condition nécessaires pour projeter le continent vers un futur académique prometteur.

Il faut, dans ce cadre, veiller au syndrome de l'éternel commencement, on perd souvent des ressources humaines formées avec un important investissement de temps et de moyens financiers. L'exemple le plus clair et net, c'est pendant mes services au Centre de suivi écologique (CSE), où la qualité des travaux scientifiques et les performances des chercheurs nous exposaient au pompage systématique de nos cadres par les institutions internationales. Le cercle vicieux consistait à former et perdre les experts et à recommencer. Cet appel permanent vers d'autres institutions de recherche ne peut s'amoindrir que si leur traitement financier et les perspectives professionnelles sont compétitifs. Pour ce faire, il faut des budgets plus importants et il est difficile de compter sur l'argent aléatoire des projets pour sécuriser des niveaux de revenu consistants et durables. Seul l'État peut appuyer de tels centres pour se hisser au niveau de leurs homologues du Nord. Très rare qu'un chercheur américain souhaite s'expatrier vers d'autres pays et la raison, c'est ce qu'on lui propose chez lui.

La plupart des facultés des sciences ne disposent pas de l'infrastructure et de l'équipement adéquats pour devenir hautement compétitives et attractives pour la découverte et l'innovation. Les premières formations scientifiques visaient simplement à constituer une cohorte d'enseignants du secondaire plutôt qu'un noyau d'innovateurs pour soutenir le développement des pays africains. Des écoles d'ingénieurs ont été créées pour former un petit nombre de personnes hautement sélectionnées. Au début, les ingénieurs étaient formés en Europe et une décennie après l'indépendance, les écoles de formation technique ont commencé à prospérer dans différents pays. La plupart de ces écoles étaient davantage destinées à servir une industrie bourgeonnante plutôt qu'à préparer une incubation ambitieuse d'entreprises utilisant des innovations. Ainsi les programmes en sciences et technologies sont-ils restés théoriques, pour l'essentiel. Peu de temps est accordé à la pratique. Lorsque ces pratiques existent, elles s'appuient sur des manipulations et des exercices très basiques que l'étudiant aurait pu acquérir au lycée si les équipements y étaient installés. La mutualisation des laboratoires a été expérimentée dans les lycées des grandes villes, mais un grand nombre de lycées dans le milieu rural ne disposent pas d'installations de travaux pratiques. L'apprentissage par la pratique est si faible en Afrique que la plupart des talents sont découragés d'apprendre pour devenir des professionnels de la théorie. Les programmes d'alternance faculté-entreprise sont quasi inexistants.

# De la gouvernance académique

Le nombre pléthorique d'étudiants dans les universités africaines est devenu un défi de taille. Avec la croissance démographique et la multiplication du nombre d'écoles primaires et secondaires, les cohortes d'étudiants arrivant dans les universités ont augmenté depuis 1990. Il faut différencier le taux d'accès à l'enseignement supérieur, toujours faible (10 % contre une moyenne mondiale supérieure à 20 %), de la population totale et le nombre d'inscrits dans les universités, qui dépasse les capacités d'accueil. Même si très peu de jeunes inscrits à l'école arrivent à l'université, les effectifs enrôlés dépassent les capacités de nos universités, y compris le taux d'encadrement recommandé.

En plus, à cause de l'ajustement structurel, l'enseignement supérieur n'a reçu pratiquement aucun financement entre 1985 et 2000. Par conséquent, les infrastructures et les investissements dans les universités stagnent depuis environ deux décennies. La conséquence immédiate est une surpopulation d'étudiants dont la prise en charge entraine un accent sur l'enseignement plutôt que sur la recherche et un encadrement de qualité des doctorants. La sous-performance de la recherche dans les universités africaines se reflète dans le Shanghai Ranking, où les scores les plus bas, à l'exception de quelques universités, essentiellement d'Afrique du Sud et d'Égypte, ont été enregistrés sur le continent.

La situation est aggravée par les systèmes de gouvernance de nos universités. Les cadres de recherche non coordonnés constituent un obstacle de plus en plus prégnant pour faire avancer la science. Les fonctions et structures institutionnelles ne sont pas adaptées et n'évoluent point. Une bureaucratie lourde, une gestion suboptimale des ressources, des systèmes comptables lourds, les sous-effectifs du personnel d'appui, l'absentéisme des chercheurs actifs dans la consultation ainsi que des structures de coordination pédagogique et de recherche peu outillées sont parmi les nombreux facteurs de la non-performance de la recherche universitaire. En outre, les universités africaines sont également le théâtre de nombreuses sources de violences, souvent impulsées par les rivalités politiques pour qui la scène universitaire est un champ de bataille qu'il faut occuper et maitriser.

La politisation des universités est plus qu'une réalité en Afrique. Les universités sont devenues par la force des choses un reflet parfait de nos contradictions sociales et politiques. Les recteurs d'universités francophones sont, jusqu'à une période récente, nommés par le régime au pouvoir qui y place des hommes acquis à ses directives politiques. Ils sont souvent membres du parti politique dominant et reflètent donc l'agenda politique auprès de toutes les composantes de l'université, principalement dans les facultés. Cela cristallise l'établissement de l'opposition politique au sein des universités à travers les syndicats, les associations d'étudiants et l'enrôlement d'universitaires par les partis d'opposition sous le sceau d'une lutte idéologique farouche. Il n'est pas rare que pendant les années électorales, la plupart des universités soient fermées, sujettes à des violences atroces, en raison de graves confrontations qui opposent les sensibilités politiques divergentes. Les universités deviennent alors un espace d'ascension politique plutôt qu'un lieu de développement académique.

Les associations de différentes sortes créent des ruptures au sein de la communauté universitaire, réduisant l'inclusivité nécessaire à la mobilisation de toutes les capacités institutionnelles pour développer les activités de recherche. Les groupes sociaux estudiantins incluent de plus en plus de groupes religieux, ethniques et régionalistes sous différentes formes au sein des universités. Dans un espace de liberté académique, où les franchises définissaient la liberté de penser, la grégarité confessionnelle, ethnique, géographique, fait difficilement bon ménage avec les convergences scientifiques enrichissantes. La forte stratification sociale sous différentes formes est l'ennemi de la créativité. D'ailleurs des confrontations religieuses ne sont pas rares dans les campus universitaires et créent des failles dans l'harmonie académique.

Pendant la vie estudiantine, ces regroupements ethniques créent des cloisons sociales ; pendant la vie professionnelle, ils conduisent à des formes d'exclusion et de confinement qui ne favorisent pas les échanges transdisciplinaires par le simple fait que les décisions prises sous ces conditions tendent à favoriser ou protéger les intérêts des groupes plutôt qu'à veiller au progrès social. Une université qui veut construire le leadership scientifique doit effacer les clivages liés aux réseaux impénétrables de groupes épistémiques et donner une chance égale à chacun de pouvoir garder son identité sans préjudice à la cohésion académique. Le respect de la diversité, certes, mais la préservation de la franchise académique est d'abord et avant tout un principe de neutralité.

Concernant les structures internes des universités, il existe certains pôles professionnels qui ont longtemps été oubliés et qui le sont encore. Le premier maillon oublié est une masse critique de techniciens et de responsables de laboratoire. La force de nombreuses universités repose sur les fonctions de soutien et d'interface entre les professeurs qualifiés et les étudiants effectuant des recherches ; ce lien est constitué du personnel administratif et technique (PAT), qui est au cœur du fonctionnement des universités. D'après ma propre expérience, à défaut d'un appui technique, j'ai dû passer des week-ends à préparer les travaux pratiques. Être enseignant, chercheur et technicien ne permet pas de dégager du temps pour la production scientifique ou de lever des financements pour la recherche. Avec ce fardeau du travail surdimensionné, il est presque impossible de progresser dans la préparation et la diffusion des résultats de la recherche. Malheureusement, le recrutement de techniciens a souvent été une opportunité de placement clientéliste dans le rapport avec les besoins de nos facultés.

Le deuxième maillon manquant concerne les programmes post-doctoraux. La culture du recrutement de candidats post-doctoraux constitue un atout pour les universités les plus performantes. L'avantage d'avoir un programme post-doctoral est de s'appuyer sur des scientifiques en début de carrière pour accélérer les découvertes et préparer la prochaine génération d'universitaires. En effet, le personnel post-doctoral n'a pas besoin d'une supervision lourde, car il est suffisamment équipé pour aider à rédiger des articles et des propositions de haute qualité et à gérer la recherche, y compris la supervision d'étudiants de premier cycle. La grande majorité des universités africaines ne disposent d'aucun budget pour les programmes post-doctoraux. Seules les universités solides, comme celles d'Afrique du Sud, consacrent chaque année un financement important au recrutement de chercheurs post-doctoraux. Le recrutement, en dehors de ce dispositif universitaire, d'un petit nombre de candidats post-doctoraux se fait via des projets financés par des subventions externes.

Le troisième maillon manquant est le faible nombre d'unités de recherche pour favoriser les microcosmes de collaborations intrafacultaires, les équipes transdisciplinaires. L'effort individuel prédomine, le chercheur solitaire reste de mise. Des équipes de recherche solides ne font pas partie du modèle de développement universitaire. Peu d'entre eux ont réussi grâce aux efforts de petits groupes de haut niveau qui ont pu, par le biais des réseaux extérieurs, accéder à un financement et à des équipements importants pour établir un environnement de travail et des laboratoires efficaces. Ailleurs, les universités de pointe disposent d'équipes fortes, travaillant activement dans des domaines de recherche pointus et ce faisant, permettent à leur université de bénéficier d'une reconnaissance et d'une notoriété internationales. Certaines universités ont ainsi produit des lauréats du prix Nobel et/ou d'autres reconnaissances distinctives internationales.

La collaboration interne pour faire progresser la science n'est pas une priorité de plusieurs universités d'Afrique malgré la mise en place des écoles doctorales. Ou quand elle existe, elle se fonde sur des affinités d'intérêt non académique. Dans le même temps, la plupart des universitaires recherchent uniquement des partenaires étrangers, et non nationaux ou régionaux. Cela explique pourquoi un grand nombre de résultats de recherche sont coécrits par des scientifiques européens et non par leurs pairs africains.

Pour faire face à ces défis, la gouvernance universitaire, particulièrement celle des pays francophones, doit s'atteler à mettre en place les structures et les fonctions. Il s'agit de mettre en place un ensemble de mécanismes, de structures et de processus qui permettent de gérer et de diriger une université de manière efficace, efficiente et responsable. Les éléments de la gouvernance universitaire qui doivent fonctionner ou être renforcés sont le Conseil d'administration qui définit la stratégie et les orientations de l'Université ; un sénat académique pour réunir des enseignants-chercheurs, des étudiants et un personnel administratif et technique (l'Assemblée de l'Université) pour conseiller le recteur sur les questions académiques. Ce sénat ou assemblée doit être l'émanation des conseils de faculté. L'instance qui manque le plus est le comité de gestion pour une gestion transparente des ressources financières, humaines et matérielles de l'Université. Le comité de gestion peut être complété par un comité d'audit interne qui évalue la gestion des ressources et la conformité aux règles et procédures. Puisque nos universités reçoivent leur budget de l'État, le contrôle externe échoit aux organes de contrôle étatiques. L'accent a été mis sur la participation des étudiants, mais ce mécanisme est parfois très mal contrôlé et mène à des rivalités entre groupes estudiantins.

Dans l'ensemble, nos systèmes de gouvernance souffrent du déficit de transparence et de responsabilité pour garantir l'accès à l'information et la délimitation sans équivoque des rôles des acteurs. Ce cadre de transparence nécessite un système d'évaluation pour une amélioration continue et un cadre de performance qui n'exempte aucun corps. Une tradition de l'évaluation doit s'installer surtout au niveau des enseignants-chercheurs pour maintenir la dynamique de résultats et d'efficience.

Ces éléments contribuent à créer un système de gouvernance universitaire efficace, qui permet de prendre des décisions éclairées, de gérer les ressources de manière responsable et de promouvoir l'excellence académique.

Cette transparence fait appel à des services et procédures de travail. L'environnement de travail dans les universités africaines, au-delà des infrastructures et des équipements limités, fait face aux faibles moyens opérationnels. L'administration est absolument obsolète et inefficace, utilisant des outils d'archivage et de traitement de dossiers qu'il est possible de révolutionner avec les outils digitaux modernes. L'adaptation du système administratif et comptable à la nouvelle ère de « grande accélération digitale » nécessite un système administratif proactif et sécurisé qui contraste avec les systèmes surannés, soumis à des risques de perte d'archives, comme ce fut le cas lors des incendies dans les archives de l'Université de Dakar (2023) à cause de la crise politique au Sénégal.

Il existe de nombreux modèles établis par des organisations internationales comme le CGIAR ou le système des Nations unies, utilisant des plateformes internes dématérialisées et transparentes. À Harvard-University (USA), le système appelé DATAVERSE permet de garder toutes les informations, toutes les données issues des activités académiques, pédagogiques et administratives. Plusieurs pays sont en train de se doter de centres de données et d'infrastructures de stockage de données souveraines. De tels systèmes requièrent cependant des investissements considérables pour leur protection, leur maintenance, les systèmes de sécurité ainsi que le personnel qualifié qui vont avec.

Souvent, les logiciels de comptabilité, de gestion des ressources humaines et de redevabilité sont séparés de ceux qui gèrent les archives et les données de la recherche. Ces systèmes sont de différents types mais ont en commun les aspects suivants : un accès au contrôle du budget et à sa gestion, et les autorisations de décaissement et de justification dans l'exercice des projets de recherche. Les systèmes d'entreprise comme OCS[37], PeopleSoft, TOMPRO sont des exemples parmi des dizaines pour la gestion administrative et financière des institutions de recherche. De tels systèmes permettent de capturer, de surveiller et de traiter de grandes quantités de données financières critiques. Avec plusieurs registres, ils intègrent des éléments de flux de travail clés qui aident à réduire le temps nécessaire pour effectuer des tâches quotidiennes telles que la saisie de données, le rapportage, mais aussi la gestion des transactions.

La préparation de statistiques et de prévisions sur le portefeuille de propositions de recherche, avec notamment le suivi des dates de démarrage et de fin des projets pour ne plus dépasser les délais de mise en œuvre sont, entre autres, des éléments qui rendent la concrétisation des projets approximative. Les accords de cofinancement ou de contribution en nature, pris en compte dans les audits, sont dûment intégrés.

---

[37] OCS : One Corporate System

L'archivage des documents administratifs est un moyen de faciliter les recherches ultérieures surtout quand il s'agit d'audits ex post. Un tel système de gestion centralisé, mais ouvert aux gestionnaires, renforce la transparence dans toutes les transactions (entrées et sorties). Cette exigence de maitriser le budget annuel approuvé et le budget reporté, ou alors les prévisions budgétaires et les dépenses réelles, doit servir à l'archivage des documents comptables, au calcul automatisé des livres comptables, à l'automatisation des analyses financières, au suivi des engagements, des audits et autres inventaires de nos immobilisations. Ceci va améliorer considérablement la capacité de planification et de mise en œuvre des projets de recherche.

On peut adjoindre à ces systèmes de modules pour les approbations et autorisations administratives en ligne (l'élimination de parapheurs classiques) des approbations de congés et des autorisations d'absence, la sélection interne de propositions ou de recherches de doctorat, etc., ce qui permettra d'économiser beaucoup de temps, qui pourra être utilisé pour engager davantage de recherche et économiser des ressources pour des investissements supplémentaires dans des équipements de recherche. La dématérialisation de nombreux flux administratifs permettra de réduire les délais de traitement, d'économiser les ressources et de réduire la corruption.

Le recrutement du personnel universitaire nécessite une attention particulière avec des standards et des critères robustes. L'approche commune à toutes les universités respectées est un appel à candidatures ouvert et un processus de recrutement structuré et transparent, basé sur des critères clairs et non discriminatoires. La situation actuelle montre dans de nombreux cas une image fade, où les universitaires recrutés ne sont pas toujours sélectionnés par rapport à toutes les étapes qu'exigent la rigueur de la position et les manuels de procédures. Souvent, les personnes recrutées se trouvent sous l'égide d'un mentor influent qui les fait recruter pour étoffer une infanterie qui lui est soumise. Il n'est pas rare, dans de nombreux départements, d'avoir un groupe d'agents qui travaillent juste pour la promotion d'une personne, de sorte que rien ne soit possible sans sa bénédiction. C'est pour éviter de tels mécanismes subjectifs de « cooptation » que certaines universités d'Amérique du Nord n'encouragent pas le recrutement de personnes dans l'université où elles sont directement diplômées. Les enseignants, chercheurs peuvent être recrutés après d'autres expériences professionnelles ailleurs, pour assurer une rupture mais surtout pour qu'ils se soient enrichis en savoir et savoir-faire et en ouverture d'esprit. La franchise universitaire — la liberté de penser et d'agir sans être influencé — est stérile si la capacité de penser et d'agir de manière indépendante est inhibée par l'obligation d'écouter et de suivre une seule référence.

Ainsi, les universitaires sont parfois les premiers pourfendeurs de la liberté académique. Dans les universités francophones, on appelle cela le « mandarinat », pour désigner une manière non transparente de recruter parmi vos personnes de confiance (une forme d'inceste) sans que la qualité scientifique et morale des candidats ne soit garantie. La conséquence, c'est une réduction drastique de la qualité malgré une augmentation exponentielle du nombre d'enseignants et de structures. Si le rapport effectifs/productivité était favorable, le poids scientifique du continent en serait fortement amélioré, supposant un accompagnement dans les conditions de travail.

## Savoirs valorisants et valorisation des savoirs

Les capacités des universités africaines à établir de solides programmes de recherche constituent l'aspect le plus différencié de la carte universitaire actuelle et l'offre scientifique au sens large. Pendant de nombreuses années, le renforcement des capacités de recherche comme celui initié par DANIDA à travers le programme ENRECA, a supposé que les universités africaines eussent besoin d'un renforcement considérable de leurs capacités de recherche pour accroître leur masse critique. Même si de tels modèles présentent un grand mérite et ont eu des impacts très importants dans les pays prioritaires, il n'en demeure pas moins que l'écart académique interne en Afrique est souvent plus élevé que l'écart entre le Nord et le Sud en matière de performances de recherche. Cette « distance académique » au sein de l'Afrique est un fossé qui ne peut être comblé qu'en promouvant une collaboration Sud-Sud dans laquelle les universités les plus performantes sont jumelées à des universités plus faibles, également connues sous le nom d'universités défavorisées, afin de créer une masse critique de chercheurs pour accélérer les résultats de la recherche.

La recherche scientifique africaine actuelle nous laisse des doutes sur les ambitions de nos États, car il existe un conflit évident entre la trajectoire de développement actuelle de l'Afrique, dominée par le processus de développement néolibéral, et les objectifs de développement durable qui intègrent le climat et l'environnement dans le nouveau modèle de développement. Les ressources naturelles constituent le principal levier de la croissance en Afrique. L'exploration pétrolière en Afrique a fortement augmenté au cours de la dernière décennie avec la découverte de nombreuses nouvelles réserves en Afrique de l'Ouest, de l'Est, et centrale. L'Afrique devient le premier producteur mondial d'or, de fer, d'uranium, etc.

Les connaissances pointues en matière de gestion des ressources naturelles, de leur transformation et de leur commercialisation sont une grosse opportunité pour une accélération économique. Seule la science permet de saisir ces opportunités, de les préserver et de les pérenniser. La situation actuelle montre une forte dépendance des connaissances importées sans intention claire de former localement toutes les compétences pour prendre en main notre destin. D'autres pays l'ont fait en Asie et ailleurs, pourquoi pas en Afrique ? Cette déconnexion entre la promotion de la recherche et la promotion des ressources pour générer des revenus en Afrique est très intrigante.

Il est important de retenir que le changement dont nous avons besoin dans les paysages du savoir devrait s'accompagner d'une modification profonde de notre approche de développement de compétences et d'apprentissage. La mise en œuvre de la science nécessite un vaste effort pour intégrer la science à la société par le biais du renforcement des capacités, de la coconception, de l'apprentissage de compétences critiques et de la mise en relation entre la science et le professionnel. Il est donc important de savoir ce qui doit être fait pour lever les obstacles qui permettraient une application effective de la science.

Pendant le covid-19, la plupart des gouvernements africains semblaient avoir découvert la valeur du savoir et du savoir-faire domestiques pendant que tous les pays retenaient leurs scientifiques pour gérer la crise. Soudain, un large espace est accordé aux universitaires de tous profils pour guider la manière dont les épidémies de coronavirus doivent être contrôlées. Ce malheureux choc mondial a révélé à quel point il est important de disposer de savoir contextuel et d'une approche de valorisation du savoir pour accompagner les décisions politiques dans toutes les sphères et à toutes les échelles. Cela a révélé aussi que la théorie du changement doit considérer une théorie du lieu/contexte et une théorie des acteurs pour asseoir une chaîne de valeur des connaissances, de leur production à leur application.

# Covid-19, la crise qui révèle l'importance des connaissances domestiques

Le covid-19 est une crise sanitaire qui a été causée par des facteurs non médicaux et qui a eu de nombreuses répercussions sur de nombreux aspects de notre vie quotidienne, y compris une modification sociale radicale qui persiste bien après la pandémie. Elle a eu à la fois des effets négatifs sur lesquels plusieurs réflexions sont menées, mais aussi des effets positifs qui constituent des leviers importants du nouveau modèle de société qui, pour une fois, sera imposé par des forces naturelles qu'il importe de mieux comprendre pour anticiper de telles crises.

Avant le covid-19, depuis près de cinquante ans, divers messages de détresse ont été exprimés à travers les découvertes scientifiques sur les risques induits par notre style de vie et nos modes de production. L'indifférence envers les autres formes de vie dans toutes ses dimensions a été un trait de caractère de ce qui porte l'étiquette du progrès. Les efforts de politiques pour le moins véreux, sous le sceau de la course pour la richesse, ont dû oublier que les équilibres de notre planète ne pouvaient s'acquérir qu'avec une considération des limites planétaires qui doivent dicter les limites de la croissance économique. Le progrès laissé entre les mains des entreprises à la recherche du profit s'est fait vite rattraper par la responsabilité sociétale et environnementale (RSE) de ces entreprises. Si cette notion, RSE, est vraie dans le concept, elle est malheureusement faussée dans la pratique.

Alors, nous nous sommes simplement laissé prendre par notre incohérence qui consiste à penser que nous pouvons être en sécurité dans un monde dangereux. La biodiversité n'a jamais été aussi importante que la production d'armes nucléaires. Les réponses au changement climatique n'ont jamais été aussi importantes que la construction de « murs » anti-immigration. Une guerre en Ukraine a drainé en trois ans (2022-2025, et qui se poursuit) trois fois plus que les montants requis pour faire face aux émissions de $CO_2$ qui réchauffent notre planète.

L'intérêt de la population mondiale outrepasse les intérêts des nations, mais dans le jeu politique actuel les intérêts des pays et parfois des investisseurs privés prennent le dessus. Nous fonçons tout droit et dans un laps de temps plus court qu'on le croit (2030) vers un seuil dangereux d'un réchauffement de trois degrés Celsius et on « regarde ailleurs », comme disait M. Jacques Chirac.

Revenant sur le covid-19, le confinement autarcique qu'ont subi les pays aurait été tout simplement impossible dans un monde globalisé où les libertés sont garanties. Il n'existe aucune force de sécurité militaire qui puisse empêcher la prolifération des pathogènes. Seul notre effort commun, notre responsabilité partagée pour un monde où les équilibres naturels sont garantis permet de faire face à ces évènements extrêmes. En dépassant les limites de la nature, nous outrepassons notre devoir moral en brisant les verrous imposés par la nature. La perturbation de l'interface biologique et des processus écologiques est la nouvelle forme de risques globaux qui expose l'humanité à des dangers drastiques et imprévus.

S'il existe un endroit au monde où les fonctions écologiques intactes existent encore, c'est en grande partie en Afrique. Le mode de vie normal en Afrique, c'est celui qui garantit les équilibres avec l'environnement. Mais avons-nous investi suffisamment de temps et de ressources pour comprendre ces modèles africains et les présenter à la communauté mondiale au sens large ? Les relations culturelles avec la nature ont été une sauvegarde des équilibres écologiques que l'Afrique a maintenus pendant des siècles. Il n'y a pas de société en Afrique sans une relation personnifiée avec les animaux, les totems, les bois sacrés, les espèces tabous, les pratiques séculaires garantissant la régénération de la nature. Pourquoi les Masaïs ne sont-ils pas attaqués par les lions, pourquoi les crocodiles sont-ils protégés dans de nombreuses cultures, pourquoi les chasseurs ne tuent-ils pas certains animaux à un moment donné, etc. ? La même chose s'applique aux plantes et aux méthodes traditionnelles d'agriculture en Afrique. Au lieu de développer davantage ces connaissances locales et de les promouvoir, nous adoptons de nouvelles valeurs normatives de la science qui conduisent au modèle extractif, celui du système colonial qui s'est prolongé après l'indépendance et accéléré par le capitalisme et la mondialisation.

L'Afrique est donc complètement victime de l'oppression des « super puissances », pour qui la seule chose qui compte est le contrôle total de nos ressources naturelles. En attendant, l'Afrique a conservé des valeurs humanistes fondamentales. L'Afrique n'a jamais été dans une logique hégémonique, la culture n'est pas celle de la domination, mais plutôt une culture du profond respect de la vie et des autres. Le manque de dimension humaine est la principale raison pour laquelle le « monde s'effondre ».

Actuellement, les idéologies qui divisent le monde (communistes, sociodémocrates, conservationnistes, extraconservateurs, droite et extrême droite) suivent toutes des logiques descendantes (*top down*). Les idéologues conceptualisent les modèles et créent des partis politiques pour persuader la société de les adopter. À l'opposé de cette logique descendante, en Afrique, nous avons une logique ascendante. Les aspirations des communautés deviennent les règles. Nous n'avons jamais été ni socialistes ni capitalistes, nous avons été, je pense, « communautaires » dans le sens où les espaces de négociation des décisions suivent des mécanismes explicites ou implicites qui engagent toutes les sensibilités sociales. Les règles de mise en œuvre de ces lois sociales sont souvent basées sur le respect de la nature et le respect de l'humain. Ce modèle communautaire repose sur une logique ascendante où les systèmes de gouvernance sont ancrés dans les particularités sociales, bien orchestrés et compris par tous. Les codes, les valeurs et les normes ne nous ont pas été imposés en Afrique, ils font partie de nous, nous grandissons avec eux. Malheureusement, les traumatismes historiques et la tyrannie de la mondialisation nous ont fait glisser vers des réalités culturelles qui nous éloignent de nos modèles d'origine. Malgré tout cela, l'Afrique reste le seul endroit où les formes d'organisation des groupes sociaux remplacent le rôle de gestionnaire indépendant. Nos leaders traditionnels sont plutôt perçus comme protecteurs des valeurs essentielles de la vie, alors que d'autres philosophies, dont le fondement est la productivité, déshumanisent ce lien et les leaders deviennent forces d'oppression enrobées d'un voile très fin d'ouverture démocratique. De tels systèmes ne produisent que des gagnants et des perdants, rien qui construise une communauté forte et une société dont l'ensemble vaut plus que la somme des parties.

Depuis la première révolution industrielle, l'humanité s'est lancée dans une course technologique, incluant la manipulation risquée de processus biologiques naturels (déforestation, agricultures hyperintensives), des cycles bio-géochimiques à l'échelle globale (les gaz à effet de serre et le changement climatique) aux micro-organismes (OGM, manipulation génétique, clones, armes biologiques, etc.). La science a alerté sur les limites planétaires (*planetary boundaries*) et a montré une autre science, celle de la précaution et de la durabilité, aidant à repenser notre lien à la nature, notre position face à des manipulations et ces artéfacts inacceptables que nous considérons souvent comme le progrès avec des solutions techniques qui déclenchent des processus irréparables à partir de seuils de non-retour appelés *tipping point*. L'Afrique semble devenir le champ d'application des exercices scientifiques les plus périlleux au point d'en subir les angoisses les plus inquiétantes, comme les conséquences des changements climatiques, les tests de vaccins, les enfouissements de déchets nucléaires, le pillage des minéraux et des ressources halieutiques, etc.

Les solutions adaptées au contexte et répondant aux défis du développement exigent une mise en adéquation entre les itinéraires de développement et le champ d'action proposé par la science. Il manque l'utilisation de la science pour évaluer la science importée. Le filtre technologique et éthique est quasi absent. Tout ce qui arrive en Afrique y entre sans opposition, aussi, tous les experts qui arrivent d'ailleurs ne subissent aucun test d'aptitude comme l'imposent plusieurs pays comme les USA, le Canada, etc. Associer la science à l'action consiste alors à trouver les mécanismes permettant de naviguer entre les relations pour traduire la science dans l'action politique et sécuriser la sélection de la bonne science pour les décideurs. Cet espace n'existe pas vraiment en Afrique, ou s'il existe, il est faible ou purement guidé par des rapports de force qui, souvent, sont à la faveur des dirigeants politiques au-dessus des chercheurs.

Le progrès viendrait de la coconception et du travail transdisciplinaire pour une prise en charge des problèmes de développement interconnectés, complexes et fortement mutants ; il est important de se demander comment cibler les problèmes parmi les grands défis du développement et comment suivre les progrès et procéder à une évaluation appropriée des performances et de leur portée pratique. De plus, la science transformationnelle que l'Afrique, plus que les autres, a besoin de promouvoir est une confluence de plusieurs innovations et découvertes dans divers secteurs. Certaines actions dans un secteur peuvent avoir des retombées positives ou négatives dans d'autres. L'innovation étant par essence une confluence de découvertes, il est important d'avoir un contrôle sur ces découvertes. La dépendance aux pays du Nord pour un accès ouvert à ces découvertes est une limite forte à la promotion de l'innovation en Afrique.

L'Afrique n'est pas encore très équipée en matière de processus institutionnalisés et de mécanismes d'arbitrage et de gouvernance des connaissances, y compris en matière de propriété intellectuelle, sans lesquels la découverte scientifique ne pourrait assurer la prise en main du destin social. Il faut alors se concentrer sur les mécanismes permettant de lier les connaissances et d'assurer les rétroactions des parties prenantes afin d'ajuster l'offre scientifique pour une planification appropriée des actions de développement. Lorsque nous mentionnons l'adéquation des solutions fondées sur la science au développement local, nous ne devons pas ignorer les solutions locales empiriques, structurées par les communautés locales sur la base de pratiques séculaires conçues au fil du temps et qui permettent une parfaite compréhension des processus locaux.

Il est donc clair, comme partout dans le monde, que le développement de l'Afrique ne peut être dissocié de son développement scientifique. Il est connu que le développement de la science en Afrique est le plus faible au niveau mondial. La bonne nouvelle est que les communautés africaines, à travers l'Union africaine et les politiques nationales, ont reconnu le progrès de la science comme une aspiration à placer au sommet des priorités. Cette reconnaissance de l'importance de la science pour le développement a de nombreuses implications pratiques, comportant chacune des défis. Le premier défi concerne la pertinence de la science pour la société. Le défi de deuxième niveau concerne les cadres institutionnels et de gouvernance pour le développement scientifique. Le troisième consiste à identifier et à utiliser diverses sources de financement et à développer des programmes d'investissement adaptés aux priorités africaines de recherche et développement. Et le quatrième niveau concerne la manière de suivre les progrès réalisés dans l'utilisation des résultats scientifiques au service du développement. Il devient alors aisé de comprendre qu'au-delà des contenus, il faudra encourager la compétence dans nos formations.

## Diplôme ou compétences

Pendant la première phase de ma vie professionnelle, j'ai été choqué d'avoir côtoyé pendant deux ans un professeur de l'enseignement supérieur qui avait volé les diplômes d'autrui. Il s'est fait recruter dans un domaine pointu et naturellement, faisait face aux critiques les plus violentes des étudiants qui constataient qu'il ne faisait que lire un manuel à la place de délivrer son cours. Les débats les plus poussés structurant des logiques consolidantes n'étaient en aucune façon un motif d'enthousiasme ou de motivation pour ce faux professeur, qui conclut toujours par : « On verra ça plus tard. » La frustration de ces étudiants curieux est certainement partagée par plusieurs autres à travers l'Afrique du fait de l'incompétence de certains enseignants.

Le trafic de diplômes est facilité par les outils informatiques modernes. Des réseaux tapis dans l'ombre délivrent de vrais faux diplômes et seul le Seigneur sait combien n'ont jamais été pris pour avoir utilisé des contrefaçons. Les scandales ne manquent pas. Le faux professeur a été pris au moment où il s'attendait le moins à un tel scénario. C'était lors d'une conférence internationale sur la thématique scientifique qu'il enseignait. Naturellement, ces grandes conférences invitent les experts les plus pointus pour faire progresser la thématique et explorer de nouveaux champs de recherche. C'est pendant cette rencontre que le vrai professeur a été contacté pour être félicité de sa présence à cette réunion ; ce dernier répondit que ce devait être une confusion puisqu'il était sur un autre continent à ce moment-là. Alors on lui a demandé s'il connaissait la personne qui était présente, dont le nom et l'expertise étaient exactement les siens.

Sa réponse était non. C'est alors que des participants ont sonné l'alerte sur cette incongruité qui a fini par faire couler le faussaire. Cet exemple est certes anecdotique, mais cela prouve que nos systèmes de recrutement doivent passer par des filtres académiques assez exigeants pour dissuader toute intrusion malencontreuse.

Les cas de trafic de diplômes sont plus difficiles à déceler quand la personne utilise sa propre identité pour se faire établir un faux parchemin. Que de médecins, d'ingénieurs, de banquiers et j'en passe ont surpris leurs employés par ces triches ! Quant à l'Université, il faudra améliorer la procédure pour le recrutement aux postes d'enseignants-chercheurs, de techniciens et pour le personnel administratif, et soumettre la carrière de ces derniers à des séries d'évaluations sur les plans pédagogique et scientifique tout le long de leur parcours, comme aux USA et ailleurs. Aux USA, par exemple, l'étudiant est considéré comme un client. L'Université vend la connaissance et les compétences et les apprenants sont les acheteurs. La qualité du service est évaluée par les étudiants en plus des mécanismes usuels de validation au niveau des facultés. Mes services à Michigan State University (MSU-USA) m'ont fait comprendre que le contenu des enseignements sont discutés par le Conseil des professeurs de chaque département pour identifier les duplications, les complémentarités et l'agencement global pour calibrer le profil de l'apprenant à sa sortie de formation. Cette approche de concertation sur le contenu, les outils, les exercices, en somme, le flux de connaissances à transmettre, devrait être une règle d'or dans nos universités.

Par conséquent, tout enseignant qui n'est pas inscrit dans une logique de satisfaire le client-apprenant (l'étudiant) devrait être soumis à l'évaluation de ce dernier, qui peut exiger plus de substance et de qualité pour sa formation. Sous ce rapport, aucun enseignant n'est « intouchable ». Les enseignements sont soumis à une rigoureuse évaluation, discutés en Conseil, soumis à des bureaux pédagogiques spécialisés et conformes aux ambitions concernant les compétences que doivent acquérir les étudiants. Je me demande si dans nos universités, un tel effort pour comparer l'offre pédagogique aux objectifs de développement des compétences est fait de façon systématique avec pour seul but de rectifier, corriger et conformer la formation aux profils qu'on cherche à former.

Faisant partie du corps, je me dois d'être prudent pour ne pas subir la colère de certains collègues, mais il me semble important de souligner ici que la façon dont les enseignants sont recrutés peut être améliorée, plus rigoureuse, sélective et encadrée. Pour rester sur l'enseignement supérieur, je me demande aussi si le fait d'obtenir un doctorat suffit pour qu'une personne soit un bon enseignant. Faut-il vérifier les aptitudes pédagogiques des nouvelles recrues avant de les engager, ou à défaut, leur faire subir une formation pédagogique pour valider des tests d'aptitude à l'enseignement avant qu'elles soient confirmées au poste ? Ensuite, pourquoi les enseignants-chercheurs ne sont-ils évalués que s'ils passent au CAMES sans que les évaluateurs ne puissent sonder leur capacité à délivrer un enseignement de qualité ?

On a souvent évoqué la baisse du niveau des universités sans souligner que cela pourrait être dû à la qualité des enseignements. Les raisons sont parfois plus profondes que la rigueur dans le recrutement. Avant, les professeurs d'université étaient les personnes les plus brillantes de leur génération, qui ont démontré à travers des passerelles bien connues leur capacité à préparer et à délivrer des enseignements de qualité. Cette race d'universitaire risque de se perdre parce que l'option pour l'enseignement supérieur n'est pas souvent le premier choix des experts, puisque cette fonction n'offre pas d'avantages comparatifs devant d'autres secteurs professionnels comme l'administration publique ou le privé. Il existe un peloton d'universitaires consultants, hommes d'affaires, prestataires dans les structures privées, ou alors —et c'est devenu un phénomène gênant— des politiciens, pas par conviction, mais par opportunisme, pour accéder aux hautes fonctions permettant de sécuriser le confort social impossible à acquérir avec le statut d'universitaire.

La dévalorisation de la profession de chercheur en Afrique est expliquée par les offres plus attractives dans le « marché du travail » intellectuel. Être homme politique, magistrat, employé du secteur privé, ou même consultant est plus valorisant que déployer son talent dans la recherche de l'innovation par la recherche. Les chercheurs africains choisissent de répondre à des commandes sur des thématiques « lucratives » : droit de l'homme, analyse de la pauvreté, environnement, santé, éducation, migrations, « gouvernance »... La hiérarchie des disciplines varie en fonction de ce qu'elles peuvent rapporter à la personne ; la recherche fondamentale est ainsi très peu attractive. La « recherche » s'effectue pour les avantages financiers qu'elle procure plus que pour le progrès des connaissances.

Devant ce que je pourrais considérer comme une double vie des chercheurs (recherche scientifique et recherche de profit), il est difficile de formuler des reproches à leur égard du fait de leur faible considération dans les catégories professionnelles de nos pays. On ne peut pas reprocher aux chercheurs de valoriser leur savoir-faire sous forme de prestation de service dans les bureaux d'études, les ONG, le secteur privé, etc. Certains ont même réussi à engager un double emploi en acceptant des fonctions officielles dans d'autres structures sans renoncer à leur travail dans les universités.

Les valeurs ont changé, et c'est ainsi qu'à la suite de mon recrutement à l'Université, un ami proche de mon père, un cadre dans l'administration publique, est venu lui demander de me dissuader d'exercer le métier d'enseignant-chercheur à l'Université. Selon lui, ça ne permettait pas de devenir une autorité dans notre pays. Il pensait que je devais faire l'ENA et devenir un haut cadre de la fonction publique. Bon... !

# Capacités et défis émergents

La posture d'un scientifique reflète une série de séquences et de circonstances à travers lesquelles il a été façonné. De cette allure personnelle devant les défis, aucune généralisation n'est possible. Chaque chercheur porte en lui des atouts et des limites qui font qu'on ne doit jamais être un solitaire puisque cela ne permet pas de valoriser son talent. L'Afrique, c'est 54 pays, 30,4 millions de km$^2$, des centaines de langues et une multitude d'ethnies et de cultures. Le continent est doté d'abondantes ressources naturelles qui sont depuis toujours fortement contrôlées par les entreprises internationales et les capitaux étrangers. La plupart des pays africains souffrent de malheurs post-coloniaux: pauvreté, maladies, crises sanitaires, instabilité politique et corruption, ainsi que de conflits armés. L'Afrique se portait beaucoup mieux avant la colonisation. Nous avons été terre d'immigration, nous avons aidé les pays d'Europe et d'Amérique, nos ressources humaines ont construit le Nouveau Monde. L'usurpation des ressources naturelles par le monde occidental est le plus grand abus dont l'humanité ait jamais souffert par le passé. Qui aide, qui soutient qui ? À vous d'en juger.

L'Afrique est un continent diversifié avec des histoires, des civilisations et des écosystèmes divers. Le développement scientifique n'est pas le même d'un pays à l'autre. L'importance relative de la production scientifique d'un pays dépend naturellement de sa performance en matière de découvertes, d'innovations, et de la combinaison des deux pour opérer des transformations sociales et économiques profondes et rapides. Si la place accordée à la science dans les politiques nationales est un bon indicateur du progrès, il est important d'opérer une évaluation continue des performances de la science en définissant des trajectoires claires permettant de disposer de ressources humaines qualifiées. On me dira que notre pays, le Sénégal, dispose de chercheurs de renommée internationale, mais est-ce qu'on les valorise assez ? Que fait notre gouvernement pour doter la recherche des capacités à la hauteur des attentes de la société ? Dans les pays où la recherche est dotée d'un statut et d'une valeur reconnus, les chercheurs n'ont pas envie de faire autre chose devant la mission exaltante de produire des connaissances pour la société. Nous ne comparerons pas toujours les trajectoires des scientifiques d'ailleurs, mais vous percevrez en filigrane à quel point le fait d'être défavorisé depuis l'apprentissage, de la petite enfance, jusqu'à la recherche influe sur l'avenir du continent.

Le point de départ pour un scientifique africain n'est pas le même que pour les autres, le cycle de maturation professionnelle est différent, la peine subie par un chercheur africain est toujours plus élevée et le gain plus faible (la peine est double et le gain de moitié dans le meilleur des cas). Les transitions socio-politiques qui ont conduit à l'accélération de la science n'ont pas encore eu lieu en Afrique (référence aux révolutions scientifiques connues en Asie). De la première révolution industrielle à la quatrième, elle n'a fait que subir alors que les pays asiatiques ont réussi à être acteurs des dernières mutations scientifiques. Pour l'instant, parce que les priorités sont ailleurs, le continent se résigne à utiliser des innovations technologiques produites en dehors du continent. Beaucoup de choses sont à revoir pour changer ce statu quo.

Avec le patronage de l'Europe, la trajectoire scientifique de l'Afrique n'a pu être autre chose que le reflet de l'Occident avec une orientation européocentrique dont on ne peut se départir qu'en reprenant la mission de la science. Le départ a été raté avec une formation et une recherche qui servent les puissances coloniales, une expertise locale qui sert l'objectif colonial. Cette logique s'oppose aux structures et mécanismes sociaux établis en Afrique sur la base d'échanges équitables et non mercantiles ou capitalistes. La logique de production en Afrique est assujettie à une logique de partage et s'oppose ainsi à une logique d'accaparement capitaliste qui motive la performance technologique et se traduit par différentes formes d'oppressions et de subjugation, y compris des intellectuels.

L'objectif de la science et de la technologie en Afrique a toujours été de maitriser les solutions importées pour répondre aux besoins urgents. Cette science constitue donc une réplique destinée à maitriser des innovations perfusées pour satisfaire nos besoins : gestion de l'eau, agriculture, transformation des produits naturels, lutte contre la dégradation des terres et l'adaptation au changement climatique. Pour ces domaines cités en exemples, il me semble qu'on devrait plutôt développer nos propres solutions technologiques, souvent largement à notre portée. Sans ce sursaut stratégique pour produire des réponses à nos problèmes, le continent restera un éternel dépendant technologique.

Au cours de l'histoire, de nombreuses découvertes archéologiques ont démontré l'utilisation d'outils avancés par nos ancêtres dans la vallée du Rift. Plus tard, dans la vallée du Nil (Égypte), on sait que les architectures intrigantes et complexes des pyramides ont été réalisées par des géomètres talentueux qui ont inspiré les Grecs et les Romains pendant des siècles. La reconnaissance de la science en Afrique est amplifiée depuis 295 av. J.-C., par la bibliothèque d'Alexandrie, en Égypte, qui était la plus grande bibliothèque du monde. Actuellement, la science africaine est au bas de l'échelle du classement mondial de l'UNESCO. Au niveau du continent, les niveaux de performance diffèrent largement. Ce qui est remarquable, c'est la traine des pays francophones. Une analyse scientométrique récente décrit la situation suivante[38].

1- Au cours des deux dernières décennies, onze pays (langues anglaise et arabe), représentant la moitié de la population africaine, ont été à l'origine de 88 % des publications scientifiques indexées. L'autre moitié de la population africaine ne compte que pour 12 % des publications internationalement visibles.

2- Une comparaison des dynamiques de publication parmi les nations africaines les plus productives met en évidence la vigueur des institutions de recherche et des universités fortement structurées, décentralisées et autonomes.

3- Les contributions africaines aux publications indexées dans le monde semblent se stabiliser à 3,3 % en 2021, alors qu'elles ne comptaient que pour 1,3 % en 2001.

4- En matière d'impact de recherche, de nombre d'universités classées au niveau international et de chercheurs fortement cités, l'Afrique du Sud conserve un leadership indiscutable sur le continent, suivie par l'Égypte et devançant de loin le Nigeria, le Kenya et les trois principaux pays du Maghreb : Algérie, Maroc et Tunisie. Il faut aller très loin sur la liste pour trouver des universités francophones.

5- Le Sénégal dispose d'un nombre de chercheurs par habitant relativement élevé mais manque encore de visibilité en matière d'impact scientifique.

Avec cette sous-représentation, l'Afrique est toujours invitée à suivre les agendas scientifiques d'ailleurs puisque l'essentiel des financements est en dehors du continent. L'Afrique est aussi consommatrice de science et de technologie produites ailleurs malgré son grand potentiel lié à la jeunesse de sa population. Quand ces talents sont mûrs, ils sont exportés vers le Canada, la France, les USA, etc., parce que quand le bon scientifique africain est repéré, il devient une proie. Parfois ils ne sont même pas chassés, ils se livrent eux-

[38] El-Aroui, M.-A. (2024). Dynamiques et écosystèmes de la publication scientifique en Afrique : une analyse scientométrique sur les deux premières décennies du 21e siècle. *Global Africa* (7), pp. 62–83. https://doi.org/10.57832/3y5v-jg98

mêmes. Ils peuvent refuser de revenir à l'Afrique ; ils sont dans de nombreux cas le prolongement des influences scientifiques occidentales qui sont les grands producteurs de connaissances, comme les universités et les organismes de recherche classés au sommet de l'échelle de Shanghai (*University ranking*). La nouvelle tendance du contrôle du savoir est d'asseoir un leadership académique avec la création de campus en Afrique où le curriculum est celui des pays d'origine.

L'Afrique doit donc réinventer sa science sans s'exclure de la dynamique universelle de production de connaissances. Cela commence par les normes et les critères d'évaluation de la science pour les accommoder à notre développement et permettre de produire des résultats adaptés à nos besoins et nos priorités. Cela nécessite aussi des mécanismes d'apprentissage efficaces. Les fondements culturels de la transmission de connaissances sont traditionnellement très différents en Afrique. La science est dans une large mesure empirique : comment préparer la terre, protéger les écosystèmes, construire des habitations ? Si le pourquoi, donc la justification de l'action, est sujet à des résistances, on impose des vetos mystiques. Alors, les forêts sacrées, la sacralisation des espèces répondait de ce besoin de pénaliser certains actes « contre-nature ». L'abstraction nécessite des mécanismes et des conditions de transmission protégés par les sociétés secrètes, celles des initiés, garants de la préservation des connaissances et dépositaires de la sécurité communautaire.

Cette obsession pour une découverte orientée sur les besoins et ancrée dans les savoirs locaux a été la raison d'être des couches socio-professionnelles, des structures sociales spécialisées dans l'agriculture, l'élevage, la pêche, dans la cordonnerie, la métallurgie, la médecine, etc. Nos États n'ont pas réussi le passage opéré en Chine où des ateliers familiaux sont devenus des entreprises reconnues mondialement. Ailleurs, Puma et Nike sont devenues de prestigieuses industries de la chaussure fondée par une fratrie de cordonniers. Difficile de trouver une famille d'orfèvres devenue une industrie métallurgique en Afrique. Rare d'avoir des hommes de métier reconnus dans le monde de l'innovation — la tyrannie du diplôme primant sur la portée pratique de ce qu'on fait. Dans ce contexte, le cadre d'apprentissage est largement ancré dans la famille et les groupes sociaux, qui se passent les « secrets » du métier d'une génération à l'autre. L'introduction de l'école comme moyen de préparer des corps professionnels à la science a absolument ignoré les mécanismes d'apprentissage traditionnels, ce qui a conduit aux premiers chocs ou points de rupture qui ont réduit l'Afrique à adopter la science « utile ».

En outre, la science moderne est établie sur la base de normes et de valeurs supposées globales et universelles. La réplication des modèles universitaires occidentaux ne suffit pas pour implanter la science en Afrique si on ne laisse pas de la place aux cultures et aux normes locales. Il y a deux choses qui entrent en collision ici : les systèmes de connaissances, qui sont basés sur la production de résultats scientifiques, et les systèmes d'apprentissage, qui sont la manière dont ces connaissances sont transférées aux apprenants et à la société. Lorsque le système de connaissances est très en retard en raison d'une faible productivité, les systèmes d'apprentissage deviennent dépendants des productions scientifiques d'ailleurs et pas toujours adaptés aux besoins locaux. Le défi est donc double : premièrement, comment améliorer le système de connaissances en quantité (résultats) et en qualité (accord avec les besoins sociétaux), et deuxièmement, comment établir des systèmes d'apprentissage qui préparent les apprenants aux applications diverses permettant de répondre aux objectifs du développement local ?

Nous sommes à un tournant où la science doit être réinventée et placée à la croisée des chemins pour répondre à de nombreux besoins de développement.

1. Comment pouvons-nous imaginer un avenir durable pour l'Afrique ? Quel est le nouveau contrat social pour les transformations durables de l'Afrique ? Comment pouvons-nous investir dans de nouvelles cultures scientifiques pour la durabilité et la coopération régionale ?

2. Comment une compréhension du bien-être centrée sur les personnes, au-delà des macro-indicateurs économétriques tels que le PIB et les modes de consommation durables, peut-elle prendre de l'ampleur ?

3. Face aux défis de l'Afrique, comment pouvons-nous surmonter ou du moins réduire la myopie politique dans la promotion et l'utilisation de la science nationale pour le développement ?

L'avenir de l'Afrique dépendra du développement et de l'utilisation de la science et dépend par conséquent des cadres de recherche qui soutiennent la planification, la mise en œuvre et le suivi du développement. Cette ambition ne concerne pas uniquement les sciences naturelles, mais une grande attention est nécessaire sur les changements de comportement tout en adaptant les structures institutionnelles à l'ambition pour notre avenir, telles que la gestion adaptative, la recherche axée sur les résultats et l'apprentissage organisationnel.

# Faible adoption de la science

Les décideurs politiques en Afrique sont confrontés à des défis immédiats très urgents : comment nourrir la population, comment maintenir la sécurité, comment résoudre les problèmes de la dette, comment développer les infrastructures de base ? Ainsi, ils ne sont pas enclins à orienter des ressources rares vers la recherche dont les résultats pourraient ne nous servir que plus tard. Cette perception d'un anachronisme de la science face aux préoccupations actuelles est une perception allégorique. Tout dépend des orientations de la recherche en rapport avec les priorités de développement. Le paradoxe entre cette perception et le recours perpétuel à la science produite par d'autres suffit pour montrer que les préoccupations de développement sont intimement liées aux innovations pour y répondre.

La science est restée ainsi un secteur non prioritaire autant dans les arbitrages budgétaires que dans les stratégies politiques. Cette répulsion est parfois due à l'imperméabilité de l'information produite. Les résultats scientifiques sont souvent rendus sous des formats et une technicité qui créent une aversion involontaire. Ce qui fait que la production de la science est plus rapide que son absorption par les décideurs. Le grand décalage temporel entre les découvertes scientifiques et leur utilisation ne peut être raccourci que si un maillon actif de traduction des connaissances en pratiques est mis en place pour servir d'interface entre le monde scientifique et le monde politique ou décisionnel. À ce titre les académies des sciences ont un grand rôle à jouer.[39]

Le statu quo inclut l'efficacité des systèmes de connaissances formelles devant les connaissances informelles, celles produites en dehors des circuits académiques normalisés, comme les connaissances locales. On peut s'appuyer sur les enjeux mondiaux du changement climatique et leurs implications dans le débat planétaire sur le changement climatique aux niveaux national et local en Afrique. La traduction de ces théories globales sur les évidences locales met en exergue l'opposition entre la sphère intellectuelle et les utilisateurs de la science. Le débat est porté par les universitaires, même les journalistes censés divulguer ces connaissances ne s'en saisissent pas assez pour en maitriser la portée.

À propos du dialogue entre savoirs scientifiques et savoirs locaux, il faut relever déjà la bataille de la conformité du vocabulaire utilisé. Il n'existe pas de correspondance parfaite entre les attributs scientifiques et leur équivalence en langues locales : c'est quoi le carbone en dioula, wolof et kiswahili ? Une codification des concepts scientifiques en langues locales est une nécessité pour réduire les limites dans l'évaluation des savoirs locaux. Aussi, le lien entre les mécanismes de production de connaissance locale basés sur des pratiques séculaires, une logique de transmission protégée (par des rites d'initiation), ne facilite pas une adéquation avec la science conventionnelle et par conséquent, l'adoption de la science au niveau local.

Les limites dans la production scientifique africaine résident aussi dans les droits de propriété intellectuelle et le brevetage des résultats produits localement par des entreprises dont la seule part est le capital extérieur apporté. Les pratiques traditionnelles ont de façon persistante et avec beaucoup de réussite utilisé, par exemple, des plantes locales pour faire face à des questions de santé ou à des déficiences nutritionnelles. Le fait de normaliser ces connaissances par des firmes ou entreprises étrangères de recherche entraine une

---

[39] L'Académie nationale des sciences et techniques du Sénégal est devenue un haut lieu de la digestion des connaissances et un relais incontournable pour la livraison des connaissances aux décideurs et à la société.

perte mémorielle et chemin faisant, des avantages et des bénéfices liés à de tels résultats.

Comme on l'a dit dans les paragraphes antérieurs, d'autres lacunes et obstacles pour faire émerger une science africaine sont liés au fait que les universitaires sont formés selon les modèles académiques occidentaux et doivent se conformer à ces systèmes pour décrocher des diplômes ou passer des évaluations avec des standards purement européens. Les scientifiques les plus accomplis en Afrique sont souvent ceux qui ont été adoptés dans de puissants groupes de recherche étrangers. C'est dans ces groupes que leurs idées scientifiques sont entendues, que leurs reconnaissances trouvent de la valeur et que leur carrière scientifique a du sens. À défaut de cette adoption par les réseaux extérieurs, plusieurs scientifiques versent dans la politique ou dans la consultation pour se valoriser.

La proportion de scientifiques devenus ministres en Afrique est certainement la plus élevée au monde. Ailleurs, être scientifique a autant de valeur que la mission d'un homme politique. D'ailleurs, c'est souvent l'inverse qu'on observe dans les pays occidentaux, des hommes politiques se reconvertissent dans le secteur académique pour approfondir leur pensée et appuyer la recherche par leur expérience pratique acquise dans des gouvernements ou organisations de développement. Souvent, certains hommes/femmes politiques se reconvertissent dans les conseils d'administration ou le rectorat à l'Université. En Afrique, c'est l'universitaire qui cherche le gouvernement pour avoir une écoute favorable. Le crédit social accordé aux hommes politiques surpasse anormalement ceux des grands intellectuels universitaires.

Suivre la façon dont un scientifique africain accède à la profession et les principales étapes d'une telle carrière, cela étant très spécifique à chaque trajectoire, permettra de questionner au fil des nombreuses étapes les différents défis et la vision que l'on peut se donner pour le développement de la science en Afrique. Au cours de sa carrière, le scientifique africain subit un itinéraire « normal » de chercheur, c'est-à-dire toutes les étapes d'une carrière scientifique, depuis l'assistanat d'enseignement jusqu'au statut de professeur, ou alors depuis celui de scientifique de soutien technique et d'aide technique jusqu'à celui de chef de laboratoire ou de directeur d'organisme de recherche. Parallèlement, on peut avoir travaillé avec des communautés, avec le secteur privé, des ONG, des agences gouvernementales et des organisations internationales et devenir universitaire. Selon le parcours, le profil professionnel peut changer, certains étant plus enclins au partage de pratiques, d'autres à la recherche fondamentale et aux grandes théories.

Ce qui fait la différence du chercheur africain avec son collègue du Nord-Est dans les outils et conditions de travail pour embrasser les différentes facettes de la complexité et la fragilité de la condition humaine. Le fait de créer des franchises universitaires ne suffit pas pour asseoir un « nouveau réalisme » qui veut que la science soit libérée des désirs subjectifs des décideurs politiques. Au rythme des changements de visions politiques selon les régimes en place, le momentum scientifique est souvent brisé et finit par s'effilocher. La science doit s'éloigner des idées tentaculaires et surtout éphémères des conquêtes politiques ou des besoins de construction de mythes sur des réalités épisodiques idéalisées.

Cette élévation au niveau des visions solides nous a amenés à une articulation avec cette nouvelle ère géologique appelée anthropocène, avec son lot d'impacts de l'homme sur l'existence. Il existe une littérature florissante sur l'anthropocène. Je vais m'attarder sur une dimension peu débattue dans le cercle africain : celle des fondamentaux qui influent sur l'humain. Sommes-nous des *Homo sapiens* (des hommes de science courageux), qui feront face aux *homo clinquants* (des apparences), aux *homo economicus* (du gain), des *homo-laborus* (qui croient au travail), des *homo hypocritus* (sans morale), des *homo altruist* (généreux) ? Certains scientifiques passent aisément d'une identité à l'autre au gré des circonstances. Ces profils humains sont contemporains d'une époque où on a *instagrammé*, *whatsappé*, *facebooké* ou *tik-toké* la science. Je vois cela personnellement comme un gros sacrilège qui va porter un coup de massue sur le portage de la science surtout en Afrique, où toute une génération est en train de prendre des raccourcis pour apprendre la science avec des sources non vérifiées ou avec les fournisseurs déshumanisés d'intelligence artificielle.

La source d'informations scientifique du grand public n'est plus les revues scientifiques ou les encyclopédies qui font foi. Elle est de plus en plus produite par des automates ou des représentants d'intérêts ciblés qui doublent la bonne science pour faire prospérer des propagandes. C'est pendant le covid-19 que ce diktat des réseaux sociaux s'est fait le plus sentir. Un ancien camarade de classe qui n'a rien fait en recherche a voulu me persuader de ne pas prendre le vaccin parce que « ce sont des malices électroniques » qu'ils allaient m'injecter et par lesquels ils contrôleraient désormais ma vie. Quelles étaient ses sources ? Seul Dieu sait. Les contrefaçons théoriques sur les méthodes pour éliminer le cancer, le diabète ou la pression artérielle sont légion dans les réseaux.

Les outils numériques modernes pouvaient cependant servir d'accélérateurs de la science pour une transformation rapide de l'Afrique. Mieux organisé, avec des instances homologuées de dialogue scientifique, internet peut devenir la plus grande bibliothèque africaine. Sans filtre, on ramasse de l'ivraie au même titre que le bon grain. Plus on laisse l'espace aux baroudeurs digitaux, plus le réalisme s'évade, se ridiculise au prix de la décence humaine. Ces mêmes personnes sans aucune légitimité scientifique s'arrogent parfois la mission de porter l'anathème sur ceux qui font autorité. Si la science est trivialisée à ce point, les scientifiques deviennent des parias. La politique devient ainsi attrayante pour le gain social et pour éviter l'ostracisme. Les sachants se cachent, rasent les murs. Les scientifiques risquent d'être ridiculisés par les tonneaux audibles mais vides et encombrants qui mobilisent les masses tout en massifiant les embarras.

La paresse de la réflexion est déjà visible dans le discours collectif, dans les représentations de la réalité, avec une facilité surprenante où tout semble aller de soi. L'odeur perceptible des sorciers du numérique, ceux qui cherchent à briser le moral, détourner l'attention sur la malice sans se dévoiler, risque d'être un trait de caractère du monde dans lequel nous vivons. L'Afrique doit canaliser tout cela y compris dans l'esprit de l'enseignement virtuel, qui est perçu comme un impératif de notre temps.

## L'enseignement virtuel est-il une pédagogie futuriste ?

Avec la croissance démographique, la forte demande de formation dans le supérieur, la saturation rapide des universités, a poussé les États à mettre en place des universités virtuelles. L'enseignement est juste un apprentissage en ligne qui offre de nombreux avantages aux apprenants. La formation en ligne est couramment utilisée pour la formation continue du fait des contraintes de temps des professionnels. Elle est utilisée aussi pour atténuer les charges liées à la formation en présentiel, y compris les frais logistiques significatifs. Elle permet enfin de réduire les contraintes de temps pour assister à des cours à des dates et heures bien précises.

Plusieurs pays ont mis en place des universités virtuelles pour d'abord réduire le nombre d'étudiants qui arrivent dans les universités classiques, ensuite pour rendre l'enseignement accessible à tous y compris aux étudiants défavorisés de l'intérieur du pays. Cependant, je ne suis pas certain que l'impact attendu des universités virtuelles se fera sentir dans les conditions actuelles de l'offre pédagogique. Les pays les mieux dotés en équipements pour faire des universités virtuelles n'ont pas favorisé l'enseignement virtuel comme une stratégie de professionnalisation des apprenants. Le Canada, les USA, le Japon, l'Allemagne, pour ne citer que ces cas, pratiquent l'enseignement virtuel mais ne créent pas d'universités virtuelles. La présence de l'étudiant devant le professeur est une relation qui va au-delà du partage de connaissances. Les étudiants ont besoin du contact inspirant des professeurs qui symbolisent l'excellence dans leur domaine. Les diplômés de nos universités virtuelles auront moins de capacités que leurs camarades issus des universités classiques.

La proposition que nous faisons ici, c'est de faire de ces universités virtuelles des services d'appui pédagogique aux universités et centres d'apprentissage à tous les niveaux. La radio scolaire n'existe plus, mais l'esprit de ces radios scolaires était excellent. Il s'agissait de partager avec tous les élèves du Sénégal les mêmes ressources pédagogiques sur lesquelles l'enseignant peut s'appuyer pour passer à la pratique avec ses élèves. Pour moi, maintenant que les outils digitaux sont devenus une ressource partagée, il serait possible de faire de nos universités virtuelles des centres qui organisent, filtrent, impulsent le partage de toutes les ressources pédagogiques utiles aux universités et dans toutes les filières. Pour les cours magistraux, les fondamentaux et les connaissances de base, qui font que tous les étudiants du premier cycle arrivent dans les universités, il faudra envisager des ressources vidéographiques, des synthèses et manuels pédagogiques rendus accessibles à tous les étudiants inscrits, avec un délai précis d'apprentissage et de validation de ces crédits.

Ainsi, les étudiants de premier cycle feront une bonne partie de leurs activités de formation avec les ressources virtuelles et ne se rendront à l'université que pour les travaux pratiques. La pédagogie active en présentiel permet d'appliquer un ensemble de méthodes qui favorisent l'apprentissage. L'interaction avec un enseignant et avec ses camarades est une approche active et vivante qui assure à l'apprenant une véritable immersion après avoir reçu les cours d'initiation en virtuel, ce qui lui permet de puiser des ressources dans une large bibliothèque virtuelle. Cette approche réduit la demande en amphithéâtres, réduit les affluences tous les jours dans nos universités et permet de respecter le calendrier académique. Je prône l'élimination des universités virtuelles dans leur existence institutionnelle actuelle pour en faire un service d'appui pédagogique aux universités.

Les meilleurs professeurs de mathématiques, de droit, de géographie, de médecine, de sociologie, etc., peuvent préenregistrer (avec un droit à l'image) pour donner un cours de base qui sera accessible à tous les étudiants inscrits dans cette matière, quelle que soit son université dans le pays, pourvu qu'ils soient régulièrement inscrits. De tels cours peuvent être utilisés pendant quelques années avant leur mise à jour avec les mêmes professeurs ou d'autres. En retenant les étudiants chez eux pour se familiariser avec ces cours de base, on réduit les affluences vers les universités pour, au moins, les enseignements de base du premier cycle. Ces derniers ne viendraient à l'université que pour les travaux pratiques et les tests.

## Les crises comme catalyseurs de connaissances

Les crises de l'eau, du climat, de la biodiversité, du plastique, ont été des révélateurs de la fragilité de la condition humaine qui nécessitent la mise en place d'un système environnemental durable. L'Afrique ne peut pas se limiter aux concepts-tiroirs de l'Occident qui séparent des choses qui vont ensemble comme l'adaptation au changement climatique et son atténuation. La méprise des convergences thématiques et l'assise fragile de l'Afrique sur les grandes crises mondiales expliquent notre hypersensibilité devant des crises comme celle de l'Ukraine (2021-2024). Dès que les radars du monde sont orientés ailleurs, l'Afrique tombe dans les travers de l'oubli, rien de ce qui intéresse l'Afrique n'est priorité, sauf ses ressources naturelles qui doivent servir aux autres.

Ainsi, les apparences humanistes derrière la lutte contre le changement climatique sont dévoilées par la course aux ressources minières pendant ces périodes de guerre. Pendant ce temps, la réponse aux évènements climatiques extrêmes reste une dimension existentielle entière des pays africains. L'espoir d'un monde de paix après la guerre froide est de plus en plus perdu devant les crises environnementales qui ont fini de substituer les motivations idéologiques aux enjeux environnementaux pour maintenir une méfiance malicieuse et une volonté de neutralisation mutuelle entre les puissances du Nord au détriment des pays du Sud. Le dividende de la paix de l'après-guerre froide est totalement épuisé par la rage des oppositions militaires. On dirait que toute la diplomatie mondiale est mue et fonctionne au rythme de l'accaparement des ressources naturelles. Les nations responsables du réchauffement climatique sont les plus puissantes et prennent de moins en moins d'engagements (non respectés) pour le climat et la lutte contre le changement climatique, cependant qu'elles se consacrent à la guerre du pétrole, dans laquelle elles sont prêtes à investir beaucoup plus.

Il faut que les pays africains fassent de la réponse climatique le centre des préoccupations mondiales puisque leur survie et leur futur dépendront dans une très large mesure de la façon dont les impacts climatiques seront gérés. Les dimensions économiques de ces crises doivent être abordées sous l'angle de l'exposition aux risques et surtout celui du déficit de connaissances pour comprendre cette exposition et cette vulnérabilité. Malgré les avancées scientifiques, l'Afrique n'est pas arrivée à maitriser les réponses devant de telles crises pour cerner leurs impacts. Pour cette raison, les crises se manifestent sous forme de chapelet, une succession de signaux qui nous prennent par défaut de sorte qu'aucune nation africaine n'a pu résoudre ces défis de façon inconditionnelle (sans dépendance financière et technologique). Souvent, c'est par le recours à l'endettement inéluctable qui enfonce les générations actuelles et futures que certaines solutions sont apportées ; et s'endetter pour régler un problème qu'on n'a pas provoqué est l'expression la plus achevée de l'injustice climatique. Sur le plan social, les conflits de plus en plus armés, violents, réduisent la capacité à sortir de la pauvreté, particulièrement quand la fuite des capitaux et des cerveaux réduit la confiance en des dirigeants politiques rompus à la corruption.

La question climatique est donc, à la fois, une question humanitaire, une question de justice, une dimension de la paix mondiale, mais aussi une question de survie pour les trois milliards de personnes vulnérables dans le monde, dont une grande majorité est en Afrique. Nous utilisons trois exemples de crises, celui du covid-19, celui des ressources naturelles/climat et celui des défis urbains, pour illustrer et comprendre le sujet sous l'angle de l'Afrique, avec les opportunités qui existent et l'apport de la science domestique pour améliorer la gouvernance des ressources et des espaces devant les menaces sécuritaires.

# Crises et portée pratique de la science en Afrique

## De la science à l'ère du covid-19

Le covid-19 est une situation unique, qui n'a été prévue par aucun modèle mathématique ou probabiliste malgré la masse d'informations scientifiques disponibles à l'ère du numérique et des grandes bases de données sur l'environnement, la démographie et l'économie mondialisée. Le parti pris de consolider des désirs plutôt que des connaissances, l'orientation vers le confort des tendances voulues plutôt que de se consacrer aux risques liés à notre façon de vivre sur une planète « mal comprise », nous ont conduits à une catastrophe qui à elle seule cumule plusieurs périls : sanitaires, économiques, et sociaux. Dans ce contexte, mener une réflexion sur le rôle que la science a joué ou aurait dû avoir dans le contexte du covid est d'une importance capitale tout en restant assez délicat compte tenu de la complexité des faits et des enjeux. Les idées développées ici sont fondées sur une relecture critique de l'actualité et des évidences scientifiques liées au covid-19, mais aussi sur unc analyse rétrospective basée sur une rhétorique constructive permettant d'explorer ce que la science aurait pu apporter comme solutions dans le contexte de la pandémie. Il s'agira d'explorer avec un style ouvert ce qui a bien fonctionné, dans les limites des moyens disponibles, et ce qui pourrait être capitalisé, ce qui pourrait être amélioré pour une meilleure contribution de la recherche dans les solutions pratiques dans des situations de crises sanitaires.

Jamais auparavant la science n'a été utilisée dans le temps et dans l'espace comme elle l'a été avec le covid-19. Personne n'était épargné, aucun espace géographique ou aucune réalité sociologique n'était suffisamment éloigné du péril pour que chaque composante sociale ne se sente pas impliquée. L'engagement des décideurs politiques dans des choix basés sur l'éclairage scientifique a été une grosse révélation sur les liens fonctionnels entre la science et la prise de décision politique. En regardant l'histoire de mon pays, le Sénégal, une forte collaboration entre le politique et la science a été constatée pendant la sécheresse des années 1970 ; elle est revenue avec le covid-19. Il apparait dès lors que les grandes crises pouvant mener à des crises sociales profondes stimulent la convergence entre l'homme politique et l'homme de science.

## *La science*

Le covid-19 a mis au grand jour des découvertes scientifiques restées non utilisées et qui sont revenues pour le développement de solutions médicales et des réponses sociales qui ont permis de consolider des certitudes et de libérer la créativité des scientifiques. Dans ce contexte, les choix portaient sur les adaptations possibles de solutions antérieurement conçues et la sélection de ce qui devait être maintenu pour faire face à la situation. La mobilisation instantanée, bénévole et engagée des scientifiques a permis une reconnaissance de nos experts. Il faut surtout espérer que cette dynamique permette que les critères pour une recherche performante (le caractère pratique, la mise à l'échelle des connaissances, la traduction en langage accessible) soient revisités et utilisés à la place des performances élitistes favorisées par les logiques aristocratiques et hiérarchisées de nos sociétés.

La communautarisation de la science comme moyen d'infuser la science dans la société doit :

1- Reconnecter la recherche aux territoires et aux besoins de la population, ancrer la recherche dans nos problèmes et défis (le covid-19 a donné le courage de révéler et d'utiliser ce que nos chercheurs ont trouvé) : on ne s'est pas contentés d'importer des solutions (des chercheurs qui trouvent, on en trouve, des décideurs qui appliquent, on en a cherché).

2- Mettre à profit ce contexte de questionnement généralisé créé par le covid-19, de façon à replacer la recherche comme axe prioritaire de financement public et privé d'une part, mais également pour qu'elle obtienne une sorte d'acceptation sociale de la population parce qu'elle aura convaincu de son importance stratégique.

3- Le caractère interdisciplinaire des questions médicales est apparu comme une approche gagnante. Cette vérité sur le plan médical doit servir de prétexte pour reconsidérer, voire arrêter le glissement observé depuis quelques années consistant à « prioriser » les sciences « dures » et les technologies au détriment des sciences sociales et humaines. Comment maintenir cette dynamique d'échanges fructueux pour établir des solutions durables ? Ne faudrait-il pas, pendant qu'on est en train de mettre en place une réorganisation des laboratoires dans les universités, profiter de cette opportunité pour réconcilier les sciences dures, technologiques, sociales et humaines en les faisant se rencontrer et travailler en équipe dans lesdits laboratoires ?

4- Comment la recherche doit-elle être évaluée ? Faut-il rester sur les anciennes formes normatives d'évaluation de la science (exemple du CAMES) ou faudra-t-il viser l'utilité publique, communautaire, particulièrement pour des pays qui veulent faire de la science un levier de développement ? Ne faudrait-il pas envisager des processus ou méthodes d'évaluation tournés vers les communautés locales, les entreprises, voire d'autres catégories d'organisations sociales, qui agissent dans le domaine du développement ou de la citoyenneté ?

5- La référence pour la science appliquée ne devrait-elle pas être nos aspirations plutôt que les repères occidentaux qui sont loin de nos réalités ?

6- Compte tenu de la jeunesse de la population africaine, ne faudrait-il pas envisager la recherche tant au niveau des contenus que des acteurs, de façon à impliquer cette jeunesse (ou prendre en compte ses préoccupations), dont la créativité a beaucoup joué sur les découvertes lors de la pandémie covid-19 ? Que devons-nous apprendre de cela (en matière de formation pratique, d'investissement sur la jeunesse et d'équipements des laboratoires) ? Avec très peu, ils ont pu fasciner le pays. De la même manière, cette grande partie de la population africaine, souvent analphabète et s'activant dans le secteur informel, doit avoir sa part dans la recherche. L'idée est ici de réfléchir aux modalités théoriques et pratiques qui permettraient de mobiliser les préoccupations de cette frange de la population, mais également les moyens financiers qui pourraient provenir d'elle et qui appuieraient le financement de la recherche.

7- Repenser la notion de publication scientifique : le facteur d'impact versus l'impact sur les acteurs (dialogue science, décision politique société).

8- Les diasporas africaines ou sénégalaises et la recherche. Plusieurs chercheurs de la diaspora ont contribué aux découvertes les plus pointues sur le covid. Que pense-t-on de la fuite de nos cerveaux ? Compte tenu du développement des outils de e-learning, ne faudrait-il pas que les institutions de recherche envisagent de nouvelles formules de collaboration qui permettraient de capter cette matière grise expatriée ?

9- Repenser la formation et la recherche de façon à introduire le caractère utilitaire de celle-ci, lequel caractère devrait prendre le dessus sur la notion d'excellence et sur l'élitisme.

10- De la perception a l'objectivité : l'objectivité est-elle simplement liée à la représentativité statistique ? Les enjeux et les perceptions n'ont-ils pas d'effet sur l'évaluation de la réalité et la pertinence des solutions ?

11- Quels sont les nouveaux outils de partage des connaissances scientifiques (l'ère du numérique) ?

Je pense que le covid-19 est une crise qui a révélé à la fois des choses négatives —sur lesquelles plusieurs réflexions sont déjà faites—, mais aussi des aspects positifs qui constituent des leviers importants du nouveau modèle de société qui, pour une fois, sera imposé par une force naturelle. Ma réflexion et les questions que je vais poser vont s'articuler sur trois segments (avant, pendant et après covid).

Qu'avons-nous appris par la science qui aurait pu aider à nous préparer au covid ? Est-ce que les modèles basés sur des logiques normatives hors contextes permettent de faire face aux crises ?

## *Avant covid-19*

Depuis presque cinq décennies, l'alerte a été sonnée sur les risques induits par nos modes de vie et nos systèmes de production. Le modèle de développement économique qui a inspiré l'organisation des sociétés modernes et leurs rapports aux ressources naturelles et minières a souvent été pointé du doigt tant pour ses conséquences négatives sur la biodiversité que sur les relations sociales. Cette « tragédie des communaux » se traduit aussi bien par une course effrénée vers la richesse que par une escalade technologique perpétuelle qui a mené à la consommation gargantuesque des ressources terrestres fragiles.

Pourtant l'Afrique, par la science millénaire de ses sociétés traditionnelles, n'a cessé de rappeler au monde que le respect de la vie dans toutes ses dimensions ne devrait jamais être négligé. Le respect de la nature a été foulé au pied par une prétendue modernité, une nouvelle norme fondée sur un modèle de développement économique et industriel de destruction qu'on a savamment appelé le « progrès ». Tout semblait justifier une consommation démesurée des ressources forestières, de l'eau, des terres, des énergies et des ressources minières. Les apparences d'une prise de conscience depuis le rapport de Meadows (1972) n'ont été qu'un voile théorique qui a mal résisté aux politiques très peu sincères sur la nature et qui ont au final laissé libre cours aux pratiques dévastatrices sur la nature malgré la résistance d'une société civile combattante.

Cette réaction mondiale aux contradictions d'un modèle de développement socialement et économiquement insoutenable semble atteindre son apogée au moment où les sociétés humaines subissent de façon alarmante des processus environnementaux apocalyptiques. En réalité, nous avons été rattrapés par l'histoire. La biodiversité n'est-elle pas plus importante que la production d'armes nucléaires ? Les réponses au changement climatique ne sont-elles pas plus importantes que les murs anti-immigrants ? La diplomatie transactionnelle sur les ressources minières ne devrait-elle pas s'orienter vers une diplomatie de la paix et de la solidarité mondiale ? J'admets que j'idéalise ici et que le lecteur pourra se dire « en voilà un autre rêveur ». Mais j'ai l'intime conviction que tout ce qu'on fait de façon égoïste en ignorant les conséquences sur la planète est fait contre ses propres intérêts dans un monde globalisé.

Ce covid-19 a été une revanche de la nature qui nous a obligés à nous auto-incarcérer, à nous autodiscipliner et à explorer d'autres façons de mener notre vie que celle inconsciente du gaspillage. La pandémie n'a pas confiné un pays contre tout le reste, et ni les murs anti-immigration ni les chaînes de sécurité militaires n'ont pu faire quoi que ce soit contre le déplacement naturel des pathologies. Le virus nous a fait un vrai pied de nez et la nature nous a nargués pendant plus de deux ans. Ces frontières sont le fait humain au mépris d'une unicité transcendante de la nature. Une voix cachée nous rappelle silencieusement que nous n'avons pas le droit de faire sauter des « verrous » imposés par la nature — interface biologique, processus écologiques — au risque de nous exposer à l'inconnu et aux incertitudes liées aux limites de nos connaissances sur les dimensions structurelles et fonctionnelles de la vie.

Nous avons été pris au dépourvu. La surprise, c'est de ne pas avoir pensé qu'on glissait sur une pente raide qui nous a menés au désastre. De s'être voilé la face en pensant que tout irait pour le mieux dans le meilleur des mondes possibles. Ne pas avoir pensé qu'une telle crise pourrait advenir est la preuve de notre inconséquence parce que la science a toujours révélé que notre existence était garantie par des équilibres fragiles que nous avons bafoués. Dans notre élan pour une économie toujours plus productive et une croissance toujours plus élevée, nous avons oublié, ou feint d'oublier, deux conséquences fondamentales. La première est que toute création ou innovation génère le plus souvent dans son application des impacts qui nécessitent des mesures de sauvegarde sociétale, environnementale, spatiale, etc. La deuxième, c'est la préservation d'un minimum de capital naturel qui garantit tout le reste : l'économie, la production, la vie. La nature prend toujours le dessus. Plus que d'autres phénomènes (les sécheresses, les inondations, la mauvaise croissance économique, la course au nucléaire, etc.), le covid-19 a ceci de particulier : il est global, il dissout toutes les limites territoriales et nous a amenés à réinterroger la pertinence des cloisons et du repli sur soi.

La souveraineté sanitaire devient alors une question lancinante. Pour nous, elle relève de deux piliers : celui des réponses sanitaires endogènes et celui de la contribution à l'effort global de sauvegarde des boucliers de la nature. Ces deux dimensions seront nécessairement portées par la science ou ne seront pas. La souveraineté sanitaire consiste à construire et entretenir une réponse africaine résiliente devant les pandémies. Nous avons tous constaté les méthodes cavalières, peu sensibles aux intérêts de l'Afrique, quand le virus — ou ceux qui prêtaient des intentions au virus corona — a « promis » à tous les États africains une catastrophe humanitaire sans précédent. Cet ostracisme envers le continent s'est très vite remis au goût du jour et rappelle un acharnement géopolitique qui inhibe la volonté d'émergence. Les besoins les plus élémentaires comme les masques et les gels de stérilisation étaient devenus un enjeu de survie alors que les possibilités de les produire localement n'auraient dû souffrir d'aucune contrainte. Plus tard, la question de la solidarité mondiale ou simplement de l'équité entre les nations a soulevé des considérations éthiques profondes.

Les faits les plus anecdotiques de cette crise, c'est quand 200 000 masques de protection destinés à la police allemande ont disparu. Dans ce cas de dysfonctionnement, l'Occident était prompt à orienter les radars vers les pirates dans les mers africaines pour se rendre compte qu'ils avaient été « détournés » dans un pays asiatique. La société américaine qui les fabriquait s'était vu interdire d'exporter des produits médicaux par le Président Donald Trump qui disait sans détour que :

> « Nous avons besoin de ces produits d'urgence pour usage domestique. Nous devons les garder. »

Un procès sans appel en défaveur du continent. La même logique s'est maintenue avec la visite du Président Emmanuel Macron en Afrique du Sud en mai 2021. J'avais le privilège de l'accueillir au Centre Future Africa[40] pour qu'il prononce son discours sur la production de vaccins en Afrique. La partie la plus intrigante de cet évènement, c'est la présence massive des entreprises pharmaceutiques qui se bousculaient pour des contrats juteux plutôt que pour résoudre une urgence sanitaire. Tout était fait pour limiter l'accès des antidotes par des mécanismes commerciaux complexes, la protection de la propriété intellectuelle, etc. Plus tard des programmes ont été entrepris pour mettre en place des firmes de production de vaccins et l'Institut Pasteur de Dakar a été sélectionné à cet effet.

Singulier, le covid-19 l'est également sur le plan humain ; il a été une crise qui révèle l'importance du rôle des interrelations dématérialisées fondées sur le numérique dans les relations sociales modernes. C'est aussi une crise qui a consacré l'importance de la recherche scientifique en matière de gouvernance. Mieux, elle fut, aux yeux des communautés, comme un moment de révélation de l'intérêt de la parole (position) scientifique. Donc, au final, elle n'est pas que révélatrice des errements de la société moderne. À ce titre, il nous revient de développer de nouvelles postures face aux divers défis et enjeux auxquels nos sociétés d'aujourd'hui et du futur sont confrontées, autrement, d'apprendre de ces leçons.

Au moment où le continent est totalement laissé pour compte, où tout ce qui importait pour les autres pays était de se rendre maitres et possesseurs des ressources naturelles, il s'est opéré un sursaut stratégique interprété comme une réincarnation du panafricanisme. Ce serait une mauvaise lecture de penser que l'espoir porté par les discours de repositionnement stratégique soit juste pris comme une extériorisation de la frustration des leaders. Il s'agit d'un grand virage vers un nouveau monde. Nous abordons ce virage avec la prudence et la vitesse de manœuvre qui siéent. Le continent a pris conscience que c'est l'un des rares hauts lieux où les valeurs humaines ont pu être préservées. Les valeurs humanistes d'ubuntu, d'askan[41], sont

---

[40] Future Africa Institute, University of Pretoria, South Africa.

[41] *Ubuntu* (mot bantu) et *Askan* (mot wolof) traduisent une unicité culturelle et de destin.

fondamentales, parce que l'Afrique n'a jamais été dans une logique hégémonique ni vis-à-vis des autres continents ni dans ses rapports à ses ressources.

Les idéologies qui divisent le monde suivent des logiques descendantes, des idéologues préparent des modèles et la société les adopte. Pour l'Afrique, nous avons des logiques ascendantes. Les aspirations des communautés deviennent les règles du jeu. En réalité, le continent n'a jamais été socialiste ou capitaliste même si ces idéologies ont été proclamées ici et là selon les pays. En revanche, ce qu'il fut, il l'est resté, c'est-à-dire une diversité de pays, avec des logiques et des formes organisationnelles de nature « communautariste » où les espaces de négociation des décisions suivent, encore aujourd'hui, des mécanismes explicites ou cachés qui engagent toutes les sensibilités.

La mise en œuvre de ces règles sociales est souvent basée sur le respect de la nature et sur le respect de l'humain. L'Homme et la Nature sont les deux faces d'une réalité unique. Le mépris de l'environnement devient un sacrilège dans beaucoup de sociétés africaines et l'agression de la nature peut être un motif d'anathème. Là se trouve une des fortes spécificités de l'Afrique sur laquelle doit pouvoir germer une façon de penser ; c'est la recherche pour le développement. Il s'agit d'un processus volontairement approprié et reposant sur un idéal communautaire fondé sur une logique ascendante où le général émane des particularités écologiques et sociales.

Les codes, les valeurs et les normes sont les éléments constitutifs des cultures, en ce sens, ils sont intrinsèques à chaque Africain et pourraient être le socle commun à partir duquel la recherche africaine pourrait être lancée. En agissant ainsi, la recherche en Afrique se rapprochera de plus en plus des besoins de la population africaine tout en prenant en compte les spécificités et la diversité géographiques, climatiques, anthologiques, historiques, etc. Malheureusement, force est de relever et de regretter que pendant longtemps, au moins depuis les indépendances des années 1960, peu de pays ont su s'inventer une recherche vraiment domestique. Les traumatismes historiques et la tyrannie de la globalisation ont produit des réalités culturelles qui nous éloignent de nos modèles originels.

Malgré tout cela, l'Afrique est encore, avec certains espaces en Asie, l'un des seuls endroits où les formes d'organisation sociale replacent l'humain dans son rôle de gestionnaire et de protecteur des fondements de la vie, alors qu'ailleurs, la philosophie productiviste a déshumanisé les sociétés. La devise monétariste et le profit divisent et dévaluent la nature. Il faut être un gagnant ou un perdant. Les réponses techniques sont la priorité et on oublie la nature. On déshumanise l'existence.

Ainsi, la pandémie du covid nous a amenés à nous poser deux questions. Comment gérer l'urgence et les émotions qui vont avec en adoptant une approche ascendante fondée sur les valeurs propres à l'Afrique et les moyens dont nous disposons pour répondre à la crise ? Comment éviter une crise sociale majeure, une révolte inattendue liée aux rigueurs imposées par des crises de ce genre ?

## *Pendant covid-19*

Quelques semaines avant le covid, je m'étais rendu au Japon, c'était le 26 janvier 2020. Pendant mon séjour, on parlait encore d'un avion civil abattu en Iran, des essais nucléaires en Corée du Nord, de l'engagement de la Turquie en Lybie, du Royaume-Uni qui sortait de l'UE (BREXIT), de la loi anti-immigration des USA, de la guerre au Yémen, en Syrie, des groupes armés du Sahel et j'en passe. Toutes ces escalades étaient fondées sur la puissance militaire, sur la grandeur des armées en tant que baromètre de la puissance des États. Les soubassements de ces crises militaires n'étaient rien d'autre que l'expression de la volonté de faire main basse sur les ressources. On sait tous que les puissances armées cherchaient plutôt à priver certaines sociétés de leurs ressources pour leur compte et pour cela, il n'y aurait pas de place pour le respect de l'humain. Tuer, détruire, se servir ! Les appauvrir, les endetter et les assujettir. Dans ce contexte, pour le moins cynique, est arrivé l'infiniment petit, un virus, pas comme les autres ; quelque chose qui ne s'est jamais caché, une bête plus féroce que les obus nucléaires, un ennemi invisible. Avec son avènement, on a vu une substitution profonde dans la rhétorique. Les grands débats économiques, militaires géopolitiques avaient perdu subitement en substance, parce que la vie qui était oubliée est revenue au galop. La discussion est devenue celle des experts, des savants.

Toutefois, il est important de relever que le débat médical ne suffit pas à juguler le covid-19. Il fallait une réflexion profonde sur le modèle social, et une telle réflexion devait être amorcée en dehors des cadres classiques qui ont prévalu avant la crise et qui, toutes sans exception, donnaient la place à l'économie et à la politique.

L'Afrique ! Une attention particulière était portée sur l'Afrique. Le continent est pourtant, paradoxalement pour les catastrophistes, le seul espace géographique à avoir maitrisé la propagation du covid-19. Les hypothèses foisonnent. Ce qui importe est que pour une fois, la mauvaise image relayée dans les médias ne venait pas d'Afrique. Certains se sont évertués à prédire des milliers de morts jonchant les rues, même le secrétaire général de Nations unies est rentré dans cette danse macabre. En tout cas, toutes les prédictions se sont révélées fausses. Les systèmes sanitaires les plus « éprouvés » ont été en revanche les plus affectés. Pourquoi cette exception africaine ? Il est probablement hâtif de répondre à cette question parce que peut-être que même les Africains ne se connaissent pas suffisamment et ne connaissent pas la robustesse, la résilience du continent.

Évidemment, si comme par le passé, les autorités africaines, les chercheurs et universitaires africains ne se saisissent pas de la question, d'autres le feront à leur place et les plus-values générées par les résultats de recherches iront en nourrir d'autres. De la même manière que les ressources naturelles et minières nourrissent les économies et les sociétés du Nord au grand détriment des populations africaines.

Ces dernières années, beaucoup ont théorisé « le temps de l'Afrique », voulant dire par là que les opportunités tendancielles proposées par cette économie globale sont davantage centrées sur l'Afrique que sur les autres continents. Là également, on notera cette forme d'extraversion du porteur du discours positif sur l'Afrique ; ce sont les acteurs de l'économie dominante d'hier à aujourd'hui qui proposent de transformer en opportunités le retard économique, en se basant sur ses ressources naturelles et sa population. Curieusement ou bizarrement, ils sont nombreux les Africains qui se suffisent de ce discours alors que c'est plutôt le moment et le lieu de tirer la sonnette d'alarme, car ces messages pourraient préparer une autre séquence de domination du continent. C'est là où l'avènement du covid-19 est porteur de nouvelles dynamiques, de réinvention des relations de coopération et d'échanges avec les pays du Nord, notamment dans le domaine de la recherche, sur nos priorités.

À ce titre, la crise du covid-19 nous a appris que le système de santé est un élément de sécurité au même titre que la défense nationale ou les infrastructures de télécommunications. L'absence de sécurité sanitaire menace la capacité de nos pays à fonctionner normalement, empêche nos économies de prospérer et de rivaliser avec le reste du monde. Moins apparentes, les urgences sanitaires peuvent également éroder la démocratie et les droits de l'homme dans notre pays, comme nous l'avons déjà vu pendant les crises politiques au Sénégal et dans d'autres pays.

Aujourd'hui, par exemple, personne ne nie l'expertise de la recherche sénégalaise dans le domaine de la virologie. De la même manière, la démarche méthodologique mise en place au Sénégal pour lutter contre le covid-19 est intéressante par ses résultats. Ceci pour dire que l'Afrique devait mettre en avant ses atouts pour non seulement bien se tirer d'affaire pendant le covid-19 et profiter de cette occasion pour adopter et mettre en œuvre un nouveau concept de développement centré sur la vie, comme cela a été le cas dans nos sociétés auparavant. Il s'agit d'une posture théorique et méthodologique axée sur une perception positive de l'Afrique, de la même manière que d'autres pays, dans d'autres continents, ont su le faire. En lieu et place de cette réflexion se mettent en place des pratiques consuméristes et opportunistes dont la portée est insignifiante en matière de développement.

Il suffit de l'observer pour le voir, il s'est développé partout une économie du « corona », laquelle prend le pas sur les activités économiques classiques (observez le secteur informel mais aussi les projets de recherches lancés partout dans les universités, les ONG, la société civile, etc.). Cette nouvelle économie est devenue une rente pour des personnes et des agents économiques dont le seul motif est de dénicher des sources d'enrichissement. La question fondamentale de l'avenir, celle de la réinvention du modèle du développement de l'Afrique ou du positionnement stratégique de nos pays dans l'économie du savoir sont autant de préoccupations à prendre en compte dans la sauvegarde des intérêts de nos pays. D'ailleurs, pendant ce temps, la presse rapportait presque quotidiennement des marchés nébuleux, des changements d'activités de production pour répondre à un besoin de marché lié au combat contre le virus, des hôtels qui se remplissent, des personnes mises en quatorzaine, la contrefaçon, etc. Les mêmes logiques productivistes qui ont amené la crise sont restées vivaces dans les solutions proposées !

Cette réflexion se perd à mesure que l'économie du coronavirus prend le dessus. Des promesses non tenues sur l'accès des vaccins, une cristallisation d'activités mercantiles de production de médicaments pour répondre aux besoins de marchés, etc. ; rien que l'argent et le profit. On utilise les mêmes logiques productivistes qui ont amené la crise pour la résoudre alors que les solutions à la pandémie ne sont pas économiques. Outre les philanthropes (pas toujours dotés de *philos*), des profiteurs changent de modèle pour faire de l'argent sur le dos des pauvres.

Concernant les restrictions de circulation des personnes, on a assisté à une crise sociale profonde parce que la lutte contre la transmission n'a pas été adaptée. Par exemple, les éleveurs du Ferlo (Sahel sénégalais), qui faisaient le commerce du bétail et des produits animaliers, leur seul recours pour survivre, ont été privés d'accès aux marchés hebdomadaires avec des conséquences désastreuses pour leur survie. Les craintes liées à la pandémie ont été vite dépassées par les craintes liées aux conséquences de celle-ci devant une économie dominée par le secteur informel, le travail indépendant, la débrouillardise. Le suivisme de l'approche occidentale n'aura pas aidé les pouvoirs publics à être plus efficaces dans leurs réponses.

Les cas qui ont été identifiés dans certaines villes ne devaient pas conduire à la fermeture des frontières régionales, mais à une intervention ciblée dans ces localités pour laisser certaines activités économiques. Je pense par exemple qu'il ne servait à rien de dire aux gens de rester chez eux toute la nuit si pendant la journée tous les gestes interdits n'étaient pas contrôlés. Une révolte sociale n'était pas à exclure si on suivait à la lettre les règles copiées de l'Europe devant de telles situations. Peut-être qu'il est temps de rappeler que les solutions à la maladie n'étaient pas uniquement économiques. À côté des philanthropes, des opportunistes ont eu leurs subterfuges pour gagner de l'argent sur le malheur des personnes. Une corruption grandeur nature qui s'est révélée dans plusieurs pays comme un traumatisme moral. Comment l'argent public a-t-il pu être détourné dans de telles conditions ?

À propos des restrictions des mouvements de personnes, même si cette solution a été envisageable dans les circonstances de la crise, l'expérience montre que sa portée est très vite limitée par des paramètres tout à la fois objectifs et subjectifs. On a frisé une profonde crise sociale parce qu'on n'a pas ciblé ou adapté le combat contre la transmission. Avec une économie dominée par l'informel, l'auto-emploi et la débrouille, le confinement dans les villes n'aurait pas dû entrainer une fermeture des frontières régionales, mais une intervention ciblée dans ces localités pour préserver certaines activités économiques. Dans la mise en place de la restriction des mouvements de personnes, paradoxalement, cette rigueur n'avait pas de sens. Comment comprendre que l'on dise aux gens de rester à la maison toute la nuit si pendant le jour tous les gestes interdits ne sont pas contrôlés ? Dans le futur, pour éviter les frustrations et les « révoltes » sociales, il faudra peut-être inclure la dimension psychologique de la population et tenir en compte des spécificités sociales propres à chaque contexte sociologique. Pour parer à ces éventualités douloureuses, une réflexion partant d'équipes pluridisciplinaires permet très vite de cerner la portée et les limites de telles décisions, mais également les stratégies les plus adéquates au cas où il faudrait les appliquer.

Comment instaurer un modèle de développement fondé sur la recherche domestique pour avoir des réponses endogènes aux défis internes ?

## *Après covid-19*

Le monde a engagé des mutations profondes sur tous les plans. Je vais me focaliser sur les enjeux de la recherche. La crise a montré qu'on a eu tort de négliger nos chercheurs. Avec le peu de moyens disponibles, les chercheurs ont été à l'avant-garde de la lutte parce qu'en définitive, il s'est agi d'une guerre dont la stratégie passe par des idées non militaires. Les systèmes de défense ont porté autant sur les antidotes que sur les dynamiques anthropologiques permettant de limiter la propagation de la pandémie.

Deux mouvements sont apparus : d'une part, il s'agit d'un retour des pays développés à la « renationalisation » de l'industrie même si les intentions sont au-dessus des actions, puisque la globalisation n'exige aucune limite sur les externalités environnementales et sociales ; d'autre part, les pays africains on fait un saut qualitatif vers un renouveau scientifique et cela donne une impulsion à la recherche domestique, une recherche qui reconnait et s'appuie sur le potentiel sur place. En l'espace de quelques semaines, plusieurs découvertes ont été faites par des Sénégalais sans véritablement avoir le cadre adéquat. On a eu l'impression qu'une boite de pandore s'est ouverte pour révéler les nombreux talents dans des secteurs insoupçonnés ou simplement ignorés par nos dirigeants politiques.

Les décideurs ont subitement compris qu'ils n'étaient pas seuls dans l'espace de prise de décision et que désormais la crise les obligerait à faire appel à leurs sachants. Je trouve d'ailleurs que l'engagement avec la recherche n'a pas été fait dans sa plénitude. On a plus entendu les experts en médecine, les socio-anthropologues, la communication, et moins les autres disciplines comme la modélisation mathématique sur la propagation de la maladie, de la géomatique sur le suivi des cas contaminés, des statisticiens, des géographes, des nutritionnistes, chimistes, les logisticiens et les dynamiques privées ou approches communautaires, etc.

Ainsi, le covid-19 a confirmé l'importance du rôle de la recherche locale. Le Sénégal doit à la science sa réactivité et la qualité des informations produites, la pertinence des décisions prises pour combattre le covid-19. Dans les autres pays où la science a été prise en compte, on a eu des résultats probants.

Cette crise est le signal d'une profonde mutation à l'échelle globale, qui n'est que la conséquence de choix de développement incompatibles avec les équilibres écologiques. La menace d'un virus ravageur a été d'ailleurs signalée dans plusieurs recherches qui ont prouvé que la destruction de l'environnement favorise le contact entre les espèces animales, ou ce qu'il en reste, et l'homme, pour lui transmettre des maladies jusque-là inconnues. Cette dimension zoonotique de la santé est devenue un objet de recherche sous le concept de One Health (Une seule santé).

L'esprit de cette approche est de comprendre les déterminants biologiques et environnementaux et la transmission des pathologies entre l'homme, l'animal et les écosystèmes. Cela donne une signification pratique à l'unicité du monde vivant et permet de réinventer des indicateurs permettant d'anticiper certains risques sanitaires qui ne sont que l'émanation des perturbations des équilibres écologiques et biologiques. Désormais, les disciplines diverses doivent collaborer sur la santé et cette nouvelle approche de la science est plus exigeante que les couloirs académiques définis par les disciplines.

Tous les chercheurs africains s'accordent à penser que les États n'investissent pas assez dans la recherche. Les appels à projets sur ce plan proviennent des alliances internationales. Ces appels non seulement excluent de nombreux chercheurs non anglophones, mais souvent répondent à des priorités d'ailleurs. Alors, le potentiel scientifique est-il loin de profiter à nos pays. Il faut admettre que la recherche coûte cher et que les résultats ne sont pas toujours immédiats. Cependant, les bonds les plus spectaculaires de l'humanité ont été tous impulsés par la science et l'innovation. Malheureusement, l'Afrique, en voulant entrer dans l'ère de l'émergence, a oublié les investissements structurants pouvant faire émerger la recherche comme premier levier du processus de développement. Jusque-là, le seuil de 1 % du PIB recommandé par l'Union africaine est resté un mirage pour la majorité des pays africains. Pendant que l'Afrique compte 80 chercheurs et ingénieurs pour un million de personnes, ce ratio est de 150 pour le Brésil, 2500 pour l'Europe et 4000 pour les USA. Alors, on a une pénurie structurelle de personnel de recherche qualifié et un nombre réduit de chercheurs qui s'activent sur plusieurs fronts, entre la précarité et l'attraction pour d'autres fonctions. Il faut alors augmenter les financements et surtout investir sur les infrastructures de recherche. On perd des compétences simplement parce que les espaces professionnels ne sont pas mis en place pour faire éclore la créativité.

## *Les déterminants majeurs de la pandémie*

Une analyse rétrospective est souvent nécessaire pour mieux appréhender les fortes mutations actuelles. Dans l'absolu, rien ne se répète dans l'histoire, mais des similitudes dans les faits permettent de construire une mémoire collective, une sagesse communautaire, afin de dessiner des repères face aux défis actuels. C'est à partir de ces déductions issues d'un vécu que les sociétés peuvent utiliser les enseignements de la science pour établir les futurs désirables.[42] Les dimensions de la recherche sur le covid-19 montrent que le tout ne pourrait être réduit à des questions sanitaires.

Essai pour un modèle conceptuel des déterminants du covid-19.

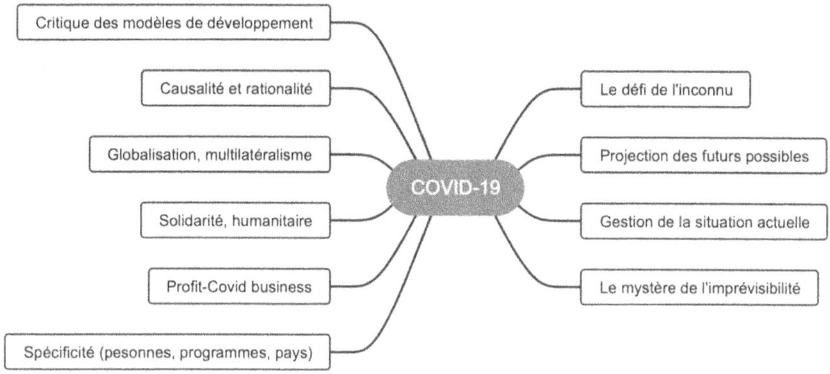


Dans ces grandes catégories de recherche, il faut noter qu'il y a au moins quatre préoccupations transversales que la science essaie de couvrir :

- Les hypothèses qui sous-tendent la science : comment les questions sont cadrées et orientées, ce qui influe sur la nature des réponses apportées (exemple : est-ce un vaccin ou les produits naturels qui peuvent résoudre le problème, faut-il des approches médicales ou des solutions socio-anthropologiques pour vaincre la pandémie covid-19).
- Les théories : les principes et les généralisations (transmissions communautaires, mesures barrières, principes universels), les preuves par les concepts (exemple) et les preuves par les évidences (confinement, déconfinement).
- Les données : taux de létalité, taux de cas positifs, données probabilistes de transmissions, projection du pic, données sur le virus et la recherche du vaccin, etc.

---

[42] Méthode *back casting* issue des théories de John B. Robinson, Université de Waterloo, 1990.

- La dynamique organisationnelle pour une action efficace : les mécanismes géographiques et environnementaux, la prise de conscience et l'action collective.

Ces préoccupations scientifiques mènent à des questions spécifiques sur les conditions liées à la maitrise de la pandémie, les facteurs déterminants d'un futur devenu incertain, pour trouver des solutions locales adaptées. Seule la science domestique est à même de fournir des solutions aux agendas nationaux. C'est pourquoi nous pensons que la souveraineté ne peut pas s'importer, il faut donc éviter d'exporter (de perdre) les acteurs principaux de cette souveraineté que sont les scientifiques.

Le mimétisme scientifique, sous le principe de l'universalisme de la science, a conduit à cloisonner les chercheurs dans des écoles : les « raoultiens » et les « anti-Raoult », les alignés (Organisation Mondiale de la Santé) et les non-alignés, il faut choisir son camp. Ces crises d'écoles n'ont pas favorisé la solidarité scientifique qui pouvait permettre d'aller plus vite, chacun cherchant à être un héros. Ce n'est pas tant l'opposition des idées qui est le moteur du progrès mais l'intention d'apparaitre qui a tué la portée de la recherche.

Les données et leur interopérabilité ont été rarement évoquées dans le cadre du covid-19 au Sénégal. Il n'y a pas un effort national pour rassembler tout ce que l'on connait sur le covid-19 pour mieux dessiner le profil du pays par rapport à la pandémie. À la limite, ce qu'on a vu, c'est une compétition féroce entre médecins, botanistes, sociologues, et le débat était sorti des cadres rigoureux des laboratoires pour devenir, dans une large mesure, une compétition de visibilité dans les réseaux sociaux. Le débat scientifique était devenu l'affaire de tous et plein de malveillances a été constatée du fait de la dilution des idées. Cette attitude des scientifiques sous l'influence des médias a galvaudé le rôle que la science devrait jouer dans ces moments de crises. Cela n'a pas été le cas partout, mais les exemples où l'orthodoxie scientifique a été maintenue sont rares.

Celles qui ont surtout souffert de ces oppositions stériles, ce sont les communautés, qui ont été ballotées entre plusieurs solutions et finissaient par n'en croire aucune. Certains ont même fini de saboter la dynamique en déniant l'existence même de la maladie. Le chaos dans plusieurs pays a été le résultat du flou entretenu entre les scientifiques et les décideurs politiques.

# Crises sécuritaire et de gouvernance des ressources naturelles

La science en Afrique doit s'autosaisir de la question de la malédiction des ressources naturelles. On a trop laissé la main aux réseaux politiques et privés. L'éveil des consciences et les alternatives pour la valorisation de ces ressources sont de prime abord des questions scientifiques. Le diagnostic suivant permet de mieux appréhender l'importance des ressources naturelles et les risques sécuritaires qu'il faudra juguler avec détermination et dans l'urgence.

Les ressources minières sont le reflet d'une géopolitique mondiale dont la gestion et le contrôle soulèvent des questions complexes de choix de société pour gérer le paradoxe que nous connaissons tous : pourquoi les pays généreusement dotés en ressources naturelles en Afrique sont-ils parmi les moins avancés et les plus instables ? L'expression qui est donnée à ce paradoxe est « la malédiction des ressources minières et pétrolières ». Il affecte les populations pauvres vivant dans les zones riches en ressources minières et/ou naturelles.

Mais cette « malédiction » n'est pas un déterminisme béat qui s'impose à nous par résignation du fait du faible niveau de développement économique. La malédiction des ressources est avant tout un fait de l'homme et peut naturellement être évitée par l'homme si on parvient à contenir les effets négatifs sur la dynamique économique, sociale et environnementale liés à leur exploitation. Ma conviction est qu'aucune richesse ne devrait desservir les pays qui en sont dotés ou les populations qui les détiennent. La situation sécuritaire en relation avec l'abondance des ressources naturelles est fort préoccupante.

La thématique nous convie à une réflexion plus profonde sur les relations entre l'exploitation des ressources naturelles ou minières et l'émergence des conflits.

Je n'ai pas pu m'empêcher d'y greffer les questions sécuritaires liées au changement climatique pour compléter le tableau, étant donné que les ressources naturelles et le changement climatique sont désormais inséparables. Il existe un lien fort entre les enjeux sécuritaires de la gouvernance des ressources naturelles et ceux du climat. Et pour des raisons de méthodologie, je vais traiter dans un premier temps la gouvernance des ressources naturelles et la sécurité, et dans un deuxième temps, le climat et la sécurité.

## *Rappel des faits*

Tant la sécurité que l'environnement constituent des préoccupations centrales dans les logiques de gouvernance des pays dotés de ressources naturelles et minières. La richesse pétrolière d'un pays peut être à la fois un avantage pour son développement économique et un inconvénient pour sa sécurité sociale et la préservation de son environnement. De plus en plus, les communautés, soutenues par les organisations de la société civile et des défenseurs de l'environnement, s'opposent aux promoteurs miniers pour trouver des solutions aux défis du développement et de protection de l'environnement.

De nombreux analystes pensent que l'Afrique n'est pas stable à cause de sa richesse en ressources naturelles. Cette théorie parait simpliste, mais la part de vérité qui émane de cette assertion viendrait du fait que l'extraction des ressources naturelles en Afrique façonne les relations socio-économiques et politiques dans un contexte de pauvreté qui fragilise les États. La superposition géographique entre les gisements miniers et les zones de conflits est l'un des faits les plus perceptibles de notre continent. Cela prend en compte les tensions qui surviennent quotidiennement dans la « ceinture de cuivre » zambienne jusqu'au Katanga ainsi que les insurrections dans la région du delta du Niger, au Nigeria, en Libye, au Darfour et au Soudan.

Finalement, des conflits armés et des tensions géopolitiques surviennent dans plusieurs pays africains en raison de la présence de ressources minières.

## *Pétrole*

1. **Nigeria** : le delta du Niger est riche en pétrole, mais les communautés locales ont longtemps souffert de la pollution et de la pauvreté. Des groupes armés, tels que le Mouvement pour

l'émancipation du delta du Niger (MEND), mènent régulièrement des attaques contre les installations pétrolières.

2. **Angola** : la guerre civile en Angola (1975-2002) a été en partie alimentée par les ressources pétrolières du pays. Le MPLA (Mouvement populaire de libération de l'Angola) et l'UNITA (Union nationale pour l'indépendance totale de l'Angola) se sont disputé le contrôle des champs pétroliers.

3. **Soudan** : la guerre civile au Soudan (1983-2005) a été en partie causée par la gestion des ressources pétrolières du pays. Le gouvernement central et les rebelles du Sud-Soudan se sont disputé le contrôle des champs pétroliers.

4. **République démocratique du Congo** : les ressources pétrolières et minières de la RDC sont importantes, mais leur exploitation est entachée par la corruption et les conflits. Les groupes armés locaux et les entreprises étrangères se disputent le contrôle des gisements. De 1996 à 2003, les ressources minières ont été des motifs d'oppositions violentes qui ne sont pas déconnectées de la posture des entreprises étrangères, qui se disputent le contrôle des mines.

5. **Libye** : la guerre civile en Libye (2011) a été en partie causée par les ressources pétrolières du pays. Les rebelles et les forces loyalistes se sont disputé le contrôle des champs pétroliers.

## *Diamant*

1. **Sierra Leone** : les guerres civiles en Sierra Leone (1991-2002) et au Liberia (1989-2003) étaient étroitement liées au contrôle des zones diamantifères. Les rebelles de la Revolutionary United Front (RUF-Sierra Leone) et le Front national patriotique du Liberia (NPFL-Liberia) ont utilisé les diamants pour financer leur lutte contre le gouvernement.

Parmi les États producteurs de pétrole d'Afrique, deux, en l'occurrence, le Soudan et la République démocratique du Congo, sont plongés dans des conflits armés entre milices rivales qui durent depuis des années. Quant à l'Angola, elle vient tout juste de sortir d'un conflit similaire et continue de se battre pour stabiliser la paix malgré la dissidence dans son enclave du nord de Cabinda, qui est une importante zone minière. Le Nigeria combat depuis des années les insurgés dans la région pétrolière du delta du Niger. Cette situation soulève une question cruciale : pourquoi les États pétroliers et miniers d'Afrique semblent-ils plus sujets aux conflits violents que leurs voisins pauvres en ressources naturelles ? Les graves conséquences humanitaires et environnementales de ces conflits causent plusieurs autres crises sécuritaires, notamment :

(1) **Des conflits locaux et régionaux,** des activités criminelles contre les installations et le personnel pétroliers ainsi que la pollution de l'environnement avec des déplacements massifs de populations.

(2) **Les insurrections séparatistes**, les guerres civiles, les conflits interétatiques avec de nombreux déplacements de personnes.

(3) **Des crises alimentaires et sanitaires** de grande envergure.

Il est nécessaire de préciser que les ressources naturelles ne sont pas la seule cause des conflits en Afrique, car certains d'entre eux sont d'apparence religieuse (par exemple, les problèmes causés par Boko Haram au Nigeria, JNIM et les groupes islamistes militants au Sahel), avec en toile de fond une féroce compétition pour le contrôle des ressources naturelles. C'est pourquoi les gouvernements africains considèrent la notion de responsabilité dans la gestion de ces ressources naturelles comme un concept lourd d'implications pratiques, dont la dynamique est largement tributaire des contextes.

La question qui nous interpelle dès lors est de savoir si nous disposons de moyens adéquats pour faire respecter les règlements, les lois, la réglementation. Autrement dit, est-ce qu'il est aisé de concilier la théorie à la pratique en matière de gouvernance des ressources naturelles ? La réponse à cette question ne relève pas exclusivement des forces de défense et de sécurité ; elle est le plus souvent liée à un niveau d'information et de prise de conscience collective. Quoi qu'il en soit, le sujet exige un changement global d'approche de gestion et s'oriente vers des mesures localisées et pratiques telles que la coopération, la collaboration, et surtout le contenu local. Le principe de responsabilité différenciée (État, privé, courtiers, services techniques, populations) devrait avoir des déclinaisons opérationnelles pour promouvoir, suivre et ajuster sans relâche la gouvernance des ressources naturelles.

## *Ressources naturelles et conflits*

Ces conflits découlant des ressources naturelles ont tendance à surgir à la suite d'une perturbation persistante des moyens de subsistance locaux, résultant à la fois des conséquences environnementales de l'extraction, mais également des flux illicites ou légaux de capitaux. Les points d'attention sont de plusieurs ordres, dont :

1. **les mesures de sauvegarde environnementale** (une stratégie de suivi nationale des PGES [plans de gestion environnementaux et sociaux]) ;
2. **le maintien des activités productives** préexistantes, tout en assurant une répartition équitable des revenus qui prend en compte les populations locales ;
3. **le contrôle des flux de personnes et des trafics** liés à l'émergence de nouvelles activités économiques.

Pour contrôler les flux financiers illicites, plusieurs États font des efforts. Par exemple, Madagascar a mis en place un guichet unique pour formaliser la commercialisation de l'or qui sort du pays, mais les quantités déclarées sont restées dérisoires. Le trafic illicite reste de mise dans plusieurs pays. Le Mali vient de révoquer des contrats juteux pour les firmes étrangères qui n'offraient que des avantages nationaux très maigres. La RDC est un exemple achevé de la fuite des minerais avec parfois des mises en cause, comme la multinationale Apple, sur ce qui est appelé désormais les « minerais de sang », contrôlés par des groupes armés. Des actions en justice ne sont pas rares. L'exploitation des minerais bruts et leur vente illicite créent les mécanismes huilés d'exploitation des minerais du Kivu.

La plupart des conflits directement liés à la production minière proviennent des protestations des communautés locales, lesquelles sont provoquées par la dégradation écologique mais aussi par l'amenuisement des activités traditionnelles. Un sentiment de négligence est ressenti du fait qu'une infime partie des revenus miniers est réinvestie localement et que l'essentiel des bénéfices tombe entre les mains d'étrangers. Au début, ces manifestations sont pacifiques, réactives et symboliques. Elles peuvent se transformer en actes de sabotage ou en affrontements violents si le problème persiste.

Les effets négatifs de l'activité minière sont considérables. Ils bouleversent l'environnement et la société et sont potentiellement générateurs de violations de droits humains. Le risque environnemental de l'extraction concerne la pollution des sols mais aussi les espaces maritimes et autres ressources hydriques (la Falémé du Sénégal). On a même tendance à chercher dans les fonds marins les diamants rejetés par les fleuves, ce qui pourrait fragiliser cet écosystème.

**L'activité minière est extrêmement polluante.** Pour accéder aux métaux précieux, elle déplace quantité de terre et de gravats, et accumule énormément de déchets. Elle utilise ou libère dans son processus nombre de produits chimiques toxiques (cyanure, plomb…). Enfin et surtout, elle demande une consommation abondante d'eau que l'activité contamine avec des conséquences sur l'environnement, la biodiversité et la santé humaine.

**L'échec de la dépollution du delta du Niger,** affecté par de nombreuses marées noires, est flagrant. Depuis les années 1950, de nombreux déversements de pétrole brut sont notés dans les mangroves et les terres agricoles. Les Nations unies révèlent que malgré les gros financements d'un milliard d'USD mis en place par les compagnies pétrolières pour gérer les impacts environnementaux dans le delta, accordés à cet effet, les entreprises chargées de la dépollution manquent de compétence et sont soumises à une grande corruption pour mener à bien ces opérations.

La « fuite » encadrée des ressources naturelles est une réalité qui trahit les aspirations des communautés. Ces dernières ont tendance à s'adonner à des défiances réactives, considérées comme du « banditisme » et qui ne sont rien d'autre qu'une opération de survie pour compenser les pertes et dommages subis par les bénéfices que procurent les ressources tirées de leurs terroirs. Le vol de pétrole dans les puits et sur les pipelines est un acte souvent négligé, parfois inaperçu, mais qui peut basculer facilement en crime organisé, favorisé par un sentiment d'abandon des populations soumises à une pauvreté chronique. Alors, les jeunes sans emploi et mécontents adhèrent sans hésitation au réseau des « malfrats » qui mettent en place des groupes armés, des gangs, une mafia, des réseaux occultes, pour profiter de la ressource. Il n'est pas rare que les plateformes pétrolières et les travailleurs soient détenus contre une rançon, ou alors que des actes criminels soient notés dans le delta du Niger.

Les conflits peuvent survenir bien avant l'exploitation des ressources naturelles. Dès leur découverte, des contestations violentes peuvent naître et empêcher leur exploitation (zircon en Casamance, au Sénégal). Les conflits de positionnement, pour compter comme acteur bénéficiaire ou pour défendre les intérêts locaux, ont été relevés dans le cas du conflit au Darfour, où la violence s'est manifestée avant même que les ressources pétrolières ne soient exploitées. Les pays de l'Union du fleuve Mano, à savoir, la Sierra Leone, le Liberia et la Guinée, sont le théâtre de conflits de ce type provoqués par l'exploitation des ressources naturelles, avec les guerres violentes survenues dans les années 1990 et au début des années 2000, liées au bois d'œuvre, aux gisements de caoutchouc et aux diamants.

Revenant sur le zircon exploité sur la grande côte du Sénégal par **Grande Côte Opérations** (GCO), une filiale du groupe ERAMET, l'actualité révèle un drame social avec des villages délocalisés, des lieux de culte et des écoles rasés, des opportunités touristiques anéanties et surtout, un environnement en ruine. Ce dont on ne parle pas assez, c'est la fragilisation du littoral au moment où la lutte contre l'érosion côtière est un souci majeur liés aux changements climatiques. Ainsi, une exploitation extractive du zircon pourrait accélérer la salinisation des terres par intrusion d'eau de mer et entrainer des pertes énormes de zones cultivables dans les Niayes.

> GCO détient 90 % et l'État du Sénégal 10 % des bénéfices de l'exploitation du zircon. Les maraichers se plaignent de la perte de leurs terres agricoles. Les compensations sont jugées trop faibles par les populations : assèchement des terres après le passage de l'exploitation, le rachat des terres bien en dessous de leur valeur.

L'autre source de tension qui persiste, après l'étape de l'exploitation, est celle liée à la commercialisation, avec des règles sévères édictées par des acteurs guidés par des logiques d'accaparement sans équivoque, au prix de la mobilisation des forces des États puissants pour servir des intérêts privés.

Ainsi, les impacts de la relation entre la gouvernance des ressources naturelles et les conflits violents prennent différentes formes : i) des tensions ordinaires et quotidiennes de faible intensité (conflits entre agriculteurs et éleveurs) ; ii) des insurrections à grande échelle dans le delta du Niger, riche en pétrole, au Nigeria.

La guerre civile du Biafra (de 1967 à 1970) en est l'exemple le plus dramatique. Si la concentration de la richesse pétrolière dans le delta du Niger n'en a pas été la principale cause, elle a significativement exacerbé les tensions qui y sévissent depuis des décennies. Les faibles moyens de subsistance locaux, générés à la fois par les impacts environnementaux de l'extraction des ressources ou la fuite des capitaux et leur répartition inéquitable, favorisent la dissidence des communautés locales.

Les processus environnementaux, sociaux et économiques qui régissent l'extraction et la commercialisation des ressources naturelles sont toujours complexes. Par conséquent les options de gouvernance et les cadres de transparence indispensables pour contenir les aspirations de plusieurs acteurs, aux intérêts divergents, sont toujours difficiles à concevoir.

L'Afrique est devenue un haut lieu du boom minier mondial grâce aux performances techniques dans l'exploration géologique. L'essor du pétrole y est similaire à celui des pays du Golfe. Selon les estimations, la production pétrolière devrait doubler d'ici 2030 — une grande partie de la nouvelle production provenant de la Mauritanie, du Sénégal, de la Côte d'Ivoire, du Ghana, du Nigeria. Cependant, les incertitudes liées à la variation du prix du baril peuvent fausser les prévisions budgétaires avec des conséquences sociales parfois dramatiques (le Soudan du Sud n'avait pas pu payer les salaires pendant des mois). La gouvernance préventive permet, au demeurant, de diversifier les activités économiques (éviter la dépendance au pétrole) au même titre que les séries de mesures cohérentes d'ordres institutionnel, organisationnel et juridique, pour un développement harmonieux.

L'histoire des traditionnels pétro-États montre un tableau sombre d'économies fragiles, d'espoirs perdus à cause de la corruption, de la mauvaise gestion économique, et d'une gouvernance approximative des ressources naturelles. Ces pays souffrent du « **syndrome hollandais** » qui décrit les effets pervers de la dépendance gazière et pétrolière sur l'économie. La recherche de rente ne doit pas inhiber les possibilités des pays producteurs à transformer la richesse générée en opportunités de développement durable. Il faut notamment éviter le risque de l'affaiblissement des activités productrices traditionnelles comme la pêche artisanale, ou des activités de subsistance. Les pays du Golfe s'efforcent actuellement de réduire leur dépendance alimentaire en produisant plus de nourriture pour leur population.

Nous savons que la dépendance aux ressources naturelles, extractives, porte souvent les germes des conflits violents. Les preuves existantes indiquent que les ressources naturelles peuvent en réalité engendrer des problèmes de sécurité nationale et nuire au développement économique. Il est donc normal que les pays miniers dépensent plus que les autres pour leur sécurité. Étant donné que les opérations minières se déroulent dans des zones reculées, les entreprises doivent avoir des services et des plans d'intervention d'urgence en cas d'accident ou de crise. Cela inclut les éboulements, les blessures, la contamination chimique et les prises d'otages. Cela passe par la mise en place de moyens matériels et logistiques, d'outils de communication adaptés et de protocoles d'urgence à respecter.

Il faut noter que les ressources naturelles, contrairement à d'autres secteurs comme l'agriculture ou la pêche, peuvent être plus facilement exploitées, plus facilement pillées, ou plus facilement assujetties à des règles informelles de gestion qui recourent à la violence, à défaut d'un cadre de gouvernance transparent qui met en place les mécanismes appropriés pour le partage équitable des ressources. La prédation économique explique plusieurs « nouvelles » ou « petites » guerres en l'absence d'autres opportunités de survie dans les pays pauvres dotés de ressources naturelles abondantes.

## *Les outils de gouvernance*

En 2003, l'ONU a mis en place le Processus de Kimberley, qui est conforme au cadre juridique normatif de la Convention des Nations unies contre la criminalité transnationale organisée. Il exige un système de certification pour les minerais qui vise à empêcher la vente des « diamants du sang » (diamants provenant de zones de conflit). Les institutions de transparence produisent certes des rapports conformes aux directives mondiales des bonnes pratiques, mais le niveau de généralisation ne permet pas toujours de prendre en compte les intérêts spécifiques des communautés locales. Même lorsque les communautés locales sont impliquées, il faudra clarifier leur rôle et surtout leurs avantages dans les projets miniers pour établir les conditions de leur appropriation et la confiance.

Sans la déclinaison de la gouvernance minière aux échelles locales, les embargos et les obligations du processus de Kimberley ne pourront jamais aboutir devant les débouchés illégaux liés à la production diamantifère d'un pays en guerre. Chaque pays producteur doit délivrer un certificat attestant que tout diamant exporté n'est pas issu d'une zone de conflit. En Angola et au Liberia, les diamants étaient vendus à travers des réseaux clandestins, la contrebande devenue une règle. L'effet recherché de ces accords, c'est de réduire cette contrebande qui a pris des proportions pernicieuses du fait d'une clientèle dotée de moyens modernes sophistiqués pour convoyer les produits.

Aussi faut-il noter qu'une ressource minière illicite ne provient pas nécessairement de zones où sévissent les conflits armés. Ces mesures contraignantes devraient aussi s'appliquer sur certaines conditions inhumaines d'extraction, violentes et pénibles, exposant des couches sociales très vulnérables. Cela est d'autant plus nécessaire que la dynamique actuelle en Afrique montre une présence de plus en plus inquiétante de sociétés militaires privées qui agissent par procuration au nom des États et se font payer en nature sur les ressources naturelles (le groupe Wagner ou les organisations armées assimilées, comme le M23, en sont des illustrations).

En élargissant le champ analytique, on peut ramener la question de la sécurité à l'épreuve du modèle de développement économique lié à l'extraction des ressources naturelles. Pour chaque problème de sécurité rencontré, la solution se heurte forcément à la question du coût, mais aussi à celle de l'impact potentiel de l'exploitation et des formes de partage ou d'accès équitable aux avantages procurés par la ressource.

Des marqueurs forts sont à chercher en **amont,** dans l'élaboration de nouveaux budgets, pour une gestion des impacts économiques, environnementaux et sociaux de suivi des sauvegardes environnementales et sociales des sites miniers ou pour réparer les infrastructures endommagées et restaurer les sites d'exploitation. La question ici est : que fait-on des sites miniers après exploitation ?

En **aval,** il s'agit tout particulièrement d'adopter des mesures protégeant les intérêts locaux afin que chaque citoyen sente qu'il n'a pas été abusé dans le partage des bénéfices financiers et autres avantages liés aux ressources naturelles. Dans le contexte subsaharien, l'impact est plus complexe car la région est marquée par la **pauvreté**, la diversité sociale, les pressions démographiques et les vastes espaces géographiques en jeu. En conséquence, les gouvernements sont confrontés à d'immenses défis lorsqu'il s'agit de créer et de maintenir un ordre politique et sécuritaire durable.

Les incitations à construire des processus de gouvernance crédibles et durables pour les ressources naturelles émergent à la fois de circonstances locales spécifiques et de programmes de gouvernance mondiale plus larges. Ces incitations visent à réglementer non seulement les pratiques extractives des entreprises (la sécurité et les droits de l'homme), mais également la manière dont les gouvernements gèrent les ressources qui en découlent (comme au Sénégal, l'Initiative pour la transparence des industries extractives, ITIE).

Ces nombreux points d'entrée à la gouvernance des ressources naturelles constituent un ensemble visant à améliorer la transparence et la responsabilité des gouvernements et des entreprises privées lors de l'octroi de licences d'exploration, de la passation de contrats, du contrôle de l'extraction, de la gestion équitable des revenus ainsi que du suivi de la conformité des entreprises à leurs obligations fiscales et environnementales.

Alors, les conflits liés aux ressources naturelles prennent leurs fondements dans les modèles économiques en place et, notamment, dans l'opposition entre « les logiques d'accaparement et celles de souveraineté ». Il faudra dès lors s'appesantir sur la nature des conflits engendrés par les ressources naturelles. Il existe plusieurs angles d'analyse qui nous amènent à faire une typologie des conflits liés aux ressources minières :

1- **Les ressources « pillables » comme les diamants ou l'or** impliquent des réseaux occultes similaires à ceux des groupes organisés de la drogue. Les conflits et la violence associés à ces ressources se présentent sous des formes plus difficiles à cerner que les conflits armés, dont les acteurs sont des groupes organisés (guerre civile libyenne).

2- **Le « pillage des ressources naturelles » et leur exportation, qui implique des groupes extérieurs.** Une cartographie des conflits de ces réseaux, y compris ceux sous influence religieuse dans la région sahélienne, est à faire pour comprendre, privilégier et renforcer la sécurité.

3- **Les déterminants de la pauvreté qui poussent vers des pratiques illicites d'exploitation des ressources naturelles** : une bonne partie des recrues dans ces pratiques violentes provient de couches sociales défavorisées. En Afrique du Sud, la police bloque la sortie de la mine d'or abandonnée de Stilfontein où des centaines de mineurs illégaux se cachent dans des conditions dramatiques avec en toile de fond une grande criminalité organisée.

4- **Ne pas se limiter aux guerres civiles pour mesurer l'ampleur de la violence parce qu'il existe de nombreux autres conflits violents quotidiens de niveau inférieur**, qu'il est essentiel de prendre en compte par rapport à la stabilité globale des États.

5- **Enfin, les conflits associés aux pratiques d'extraction ainsi qu'aux inégalités sociales** qui les accompagnent, comme c'est le cas des relations heurtées entre l'industrie du ciment, l'exploitation du zircon, les industries pétrochimiques productrices d'engrais et l'engagement citoyen qui leur est opposé malgré les efforts des entreprises dans le cadre de la RSE.

La nécessité de garantir des processus de gouvernance durables et crédibles dans l'exploitation des ressources naturelles est née des circonstances spécifiques tant au niveau local que global, à l'échelle des États. Cette gouvernance est portée par une réglementation sur les pratiques extractives des entreprises privées qui essaient d'asseoir de façon volontaire ou par contrainte des principes de sécurité et les droits de l'homme. Elle est également un besoin des gouvernements qui mettent en place des mesures pour gérer l'exploitation et la valorisation de ces ressources, notamment à travers **l'Initiative pour la transparence dans les industries extractives** (ITIE). Il s'agit d'un ensemble de stratégies conçues pour améliorer le niveau de responsabilité et de transparence des entreprises mises en œuvre pour encadrer l'octroi de licences, l'exploration, l'extraction, la signature de contrats et la gestion des revenus tirés des ressources naturelles.

Le processus gouvernemental est rendu difficile par les conflits violents, ce qui entraine le développement de stratégies innovantes capables de créer un lien entre la gouvernance des ressources et le maintien de la paix. La malédiction ou la bénédiction des ressources naturelles dépend dans une large mesure de la façon dont elles sont gouvernées en tenant compte des défis sécuritaires. Il n'y a pas de modèles réplicables, chaque situation est spécifique. L'État du Sénégal a décidé d'instituer un Comité d'orientation stratégique du pétrole et du gaz (COS-PETROGAZ) à côté de l'ITIE pour donner plus de place à l'opposition, à la société civile, aux syndicats et à l'Ordre national des experts afin de garantir une exploitation optimale et transparente des ressources pétrolières et gazières au profit de l'économie nationale, et des générations actuelles et futures.

On ne peut évoquer la gestion des ressources naturelles sans pointer du doigt un phénomène prégnant et préoccupant qu'est le changement climatique.

## Changement climatique et sécurité en Afrique

Concept de sécurité climatique : la sécurité climatique fait référence aux menaces que le changement climatique fait peser sur la paix. Le changement climatique peut contribuer à l'aggravation des conflits par des voies indirectes en ayant un impact sur les vulnérabilités existantes et les causes profondes des conflits telles que la pauvreté, l'insécurité alimentaire, l'emploi et les inégalités, *Vers une vision partagée de la sécurité climatique*).

# Crise climatique et risques sécuritaires

La menace sécuritaire que représente le changement climatique prend beaucoup de place dans la géopolitique mondiale, générant un changement de paradigme dans la manière dont un nombre croissant de décideurs abordent le sujet. Le changement climatique est rarement, voire jamais, la cause première d'un conflit. Toutefois, il peut accroître les risques, exacerber les vulnérabilités, les inégalités et la marginalisation tout en s'ajoutant à d'autres défis sociaux. De nombreux facteurs influent sur la probabilité d'un conflit armé. Le changement climatique expose l'Afrique à de nombreux défis de développement qui, dans certaines circonstances, peuvent contribuer à l'éclosion de conflits ou de situations conflictuelles perpétuelles.

Les températures régionales augmentent à un rythme plus rapide que la moyenne mondiale et les précipitations sont de moins en moins prévisibles. En Afrique de l'Ouest, nous sommes confrontés à des capacités limitées pour répondre aux risques de sécurité liés au climat, tandis que les stratégies de stabilisation régionale sont dans une large mesure sous le coup d'une géopolitique en très forte mutation. Cela complique les réponses aux tensions politiques, aux conflits violents et aux urgences humanitaires complexes. Ces stratégies doivent aller au-delà de la réaction aux conflits spontanés et s'attaquer aux aspects structurels sous-jacents des conflits, avec une coordination et une coopération régionales plus fortes.

Le changement climatique est donc un multiplicateur/amplificateur de menaces qui accentue d'autres défis existentiels, comme la pénurie d'eau, l'insécurité alimentaire et les urgences sanitaires. Cependant, ce sont des facteurs non climatiques (tels que la pauvreté, la gouvernance, la gestion des conflits, la diplomatie régionale, etc.) qui détermineront dans une large mesure si et comment le changement climatique passera du statut de défi de développement à celui de menace pour la sécurité.

La science révèle la rapidité et l'ampleur du changement climatique et nous amène à constater qu'il existe de graves conséquences pour la sécurité internationale. En redessinant les cartes de la disponibilité en eau, et celle de la sécurité alimentaire, ou alors de la prévalence des maladies et des impacts fonciers sur les zones côtières, le changement climatique est en train d'accroître les migrations forcées et les tensions communautaires.

L'exemple le plus visible est le risque sécuritaire lié aux migrations transatlantiques (*mbeuk mi*). Les politiques de confinement migratoire ne peuvent être bénéfiques que si on trouve des alternatives à cette forme de migration. Il faudra pour cela déjà construire (ou reconstruire) des rhétoriques réalistes et réalisables, porteuses de perspectives d'emplois concrètement mises en œuvre pour éviter que les promesses non tenues soient prises par la jeunesse comme une simple arlésienne. Le fait de piéger les jeunes dans des zones fortement impactées par le changement climatique, avec un seul message : « tout va mal », sans alternative au départ, augmente les pressions sur les services et accentue le passif social pour aggraver de façon involontaire les tensions et les conflits.

Le climat est un motif historique des déplacements humains. La mobilité climatique est une importante stratégie de diversification économique et d'adaptation dans le Sahel — transhumance, déplacement rural-urbain, migrations des sites de production vers les « terres neuves ». Ces mouvements de populations sont devenus une source perpétuelle de tensions et de multiplication des crimes liés à la compétition pour l'accès aux ressources naturelles. Les politiques anti-migrations liées au climat sont ainsi à mettre en relation avec les politiques sécuritaires. Il est difficile de séparer le changement climatique de la décision individuelle de migrer. Aussi, déconnecter la migration des questions sécuritaires donne un tableau incomplet.

Les évènements météorologiques extrêmes et les conflits sont, ensemble, les deux principaux facteurs de déplacement forcé dans le monde. Il existe une forte corrélation entre les pays et régions les plus vulnérables au changement climatique et ceux où sévissent des conflits et la violence (Somalie, Soudan du Sud, Sahel). Depuis 2005, avec les inondations sévères répétées, nombre de familles ont été expulsées de leurs lieux d'habitation, ce qui augmente le risque de conflit du fait de l'absence de mécanismes de prévention efficaces. On se focalise sur l'urgence liée à l'aléa avec peu de prise en compte des effets sécuritaires dans les plans de contingence.

Le climat nous expose à deux revers ; d'abord, le vide créé par les jeunes qui migrent encourage les arrivées de mouvements terroristes, ou alors favorise l'enrôlement des jeunes obligés de rester. Ensuite, la contrainte de rester du fait du manque de moyens aiguise le crime organisé (le taux de criminalité augmente), parfois sous couvert de trafic de drogue, de transactions financières douteuses, etc.

La gravité des impacts climatiques sur les moyens de subsistance, la sécurité alimentaire, la mobilité et les conflits au Sahel dépendront largement des futures conditions socio-économiques et politiques de la région, qui façonnent la vulnérabilité et sa résilience face aux changements climatiques. Les performances des activités productives, des filets de sécurité sociale et le caractère inclusif des institutions de gestion des ressources naturelles porteront les germes d'une prévention efficace des conflits dans un contexte géostratégique revisité.

## *Géostratégie, climat et sécurité*

Le simple fait que le changement climatique aggrave la rareté des ressources peut, directement, de façon incontestable, déclencher des conflits et inciter un grand nombre de personnes, par obligation ou par choix, à se déplacer. Le déplacement expose ces personnes vulnérables à de nouveaux risques du fait de nouveaux rapports de force, de nouvelles dynamiques de pouvoir devant une pénurie des ressources (lac Tchad, Darfour). Lorsque les migrations liées au climat se produisent dans un contexte de fortes concentrations de populations, ou à proximité d'endroits critiques pour la stabilité politique ou économique, des conséquences démesurées peuvent survenir en matière de bilan humain ou en pertes, dommages et préjudices.

L'Afrique, bien qu'elle soit la moins responsable des émissions de gaz à effet de serre (moins de 4 % des émissions mondiales), est presque universellement considérée comme le continent le plus exposé au risque de conflits dus au climat en raison de sa dépendance à l'égard des secteurs productifs, dits secteur primaire (tels que l'agriculture pluviale, l'élevage et les ressources forestières), avec une récurrence des conflits interprofessionnels entre agriculteurs et éleveurs et des conflits intraprofessions liés à la compétition pour les ressources et les espaces. Les conflits entre groupes de production aux intérêts divergents sont rédhibitoires pour un climat des affaires prospère, puisque ces oppositions produisent différents niveaux d'impacts qui exposent tout investissement à des risques majeurs.

Les tensions intercommunautaires du fait de la recherche de nouveaux espaces de production s'intensifient parce qu'on ne dispose pas de cadre de gestion et d'arbitrage des crises climatiques. Des griefs profondément enracinés et la marginalisation historique des communautés vulnérables sous-tendent ce risque.

**Conflits entre agriculteurs et éleveurs au Bénoué, Nigeria**

**Bénoué :** des dizaines de morts, des centaines de milliers de déplacés. Au mois de décembre 2024, plus de 75 personnes auraient été tuées. Plusieurs villages sont attaqués simultanément, les lieux de culte et les écoles sont ciblés, en plus de l'occupation de hameaux.

**Sénégal** : amplification des conflits surtout entre les pasteurs et les agriculteurs en raison d'une compétition pour l'accès et le contrôle des ressources.

Au tournant du XXI$^{e}$ siècle, à cause du changement climatique, les conflits sont de moins en moins motivés par les oppositions idéologiques mais plutôt par les enjeux environnementaux. Dotée d'énormes ressources naturelles et d'une diversité sociale et écologique remarquable, l'Afrique reflète une étroite dépendance des populations à l'égard des ressources naturelles.

Les différentes formes de rentes pour obtenir des devises : arachide, café, cacao, bois, thé, produits horticoles et halieutiques, etc., sont aussi porteuses d'une compétition assise sur des logiques d'accaparement et de domination. Cette forte dépendance aux ressources naturelles, vulnérables au changement climatique, rend nos États très fragiles. Les écarts dans les performances économiques et les politiques sociales accentuent la fragilité climatique des États et ravivent les tensions et les urgences humanitaires.

L'évolution incertaine des facteurs socio-politiques reste un défi majeur pour établir des niveaux de vulnérabilité aux effets du changement climatique. Les réponses locales à ces défis climatiques dépendront des mécanismes de prévention et de gestion des conflits en place. Dans la démarche, il faudra différencier les approches de sécurité portées par les forces de défense et de sécurité de celles en faveur de stratégies de résilience et d'anticipation, qui tiennent compte des conditions abstraites d'ordre culturel (les espaces de négociations sociales de la paix) pour l'inclusion sociale et le développement durable.

## *Climat et poli-crises*

Les actions visant à promouvoir la paix et la stabilité dans le contexte du changement climatique sont ralenties par les limites des ressources. La multiplicité des acteurs intervenant dans le domaine du changement climatique entraine une fragmentation des initiatives et un manque de clarté sur le leadership en matière d'action climatique. Des recherches récentes s'accordent largement sur les relations étroites entre le changement climatique et certains conflits en Afrique.

1) Premièrement, la réduction de la disponibilité en **eau** et la demande croissante pour l'agriculture et l'approvisionnement des villes à croissance rapide. L'accès limité à l'eau entraine une concurrence acerbe entre différents secteurs de la société, différentes communautés et différents pays. Cela nous rappelle un épisode amer entre le Sénégal et la Mauritanie en 1989, ou celui autour du lac Tchad.

2) Deuxièmement, la réduction des **rendements agricoles** du fait des conditions météorologiques de plus en plus imprévisibles en Afrique pourrait accentuer la famine des populations pauvres et entrainer une hausse des prix des denrées alimentaires (les émeutes de faim de 2008, en Afrique), nécessitant une attention particulière sur les enjeux du contrôle des terres agricoles productives (les questions foncières créent des tensions comme à Ndengueler, Mban, au Sénégal, etc.).

3) Troisièmement, l'augmentation des **évènements extrêmes,** comme les inondations et l'érosion côtière, provoque des mouvements brutaux et imprévisibles de populations à grande échelle avec des corollaires peu favorables à la sécurité foncière. Les études menées par le Centre de suivi écologique sur notre frange côtière de 718 kilomètres nous révèlent des réalités préoccupantes qui appellent à l'action. Au Sénégal, à Bargny, Kafountine, Gandon, Jiffer, Dionwar et Yenne, le recul du trait de

côte de plus de 1,2 mètre par an et les projections indiquent une accélération dramatique de ce phénomène, avec des taux qui pourraient atteindre un recul de 10,3 mètres par an en 2034. Les effets de l'érosion côtière posent la grande question actuelle de la sécurité foncière et leur gouvernance au profit des populations impactées (présentes et futures). La même préoccupation peut être soulevée avec les pertes de terres dues à la salinisation dans plusieurs zones du Sénégal (Saint-Louis, Fatick, Casamance). Une minutieuse évaluation des pertes matérielles et immatérielles permettra de proposer des stratégies de gouvernance intégrée du foncier.

4) Enfin, quatrièmement, l'impact cumulé de tous ces défis sur la prévalence de la pauvreté et la capacité des gouvernements à fournir des services à leurs citoyens pourrait être un facteur qui fera basculer les États fragiles dans des conflits.

Derrière ces faits alarmants, ce sont des familles, des communautés entières qui voient leur cadre de vie se détériorer. Ce sont des pêcheurs, des agriculteurs et des éleveurs, qui représentent plus de 60 % des actifs, qui s'inquiètent pour leur avenir sur le long terme. Dans l'immédiat, les conditions météorologiques extrêmes en Afrique ont tué au moins 15 700 personnes en 2023. Près de 34 millions de personnes ont été touchées par des extrêmes climatiques. Quelques chiffres :

- Plus de 3 000 personnes ont été tuées dans des crues soudaines en République démocratique du Congo et au Rwanda en mai 2023.
- Au moins 860 personnes ont été tuées dans des inondations et des coulées de boue en février 2023, lors du cyclone tropical Freddy, le cyclone le plus long jamais enregistré, affectant Madagascar, le Mozambique, Maurice, le Malawi, la Réunion et le Zimbabwe.
- Plus de 29 millions de personnes continuent de faire face à une sécheresse persistante en Éthiopie, en Somalie, au Kenya, à Djibouti, en Mauritanie et au Niger.
- En Afrique de l'Ouest, les vagues de poussière, les inondations et les sécheresses font des ravages.

Le changement climatique et la sécurité sont des défis urgents qui appellent des réponses proactives. Puisque le sujet est complexe, il existe des lacunes importantes dans la compréhension des implications sécuritaires de la vulnérabilité climatique. Pour combler ces lacunes, il est nécessaire d'identifier, de relier et d'intensifier les acquis en matière de résilience et de consolidation de la paix, de renforcer les capacités de recherche locale et d'adapter le financement pour répondre aux défis changeants.

Les politiques et programmes de résilience ou d'adaptation pourraient contribuer à éviter que les impacts du changement climatique ne deviennent des déclencheurs de conflits. L'adaptation au changement climatique doit tenir compte des tensions sociales, politiques et économiques. La gouvernance locale est un point d'entrée intéressant pour faire face aux risques de sécurité liés au climat et renforcer la coopération entre les acteurs en place, et surtout avec les communautés. Cet ancrage local permet de déployer des mécanismes de résolution des conflits, qui doivent être intégrés dans la logique climatique et sécuritaire de façon cohérente.

Étant donné que ces risques climatiques ont des implications directes sur les individus et les communautés, une prise de décision par le sommet ne peut à elle seule résoudre les crises qui s'enchevêtrent. Les risques sécuritaires liés au climat doivent être par conséquent mis en relation avec les priorités locales et traduits dans le langage accessible. Pour ce faire, il est nécessaire de créer des espaces de dialogue sur la gestion partagée des ressources naturelles, une gouvernance plus inclusive des ressources naturelles et une meilleure intégration des pratiques locales de gestion des ressources avec une législation nationale pertinente et une planification locale.

Il est clair que le défi du changement climatique va au-delà des capacités intrinsèques d'un pays pris isolément. Cela est d'autant plus vrai que les ressources sont transfrontalières et l'environnement global.

## *Principaux messages*

1) La bonne gouvernance des ressources minières permet d'éviter les « distorsions » de la libre concurrence pour rétablir la confiance avec les communautés.
2) L'aggravation de la pollution et des scandales financiers rend tout effort de pacification incertain. D'où la nécessité de promouvoir un suivi plus rapproché des industries minières.
3) À travers l'ITIE, COS-Pétrogaz, la Direction de la Réglementation environnementale et du Contrôle (DRECC) et le CSE, la généralisation des études d'impact environnemental (EIE) et le respect des plans de gestion environnementale et sociale et des PGES doivent être opérés.
4) Le changement climatique nécessite des mesures pour protéger les droits humains et la dignité de toutes les personnes face aux inondations, aux sécheresses, aux feux de brousse, à la dégradation des terres, ainsi que la santé humaine, l'accès au foncier et l'insécurité alimentaire.

# Communiquer pendant les crises : exemple du changement climatique

Le changement climatique n'est pas une préoccupation lointaine mais une crise contemporaine, qui module notre existence et fait émerger des défis nouveaux tout en amplifiant les crises écologiques, sociales et économiques de notre temps. Aucun fait de notre existence n'a autant influencé les civilisations que le climat. La stabilité du climat est la condition de possibilité du progrès de la société. On ne peut cultiver, pêcher, vivre dans un village ou dans une ville et y faire prospérer le génie humain que si le climat le permet. La réflexion que je vous propose, c'est de communiquer efficacement sur le changement climatique.

La communication est un travail délicat ; elle est d'autant plus sensible quand elle porte sur la crise climatique (communication de crise), qui nécessite du tact et un grand effort de persuasion. Il s'agira de concevoir des messages puissants et personnalisés avec un cadrage constructif utilisant un langage approprié, véhiculé par un récit qui suscite l'engagement collaboratif pour une cause commune. La radio est un puissant média pour combler les limites de l'action climatique grâce à sa capacité à réduire le fossé entre la prise de conscience et la réponse à l'urgence de la crise climatique à travers un appel unifié en faveur d'un changement positif. Alors que nous traversons cette période critique, les efforts collectifs de communicateurs informés peuvent orienter notre société vers un avenir moins incertain, ou aider à intégrer le risque climatique dans notre vie collective.

Cet exercice revient à prendre en charge la redoutable tâche d'être une interface entre la science et la politique, entre les communautés et les décideurs, entre les privés et les utilisateurs, entre les producteurs et les consommateurs. Ce n'est pas facile. En effet, dans chacune de ces interfaces existent plusieurs incertitudes, parfois des malentendus sur la compréhension du changement climatique, le ressenti de ses effets ou des aspirations des groupes sociaux en place.

L'information climatique, comme plusieurs autres faits scientifiques, est caractérisée par les incertitudes inévitables du fait des interrelations complexes entre les faits biophysiques, biogéochimiques et anthropologiques. Les scientifiques qui ont naturellement tendance à être nuancés, prudents et hésitants dans leur style de communication , n'ont pas facilité le travail des journalistes puisqu'ils se sont souvent sentis obligés de mettre en avant les incertitudes et les réserves dans leurs travaux au lieu de se concentrer sur les nombreux aspects de la science du climat sur lesquels il existe un fort consensus. Les climato-sceptiques ont utilisé (et dans certains cas, abusé de) ces incertitudes dans les projections climatiques afin d'affirmer que les données scientifiques ne sont pas suffisamment claires pour justifier des politiques de réduction des émissions de carbone.

Malheureusement, le dialogue scientifique ne s'accommode pas toujours avec les principes d'une communication efficace. Le temps des scientifiques n'est pas celui des chercheurs, le langage scientifique ne se conforme pas aux rhétoriques simplifiées et différées de la communication. Des messages simples, efficaces et concis sont difficiles à extraire de données complexes, plurielles, souvent ésotériques. Extraire une vérité robuste sur des faits singuliers reste souvent un défi de la communication devant le relativisme et l'éclectisme des scientifiques.

Cette dichotomie science/communication est d'autant plus préoccupante que la communication climatique, consistant à comprendre et à transmettre l'urgence pour préparer les communautés, ne doit pas revêtir des formes d'annonces d'apocalypse. Une communication climatique efficace doit souligner le caractère urgent de la question pour susciter une action significative sans inhiber l'action par la peur. Il s'agit donc de repenser l'approche d'évaluation des risques du changement climatique pour éclairer les choix des communautés sur la manière de prioriser l'objectif de réduction des risques du changement climatique dans les choix de société au quotidien.

Au cœur de cette démarche se trouve une manière différente d'interroger la science : au lieu de projeter les changements climatiques « les plus probables » puis d'en décrire les impacts, cette approche évoquera ce que nous souhaiterions éviter pour les communautés, puis considérera sa probabilité selon différents scénarios opérationnels.

Ainsi, la capacité des journalistes à qualifier les faits climatiques en utilisant les données scientifiques devient un besoin central dans les logiques de partage des connaissances et de leur application. Cette logique consistant à mieux comprendre pour mieux agir est assujettie par la nécessité d'éviter tout préjudice à l'action diligente ou les inconvénients d'une interprétation adéquate des faits. Les preuves solides prennent du temps et des méthodes efficaces de traduction de l'information complexe en paramètres simples, en langage intelligible par les communautés concernées.

Un langage clair et accessible, c'est d'abord un effort pour éliminer, dompter la complexité de la science. Les journalistes devront se former à la simplification des contenus scientifiques afin d'éviter que le jargon et les termes complexes aliènent le public et le laissent confus ou désengagé. Simplifier les concepts scientifiques grâce à des analogies pertinentes reste une étape cruciale à franchir. On pourra dans ce cadre utiliser des métaphores, des analogies, des faits vécus, des réalités connues qui permettent de donner un sens aux abstractions scientifiques et une pleine mesure à l'action sur le terrain.

À ce titre, l'évaluation scientifique devra être complétée par des analyses pertinentes de la difficulté relative de parvenir à différentes solutions, des trajectoires, des actions sur le court et long terme afin de réduire les risques liés au changement climatique et impulser une dynamique forte et stable pour l'adaptation et la résilience. Cette approche pratique et pragmatique n'exclut pas la prise en compte du caractère subjectif et incertain des projections climatiques, mais peut donner aux communautés l'espoir et les raisons de croire à l'efficacité des solutions leur permettant de préserver leurs conditions de vie et surtout, les systèmes productifs dont elles dépendent.

Les communautés, qui incarnent l'esprit collectif des citoyens au niveau local, sont le reflet de l'opinion publique. Elles utilisent de nos jours les réseaux sociaux qui sont selon moi une très grande bibliothèque, mais aussi le plus grand réceptacle de *fake news*. S'adresser à ce public diversifié appelle à réinventer et réadapter les messages pour non seulement autonomiser l'action communautaire mais aussi pour catalyser le changement de mentalité des individus.

Ce travail de communication requiert une meilleure compréhension des communautés (leur culture, leur histoire, les valeurs, les normes sociales) pour cibler la sensibilisation selon le profil social dans le but d'inciter l'action en cohérence avec leur vie sociale. Par exemple, les agriculteurs et les éleveurs pourraient être préoccupés par la chaleur et la sécheresse extrêmes et leurs effets sur l'agriculture, les pêcheurs par la perte des habitats marins et la biodiversité halieutique, les citadins par les inondations et les vagues de chaleur ou de poussière, les communautés vivant le long des fleuves par les crues et les maladies liées à l'eau, les riverains des usines par les questions d'émissions de gaz nocifs au quotidien. Pour chaque communauté, une attention particulière.

Ce ciblage de l'information nous renvoie nécessairement à la pertinence locale de ce phénomène global dont la prise en compte n'aura de sens que s'il est ramené à la vie de tous les jours. C'est pourquoi le fait de rendre l'information avec sa pertinence locale, sa spécificité contextuelle, peut la rendre tangible. Par exemple, relier l'augmentation de la température mondiale aux anomalies météorologiques locales aide les communautés à se sentir concernées.

En termes simples, les gens sont plus susceptibles d'agir lorsqu'un problème les affecte directement. Cette exigence de rester sur les réalités locales peut souffrir du manque d'information. Ainsi, le travail des journalistes va consister à susciter la curiosité scientifique sur des faits nouveaux, des préoccupations émergentes qui nécessitent un éclairage scientifique plus apte à répondre aux besoins locaux.

En outre, la communication pour les communautés devrait permettre de surmonter le « jeu de reproches ». C'est la tentation du sensationnel qui amène certains journalistes à s'appesantir sur les évènements choquants, il y en a tous les jours, plutôt que sur la réflexion stratégique sur la communication préventive qui incite à proposer des solutions plutôt qu'à rester sur les problèmes. La recherche de solution est l'apanage de tous ; elle est une nécessité pour une communication qui mobilise les efforts dans différents domaines, médias, politique, affaires, monde universitaire et société civile, afin d'engager la responsabilité collective et l'action conjointe devant cette menace. Dans cet ordre d'idées, le « jeu de reproches » devient contre-productif. Les incohérences apparentes dans la prise de position devraient faire place au besoin de confiance et de crédibilité à travers un effort de persuasion que seuls les journalistes peuvent aider à asseoir.

Le modus operandi des radios doit prendre en compte ces exigences pour faire du renforcement de capacité dans les communautés tout en mobilisant la pluralité d'acteurs. Le développement inclusif devient alors un développement interactif et cela nécessite plus que la compréhension des méthodes de production de connaissance. Elle inclut des systèmes d'apprentissage dont le fondement est la maitrise des dynamiques actuelles. Cette interaction avec les communautés pourrait aussi se faire par les réponses climatiques apportées par les utilisateurs. Les leçons apprises des processus de capitalisation des meilleures pratiques pourraient rendre crédibles les faits singuliers et incontestables de la pratique climatique quotidienne conforme aux besoins des populations vulnérables. Ce sont ces retours des communautés qui permettront un raffinage continu de l'information climatique.

L'écoute du public permet de structurer des modèles d'engagement qui renforcent les réponses communautaires. Les approches de communication doivent ainsi permettre à chacun d'expérimenter ses idées ou de suggérer des approches alternatives. Toutes les radios ont des émissions ou des campagnes en faveur de pratiques durables qui peuvent être utilisées par les communautés comme levier du changement. L'effort de s'appesantir sur les initiatives communautaires a fortement favorisé la prise de conscience collective. Par exemple, le projet de la Grande Muraille Verte en Afrique a impliqué les communautés locales dans les efforts de reboisement. De telles initiatives soulignent le potentiel d'impact collectif sur la gestion des ressources naturelles, la protection de la nature et la lutte contre les feux de brousse, motivant l'action collective.

Ainsi, la communication climatique, c'est d'abord un effort pour bien saisir la réalité locale pour administrer des réponses territorialisées qui mettent en avant les évidences spécifiques à chaque communauté. Le journaliste aura, dans ce contexte, la mission de partager avec le décideur politique les options du progrès social, de l'adaptation transformationnelle et d'appui aux groupes vulnérables. Cette influence des radios devrait aller au-delà de la présentation des faits pour faire en sorte que le cycle des connaissances, depuis la collecte des données aux applications, permette de répondre à la demande sociale et aux urgences humanitaires.

Le déficit de communication sur le débat climatique donne une place indue aux cabinets-conseils et aux bureaux de consultation qui s'adjugent le rôle de porte-paroles pour des communautés qui les ignorent. Il n'est pas rare que cette demande politique d'établir une conscience collective pour une action durable sur l'environnement s'adresse à des consultants qui ne livrent pas nécessairement des informations rationnelles et opérationnelles, parce que plus enclins à mettre l'accent sur des réponses instantanées susceptibles de fonctionner sur le court terme.

Pour conclure, il faudra retenir que les relations profondes et de longue durée entre les journalistes et les communautés affectées par le changement climatique doivent d'abord donner un espace d'expression aux concernés. Cette prise de parole locale devient alors un droit de suivi de la pertinence des interventions qui leur sont destinées. C'est tout le sens qu'on doit donner à la crédibilité de l'information climatique, qui doit refléter la « facilité à comprendre » pour une adoption rapide et sans équivoque des communautés.

# La science pour l'anticipation : les défis de l'explosion urbaine

Nous vivons une période de grande accélération dans plusieurs domaines de la civilisation humaine : les indicateurs socio-économiques nous renvoient à une population qui croît vite, surtout dans nos villes ; le PIB réel, l'investissement direct étranger et national prennent une courbe ascendante ; les services de la santé, de l'eau et de l'énergie, la communication avec les téléphones cellulaires qui ont un taux de pénétration sans précédent. Malgré de nombreux défis, le système scolaire progresse avec cependant un déficit inquiétant en milieu rural. Tous ces indicateurs nous obligent à reprendre le discours dans la gestion de nos villes, ces lieux de forte concentration humaine et espaces socio-écologiques qui se développent plus vites que les services qui doivent les accompagner. Ces villes s'invitent dans la construction de plusieurs connaissances connexes puisque, par la force des choses, elles sont devenues des espaces à problèmes du simple fait que toutes les transitions qui devraient accompagner l'urbanisation ne sont pas toujours au rendez-vous.

À mesure que nos villes se développent économiquement, les défis qui pourraient déstabiliser les conditions socio-économiques, s'ils ne sont pas relevés, seront à la fois démesurés et imprévisibles. Ceux-ci incluent la surpopulation et son corollaire, avec de très fortes densités humaines, la faiblesse des services publics soumis à de fortes pressions qui rendent leur maintenance et leur entretien difficiles, surtout avec l'effet amplificateur des impacts du changement climatique.

Les risques climatiques pèsent déjà lourdement sur le dynamisme et la prospérité de nos villes. Les facteurs d'exposition sont pluriels, non maitrisés, et le niveau de préparation nationale pour la résilience climatique présente plusieurs limites d'ordres structurel et fonctionnel. Cette question révèle le déficit de planification des actions pour répondre aux questions actuelles et anticiper les problèmes à venir, le déficit budgétaire surtout au niveau des communes, et les carences techniques pour faire face aux menaces du climat.

Il faut donc une revue critique de notre approche en matière d'urbanisation pour l'inscrire dans un esprit écologique d'abord avant de l'inscrire dans un esprit urbain. Cette nouvelle approche englobe les choix de politiques, de planification et de gestion qui pourraient chercher à transformer les fonctions et les formes d'occupation du sol à travers la conception de nouveaux systèmes urbains de manière à **diversifier leurs fonctions, à anticiper de nouveaux usages et à améliorer l'adaptabilité**.

Si nous réussissons à faire nos choix d'urbanisme en nous appuyant sur ces trois forces majeures (diversification/nouveaux usages/adaptation), nous réussirons sans doute à libérer le potentiel qui permettra d'améliorer considérablement le développement urbain actuel et futur, en substituant la linéarité et la conception monofonctionnelle par l'anticipation de l'incertitude. Cette trilogie permet de mieux répondre aux exigences sociales, économiques et écologiques et d'être robustes devant les incertitudes de la pluviométrie et les agressions des vagues de chaleur, des tempêtes de poussière, de la pollution de l'air et des eaux, qui sont notre lot quotidien. Les pollutions et nuisances sont perçues comme un handicap pour le développement et un environnement sain comme un atout pour vivre sainement.

L'urbain peut devenir une écologie viable. À ce titre, il doit être soumis à l'approche écosystémique qui convoque à tout moment le caractère convoluté des processus et les fonctions non linéaires multiples et en perpétuelle mutation. Le rattrapage urbain (*retrofiting*) peut fonctionner en appliquant des solutions écologiques spécifiques à petite échelle, qui conduisent à des solutions innovantes à grande échelle pour un développement durable et harmonieux. Il peut s'agir de reprendre l'usage de certains espaces négligés ou de valoriser des espaces comme les zones basses pour en faire des lieux de récréation et d'éponge verte pour les eaux d'inondations.

Pour le cas des lacs et cours d'eau dans les villes (Dakar, Bamako, Niamey, Abidjan, etc.), il est important de comprendre que plusieurs villes du monde en font des lieux touristiques par excellence, des parcs centraux, des sites d'hébergement et de retrait avec un tourisme urbain vert, les activités sportives, la gastronomie et l'air pur. Il s'agit en définitive de savoir mobiliser des P4, ou PPPP[43] (Partenariat Public, Privé, Population), pour générer une véritable économie verte et des processus de recyclage de l'eau et d'amélioration de la qualité de l'air et du bien-être.

Ces approches de rattrapage ne sont pas des solutions toujours faciles à mettre en place, parce que cela requiert parfois une reprise totale de certaines fonctions et certains services urbains, un nouveau zonage et une recalibration des services. Elles pourraient même nécessiter des restructurations grandeur nature quand le tissu urbain en cours ne permet en aucun cas d'asseoir une ville durable.

Le rattrapage peut aussi consister à apporter des solutions fondées sur la nature qui soient simples et adaptées par le biais de l'engagement collectif de tous les acteurs urbains sur place. Que d'espaces verts mis en place par les populations, que de sites aménagés dans les quartiers, que d'efforts individuels pour reverdir nos maisons, réduire le rejet d'eaux sales dans les rues, etc. ! L'effet des efforts des uns sur la conscience des autres n'est pas trivial. L'essentiel, c'est de contribuer.

Ces efforts pour améliorer nos villes doivent générer des cobénéfices pour l'environnement, la santé et le bien-être humains s'ils sont basés sur des approches écosystémiques. Celles-ci sont souvent reconnues comme essentielles au développement durable. Il faudra, dès lors, forger des liens beaucoup plus étroits et indispensables entre les ingénieurs, les architectes, les écologistes, les spécialistes de la santé et de nombreux autres acteurs urbains dans le développement de solutions innovantes et largement bénéfiques.

À la base de toutes les solutions d'adaptation au climat, nous avons une planification adaptée au climat et des investissements, une approche pour la résilience des infrastructures et des services, l'appui au développement communautaire, la promotion de solutions fondées sur la nature, pour une meilleure gestion des risques et catastrophes, comme les inondations. C'est à ce niveau que doit se porter une attention particulière à l'application de la science sur la maitrise des risques climatiques. Ces connaissances sont nécessaires pour éclairer

---

[43] Pendant longtemps, on a entendu PPP (partenariat public-privé), je rajoute **« population »** (P4) pour renforcer le côté social de ces investissements, et renforcer la notion de bioéconomie transformatrice des conditions de vies des citadins.

la priorisation, la conception, la mise en œuvre, l'exploitation et la maintenance des actions localisées.

Même si les analyses des risques et vulnérabilités climatiques abondent dans plusieurs pays africains, il reste néanmoins une opportunité unique de faire les choses autrement, particulièrement dans les nouvelles villes et les extensions urbaines, encore aux premiers stades de leur aménagement. Comprendre le risque climatique de nos villes grâce à des évaluations des risques climatiques peut servir de base à la mise en œuvre d'actions à faible coût, susceptibles d'éviter de s'enliser dans les erreurs commises par le passé.

La bonne nouvelle est que la poursuite de la résilience n'exclut pas l'accélération économique ou d'émergence. Certaines estimations suggèrent que la conception de systèmes plus résilients dans les secteurs de l'énergie, de l'eau, de l'assainissement et des transports nécessite un coût supplémentaire de 10 à 15 % pour rendre résilients des investissements en milliards. Cela illustre la façon dont des considérations environnementales peuvent impacter le budget des infrastructures de transport.

Les efforts d'adaptation peuvent tirer parti et consolider la transformation rapide et profonde de nos villes. S'ils sont menés avec soin, en exploitant les synergies entre l'adaptation au changement climatique et l'atténuation des émissions des gaz à effet de serre, ne serait-ce qu'à travers la réduction de la pollution de l'air, ces efforts pourraient permettre de s'attaquer simultanément à des problèmes persistants tels que la pauvreté, les inégalités et le déficit des infrastructures de base.

Les réponses aux catastrophes doivent devenir des éléments essentiels de la conception et de la mise en œuvre des services urbains. Oui, de telles actions nécessitent beaucoup plus de moyens. Malheureusement, la plupart des municipalités ne disposent pas des capacités techniques et des moyens financiers à la dimension de ce qu'exigent les réponses aux catastrophes, notamment la préparation et l'anticipation pour l'action précoce. Aucune de ces exigences n'est facile, mais tout effort dans ce sens offre des bénéfices importants en matière de pertes et dommages évités.

La vivacité économique, les emplois, de meilleures conditions de vie, la réduction des coûts de maintenance des infrastructures et le prolongement de la durée de vie des bâtiments justifieraient la mise en place et la pérennisation des systèmes de réponses aux chocs et catastrophes. Dans les villes côtières, le coût annuel de l'adaptation est largement en dessous de celui à engager pour faire face à l'avancée de la mer.

Les réponses au changement climatique peuvent offrir des opportunités économiques et une meilleure qualité de vie pour tous. Nous recommandons les quatre étapes cruciales suivantes, chacune accompagnée d'actions détaillées, pour rendre notre capitale plus inclusive et plus résiliente au changement climatique :

*1*- Une systématisation de l'évaluation rapide des risques climatiques (ERRC), pour mieux comprendre notre exposition aux risques de catastrophe en réponse aux besoins et à la forte exposition aux évènements climatiques. L'idée est inspirée du Global Center on Adaptation (GCA[44], 2022). Une ERRC pour une ville rassemble des informations clés, collectées rapidement, sur les aléas et les risques climatiques, le contexte démographique et économique, les limites des infrastructures, les initiatives passées et actuelles, etc. Une institutionnalisation de l'ERRC permet d'anticiper les dégâts, d'être mieux préparés (ne pas attendre que les choses nous tombent dessus), de réduire les coûts et de mieux garantir l'efficacité de l'action.

*2*- Intégrer ces informations sur les risques climatiques dans la planification et la mise en œuvre des services urbains, tout en renforçant les capacités locales permettant de mettre à la disposition des villes et des communautés les dernières technologies de gestion des données crédibles sur les risques climatiques. Les données satellitaires de haute résolution acquises par différents services techniques pourraient faire l'objet d'une base de données centralisée et mutualisée, permettant de produire de l'information spatialisée sur les zones inondables. Toutes les

[44] Le Global Center on Adaptation (GCA) est une organisation internationale basée aux Pays-Bas. Il travaille sur l'adaptation au changement climatique à plusieurs échelles en partenariat avec des institutions publiques et privées au profit des communautés vulnérables.

villes ont besoin de toute urgence de cartes topographiques mises à jour ainsi que d'informations météorologiques et climatiques, de données satellitaires, de modèles de risques climatiques et d'évaluations des vulnérabilités spécifiques.

3- La coordination des efforts entre les agences et le suivi rigoureux des acquis. Les approches intersectorielles constituent le meilleur moyen de renforcer la résilience des villes. Par exemple, dans un contexte de diminution de la disponibilité et de la prévisibilité de l'accès à l'eau, une planification intégrée de l'utilisation de l'eau des ménages, de l'industrie, dans le secteur énergétique et agricole, etc., est essentielle. Un seul évènement extrême peut entrainer des conséquences désastreuses en cascade dans les villes. La gestion des inondations et une adaptation réussie exigent un cadre **FORMEL** de collaboration entre les services municipaux, les autorités responsables des ressources naturelles et les autorités nationales de gestion des catastrophes.

Les solutions basées sur la nature nécessitent des efforts pour transformer les villes en éponge d'eau, de polluants, par la biodiversité et les parcs. La nature aide, la nature n'est pas l'opposé du développement. L'écologie est un gage du développement de l'économie. Le capital naturel est la condition de possibilité du capital financier. En plus du béton, utilisons de la verdure, rendons nos villes vertes. Préserver les systèmes urbains fragiles nécessite l'ajout d'arbres dans le paysage. Chaque municipalité devrait se doter d'un plan de reverdissement de sa circonscription.

Qu'en sera-t-il si on ne fait rien ? L'inaction a un coût, qui est souvent plus qu'économique ; c'est le coût social, et beaucoup de temps perdu. La population urbaine est en passe de dépasser celle du milieu rural. Toutes les villes secondaires ont pris de l'ampleur. Cette croissance urbaine influence fortement la planification, qui est confrontée au défi de la mise à jour et de l'élaboration efficace de plans d'urbanisme de détail. Dans de tels contextes, l'action n'est pas une option mais une nécessité. Agir veut aussi dire accélérer les transitions énergétiques. La première transition est celle de l'accès à l'énergie. Avant d'opter pour d'autres sources d'énergie, il faut d'abord en avoir. Nous sommes dans une belle dynamique de mix énergétique qu'il faudra renforcer avec des programmes d'utilisation des énergies propres dans les ménages et l'interconnexion entre les énergies renouvelables et les énergies conventionnelles.

La gestion des installations irrégulières est un casse-tête car la croissance de nos villes dépasse la capacité des planificateurs à suivre le rythme. Une approche explicite pour compenser les retards, tout en évitant de répéter les mêmes travers, permettra l'exploitation plus efficace d'une écologie urbaine viable.

Il nous faudra donc une transition urbaine juste, saine et résiliente. Une théorie du changement s'impose. Que doit-on faire autrement pour doter nos villes de toutes les innovations possibles pour réduire différentes formes de pollutions et de nuisances ? Quelles sont les nouvelles règles (pas seulement les lois) pour responsabiliser tous les acteurs dans un souci d'équité et de justice, d'aide à la communauté, en première ligne, qui souffre du fardeau de l'inaction tout en subissant les conséquences des phénomènes globaux ?

## *Solutions et perspectives*

Les politiques et programmes de résilience ou d'adaptation, s'ils sont mis en œuvre efficacement et à plusieurs échelles, pourraient contribuer à éviter que les impacts du changement climatique ne deviennent des déclencheurs de conflits. Mais l'adaptation doit tenir compte des tensions sociales, politiques et économiques existantes et éviter de les exacerber.

La gouvernance locale est un point d'entrée intéressant pour faire face aux risques de sécurité liés au climat et renforcer la coopération entre les groupes épistémiques en place, les communautés, les autorités locales, etc. Cet ancrage local permet de faire face aux risques de sécurité liés au climat, à travers les mécanismes locaux de résolution des conflits qui doivent être intégrés dans la logique de l'adaptation au climat.

Puisque ces risques climatiques ont des implications directement sur les individus, les communautés, une prise de décision par le sommet ne peut à elle seule résoudre les crises qui s'enchevêtrent dans la sous-région. Les risques sécuritaires liés au climat doivent être mis en relation avec les priorités locales et traduits dans le langage accessible — les scientifiques comme les forces de défense et de sécurité (FDS) ont un vocabulaire ésotérique.

Pour ce faire, il est nécessaire de créer des espaces de dialogue sur la gestion partagée des ressources naturelles, une gouvernance plus inclusive des ressources naturelles et une meilleure intégration des pratiques locales de gestion des ressources avec une législation nationale pertinente et une planification locale.

La non-prise en compte des aspirations locales entraine des interventions non adaptées qui peuvent produire l'effet inverse des résultats escomptés ; c'est ce qu'on appelle la mal-adaptation. Le pas est vite franchi entre sécurité et insécurité, et entre stabilité et instabilité, du fait de trois grands facteurs :

1) l'ampleur et la rapidité du changement ainsi que la variabilité climatique (conditions structurelles) ;

2) la capacité des pays et des communautés à s'adapter à ces changements (capacité institutionnelle) ;

3) la manière dont les individus, les communautés et les gouvernements réagissent aux défis qui se présentent (les capacités d'intervention et la réactivité).

Il est clair que le défi du changement climatique va au-delà des capacités intrinsèques d'un pays pris isolément. Cela est d'autant plus vrai que les ressources impactées par le CC sont, dans une très large mesure, des ressources transfrontalières.

C'est pourquoi les questions scientifiques communes en matière de développement et de sécurité seront mieux résolues que par une collaboration multisectorielle à plusieurs échelles : pour développer des stratégies internationales et locales permettant de gérer l'exode rural, partager les approches d'adaptation les plus innovantes, administrer les ressources partagées et faire face à l'insécurité.

# Du leadership scientifique africain

C'est quoi, le leadership scientifique ? Comme toute initiative humaine, la science a besoin de visionnaires et d'une efficacité opérationnelle pour produire et appliquer les connaissances. Chaque connaissance acquise et éprouvée tombe souvent dans l'oubli de ce qui en a été la base. Peu de gens se souviendront de ceux qui ont découvert l'électricité, la puce électronique, le moteur à combustion, etc. Quand le premier satellite a été lancé par la NASA, il fallait s'appuyer sur un héritage scientifique et technique pour faire converger plusieurs découvertes vers une innovation singulière. Devant les défis de la société, il faut toujours une lumière pour éclairer et impulser le progrès. Ces leaders de la science sont d'abord des membres de la société qui ressentent les défis contemporains et observent les mêmes aspirations que leurs concitoyens. Cependant, c'est la société, avec l'État devant, qui doit encourager la créativité. Souvent, on se limite aux structures qui doivent mener ces découvertes, on n'a que très peu d'attention pour les *trailblazers*[45], comme c'est le cas dans de nombreux pays.

---

[45] Ceux qui ouvrent les chemins du progrès.

En Afrique, il existe plusieurs initiatives pour appuyer le leadership scientifique africain. Ces initiatives émanent de fondations extérieures, de programmes de *soft power* (influence) dédiés à une doctrine qui cherche souvent à constituer un bouclier de conscience pour une idéologie spécifique. Je me pose beaucoup de questions avec cette approche *top-down* qui a permis de mettre en place de tels programmes. Les institutions qui appuient ces programmes n'interrogent pas assez les priorités nationales de recherche mais plutôt l'ambition de donner des opportunités pour satisfaire une forte demande d'études avancées pour s'assurer d'avoir des amis partout qui seraient acquis à leurs ambitions internationales. Personnellement, je suis très attaché au Danemark, au Canada et aux USA du fait de mon imprégnation dans leur système éducatif et leur mode opératoire. Pourtant, le premier réflexe d'un scientifique, c'est de penser d'abord à sa société pour ensuite proposer ses connaissances afin d'enrichir les biens publics mondiaux.

Il est devenu clair, depuis la Deuxième Guerre mondiale, que les universités et les structures de production de connaissance constituent les premières forces des États en sus des armées et des intelligences d'État. Beaucoup de bourses sont offertes à l'Afrique par l'Europe, les USA, et de plus en plus par la Chine. Ils savent agilement investir sur les talents du Sud. *Investir*, disais-je ; oui, c'est pour en récolter les bénéfices qui sont largement en leur faveur. Je vous ai beaucoup parlé de la fuite des cerveaux, mais sur un autre plan purement économique, un individu est plus enclin à adopter une technologie qu'il connait et une chaîne d'approvisionnement qu'il maitrise plutôt que d'aller à l'aventure. La transaction semble plus à notre portée si l'on connait la technologie et que très peu de surprises existent en amont comme en aval de l'acquisition. La technologie française est trouvée en Afrique de l'Ouest parce que celle qu'on a apprise ; la même chose s'applique dans la partie anglophone. La souveraineté, c'est d'abord un affranchissement scientifique qui n'est pas, soyons clairs, un repli identitaire sur soi, mais une considération première pour nos besoins.

Souvent, les appuis de formation font converger les étudiants sélectionnés vers des universités du Nord qui à leur tour sont chargées d'influencer les cerveaux (lavage à fond) et de mener la conquête des esprits des candidats. On s'est rendu compte que les résistances à la domination occidentale ont été portées par des gens dotés d'une identité africaine. De telles personnes ont été persécutées, elles sont perçues comme anormales. La norme étant de faire les choses en restant dans les rangs, sans heurter les puissances dominatrices. C'est rare de voir des programmes de leadership qui favorisent la coopération Sud-Sud pour asseoir des bases solides de fertilisation croisée sans parti pris et sans exclusivité pour un modèle quelconque. Il est donc important de se demander comment certains bailleurs imposent leur vision de la science en Afrique.

Sur ce point, nous pensons que les académies des sciences doivent renforcer leur rôle pour faire une évaluation des besoins actuels et futurs en matière de services scientifiques et orienter les investissements des pays dans ce sens. Cette approche qui consiste à engager les académies des sciences dans cette mission permettra d'asseoir le développement du leadership par une approche ascendante (*bottom-up*) pour à la fois protéger les candidats à la formation avancée, mais aussi préparer le continent à un futur dans lequel la production de connaissances est bien alignée avec les priorités nationales. C'est aussi avec une telle approche qu'on peut inscrire les besoins de formation des chercheurs dans le budget national et réduire la dépendance avec les « généreux » donateurs qui par ces dons impriment le *soft-power* de leur pays d'origine. Certains pays qui ont vite pris en compte le danger de la colonisation des esprits ont fini de prendre en charge leur propre formation et de réduire chemin faisant la fuite de leurs cerveaux (Chine, Inde, Brésil, Iran, Singapour).

L'odyssée des projets de leadership scientifique ne se limite pas à la capacité de produire des connaissances. Il s'agit d'une programmation des impétrants dans les réseaux qui gouvernent le monde. Les dirigeants qui ont fréquenté les mêmes formations finissent par asseoir une certaine fraternité de faculté et établissent entre eux une solidarité et une loyauté mutuelle.

# Apprentis ou adeptes

Les chercheurs africains sont dans de nombreux cas confrontés aux limites des moyens logistiques de base, comme disposer d'un véhicule de terrain, accéder aux endroits reculés, pouvoir se prendre en charge dans des conditions de dénuement critique, etc. On constate, à cause de ces défis d'accès aux sites d'études, que l'essentiel des résultats de recherche porte sur les zones où les chercheurs peuvent avoir accès, et non pas sur les environnements où l'on a besoin d'informations scientifiques. Pour cette raison, les chercheurs africains sont défavorisés par leurs homologues du Nord, qui arrivent sur le continent avec tous les moyens techniques et de mobilité leur permettant de collecter des données originales et de produire des informations plus pertinentes. Au Sénégal, nous savons tous que les structures comme l'IRD ou le CIRAD détenaient plus de moyens que les centres nationaux.

Les chercheurs en thèse qui bénéficient des bourses des institutions du Nord ont plus de chances de mener des études de pointe comparés aux autres non couverts par de tels soutiens. Ils sont aussi mieux encadrés puisqu'ils sont sous la couverture des chercheurs des universités du Nord. Devant cette situation, on est confronté à la fois à un sentiment d'attraction et de répulsion, de frustration et d'épanouissement. Faire ses recherches doctorales avec une bourse étrangère est une aubaine prise par les jeunes candidats africains comme un escalier pour prouver son talent scientifique et comme un levier pour monter dans la catégorie de l'élite intellectuelle. Être dans le même objectif normatif d'être accepté par l'Occident, mais en veillant à ce que le travail fasse entendre la voix de l'Afrique.

Ayant fait partie de cette catégorie d'étudiants, j'ai été confronté à la difficulté d'appliquer les méthodes scientifiques du Nord dans un contexte africain. Dans le domaine de l'écologie, en particulier, les très grandes différences des écosystèmes tempérés avec ceux de l'Afrique tropicale ne permettaient pas un transfert automatique de l'apprentissage reçu pour générer des informations pertinentes sur les sites d'études. Pour l'inventaire de la végétation, par exemple, on applique souvent la méthode dite de Braun-Blanquet.

Josias Braun-Blanquet est l'un des phytosociologues et botanistes français les plus influents du XX^e^ siècle. Le D^r^ Braun-Blanquet a développé des outils et des méthodes d'analyse phytobiologique (sociologie végétale) de la végétation naturelle. Il a défini des méthodes pour de nombreux concepts importants tels que la taxonomie des communautés végétales, les espèces caractéristiques, les associations de plantes, etc. Ses études se sont rapidement répandues en Europe et à l'étranger car elles ont conduit au consensus dans ce domaine et la méthode a été considérée comme robuste et hautement reproductible. Cette méthode est basée sur une combinaison de transects et de plans d'échantillonnage qui utilisent des quadrats pour mesurer la densité, la fréquence, la couverture et la biomasse de la végétation. L'application d'une telle méthode dans l'écosystème de la savane était problématique car différents types de végétation nécessitent des tailles d'échantillons différentes. La méthode suggère un quadrat de 400 à 2500 $m^2$ pour les arbres des bois et forêts. Établir des quadrats aussi grands et les répéter peut s'avérer difficile dans les fourrés ou les forêts-galeries.

De plus, définir la taille des quadrats dans une végétation très clairsemée comme au Sahel peut aboutir à des quadrats d'une taille ingérable. Compte tenu de la forte variabilité spatiale de la composition végétale de la savane boisée, cette méthode était tout simplement difficile à utiliser. En pratique, nous avons trouvé que cela n'était pas réalisable dans de nombreuses écologies d'Afrique. À l'Institut des sciences de l'environnement (ISE, Université de Dakar, Sénégal), nous avons combiné les méthodes de télédétection et la botanique pour concevoir une approche plus adaptée à l'évaluation des formations végétales. Nous avons utilisé des données satellitaires pour délimiter des zones de végétation homogènes (stratification), puis appliqué un échantillonnage aléatoire stratifié dans chaque strate individuelle pour évaluer les paramètres de végétation. Cette approche était plus adaptée aux types de végétation, fortement mosaïqués. Cette controverse méthodologique découle de l'application directe de connaissances bien établies en matière de science centrée sur l'Europe au contexte africain qui est assez différent des réalités européennes.

On ne remet pas en cause aisément la formation basée sur des curricula d'influence occidentale sans pots casser. Le cycle habituel passe par une dépendance radicale à la décolonisation imparfaite de la production scientifique. La séquence, d'après notre parcours, se décline en quatre phases.

1. DÉPENDANCE : la formation de base et initiale est une duplication des programmes français. De la première année de géographie à la troisième année, toutes les cartes et les ouvrages fondamentaux sont réalisés depuis la France et informent davantage sur les réalités européennes… Beaucoup d'enseignants sont français, installés au Sénégal dans le cadre de la coopération technique ou membres d'organismes de recherche comme l'IRD.

2. TRANSITION : après la troisième année universitaire, de nouvelles perspectives pour l'Afrique et le Sénégal entrent dans la formation. Nous étudions désormais le climat, l'hydrologie, la géologie, la végétation et la géomorphologie de l'Afrique. Les informations étaient principalement basées sur des sources rares telles que le doctorat et sur quelques publications du personnel universitaire.

3. PRODUCTION : travailler sur des sujets pertinents pour nos propres pays (recherche MSc et PhD), mais en utilisant ou en appliquant des méthodes conçues depuis la France. Quelques situations particulières sont évoquées au cours de cette phase, en lien avec des approches non adaptées. Un exemple en phytosociologie est l'application mécaniste de l'évaluation de la communauté végétale à l'aide de techniques de quadrats minimaux. Compte tenu des conditions mosaïquées des savanes, cette technique s'est révélée inadaptée. Il fallait plutôt réinventer de nouvelles approches. De nombreux autres exemples issus de la sociologie, des sciences du sol et de l'analyse climatique peuvent être utilisés pour documenter ce dilemme de la phase de production. C'est peut-être l'une des nombreuses raisons pour lesquelles le nombre de publications en Afrique est plus faible que partout ailleurs.

4. INDÉPENDANCE : après quelques années de recherche, de théories et de développement d'évidences, après avoir remis en question certaines connaissances reçues et réussi à préciser ce qui est spécifique à l'Afrique, après avoir pu contextualiser les connaissances, nous entamons alors la phase d'indépendance. Les nouveaux savoirs sont créés pour l'Afrique par les Africains. Ensuite, la nouvelle expertise est demandée au niveau international… Une partie de cette demande est liée au développement de réseaux pour structurer la masse critique dont l'initiative internationale a besoin. Jusqu'à présent, la plupart des travaux ont consisté à valider des produits et services globaux ou régionaux. S'il y a un avantage à être impliqué dans des consortiums de projets internationaux, il faut le chercher dans les activités de base comme la collecte de données ou la validation des produits scientifiques préconçus. Lorsqu'il s'agit d'analyser et de publier, les partenaires du Nord prennent le relais… Très peu d'Africains parviennent à pousser leur indépendance au point de négocier des positions et des rôles plus honorables dans les partenariats de recherche Nord-Sud.

Cette affirmation de soi passe aussi par un dialogue permanent entre chercheurs africains. D'une part, pour confronter les méthodes pour les mêmes sujets de recherche, et d'autre part, pour harmoniser et standardiser les méthodes pour pouvoir produire plus de connaissances et comparer des résultats. L'expérience vécue dans ce sens a été l'harmonisation des cartes d'occupation des sols ou la nomenclature des formations végétales : c'est quoi une savane, c'est quoi une forêt, comment définir la typologie des classes d'occupation du sol…

Cet effort de retourner vers les connaissances produites en Afrique par les Africains couvre aussi le besoin de capitaliser les informations produites et d'appuyer les efforts de mise à l'échelle. Aucun progrès scientifique ne peut se faire quand on fige les applications, il faut accepter la controverse et adopter la culture de la remise en cause pour avancer. Les nombreuses études sur les systèmes de production agricoles et les systèmes d'élevage pastoral ont des similitudes et des différences avec des dynamiques qui exigent des ajustements perpétuels. Une synthèse de ces connaissances permet de structurer des programmes d'intervention à l'échelle régionale pour servir la transformation sociale des communautés vulnérables.

## La transition écologique, entre rupture et continuité

L'investissement dans le climat n'est pas une dépense, un sacrifice. Ce n'est pas de l'argent qui sort mais une économie orientée vers la croissance durable. C'est donc un investissement. Le stimulus vert des Européens, connu sous le concept de *Green Deal* avec des *Green Bound* et toute une économie verte assise sur une taxonomie bien connue, magnifié par une stratégie appelé Global Gateway, montre que les questions du climat nous ramènent forcément à nos itinéraires de développement.

Notre avenir dépend largement des choix éclairés que l'on fait maintenant. Ces choix sont à la fois opérationnels et relationnels. Il faut non seulement revoir nos modèles de développement en intégrant les sauvegardes environnementales, mais il faudra aussi amener ceux qui ont mis en péril notre planète, un bien commun, à assumer toute leur responsabilité. Oui, l'Afrique a besoin, comme tous les autres continents, d'idées sur la durabilité qu'on ne pourra adopter sans astreindre les pollueurs du monde à réduire leurs émissions et à payer pour les pertes et dommages engendrés dans les pays vulnérables. Pour cela, l'énergie humaine positive pour le progrès climatique est plus importante que l'énergie issue des hydrocarbures fossiles.

Il est question de promouvoir des choix écoresponsables en acceptant de se débarrasser de certains conforts superflus induits par la super-richesse des pays surpuissants. L'émergence d'un comportement et de choix de développement écoresponsables, socialement acceptables et économiquement rentables passera nécessairement par une forte assise scientifique pour des options qu'il faut aller chercher dans la sagesse de ceux qui ont respecté la nature sous toutes ses formes. Sur ce plan, l'Afrique est un excellent candidat.

Ainsi, la coalition des chercheurs africains devrait permettre d'imprimer une empreinte africaine dans les rapports globaux comme celui produit par le GIEC. Il faut noter que l'agenda scientifique de ces rapports globaux est défini par les pays influents du Nord. Ce sont ces pays qui rythment les options thématiques, les nouveaux concepts qui changent régulièrement avec un effet d'entrainement sur les changements de direction de la recherche en Afrique. Par exemple, les études sur le climat ont basculé de l'atténuation à la transition juste et équitable en passant par les pertes et dommages, le marché du carbone, les mécanismes de développement propre (MDP), la réduction des émissions issues de la déforestation et de la dégradation des terres (REDD+), et la contribution nationale déterminée (CND) ; on nous fait absorber des concepts comme l'agroécologie, le *land équivalent ratio*, l'agroforesterie, l'agriculture climato-intelligente, l'intensification durable, etc., qui sont autant de concepts qui renvoient à des réalités similaires. Pareillement, plusieurs cadres de développement se sont succédé, comme les Objectifs du Millénaire pour le développement (OMD), les objectifs pour le développement durable (ODD), les limites de la planète (*Planetary boundaries*). Quelle est la prochaine étape ?

Une autre discontinuité relève de la temporalité des activités de recherche. L'anticipation des risques est un maillon faible. Assez souvent, c'est après avoir subi le coup que la science est mise en branle pour apporter des réponses. Les réflexions prospectives et d'anticipation sont rares, à la limite inexistantes, pour prévoir des scénarios, faire des projections et proposer des options de réponses pour une gestion des éventualités de risques. Comment penser et agir pour l'Afrique de demain si l'on n'est là qu'au lendemain des crises ? L'avenir de l'Afrique est loin d'être une prédestination, on peut bel et bien préparer notre avenir à l'image du continent que nous voulons. Il faut déjà bien se représenter le monde contemporain, les faits de développement actuels qui sont déterminants pour le futur.

Toutes les crises en Afrique peuvent être reliées à des crises du savoir et à l'absence de son application. Quand on n'arrive pas à puiser dans les méandres de la production scientifique des solutions cohérentes à nos défis, on perd la main devant les opportunités illimitées du continent. On ne peut pas trouver des solutions durables sans faire recours aux capacités d'innovation. Inventer l'avenir a été une force pour la Chine ou la Corée, la Malaisie, l'Inde, etc. Les prévisions réalistes permettent de traduire les tendances en perspectives favorables aux ruptures transformationnelles.

Cependant, les forces motrices et leurs variations rendent la recherche prospective plus difficile. La vraisemblance des futurs possibles peut être circonscrite avec un esprit ouvert au changement et à l'innovation. Cet état d'esprit doit être consubstantiel à la vision et aux choix de développement. La recherche doit suffisamment imbiber les politiques sans quoi le fameux *lux mea lex* (« la lumière est ma loi ») ne sera qu'une lueur pâle. On ne peut pas se suffire de faire de nos intentions une source de connaissances pour sécuriser un avenir prometteur pour l'Afrique.

Les tendances émergentes comme le changement climatique, qui sont moins conjoncturelles, vont avoir un effet déterminant. Je ne m'inscris pas forcément dans cette prospective avec une logique d'apocalypse, comme le font les médias occidentaux sur l'Afrique, mais dans la possibilité de baliser les potentialités du continent pour un mieux-être. La science, la technologie et l'innovation ne sont pas, à ce titre, des terminologies équivalentes, ce sont des paradigmes qui se complètent avec une séquence chronologique. Une innovation peut se créer sans technologie ou science, et toute science ne conduit pas forcément à la technologie. Il y a une part de rêve et d'imagination qui va au-delà des mythes politiques, et se décline en action à partir de la somme des découvertes scientifiques. La science actuelle et celle du futur en Afrique et ailleurs n'est rien d'autre qu'une chaîne de valeur des connaissances. La société dispose, les politiques proposent, la science conçoit, les acteurs mettent en œuvre, le citoyen évalue.

Pour faire de la prospective, il faut avoir les moyens d'asseoir des programmes de recherche sur le long terme. Il n'y a que très peu de recherches à long terme ; quand elles existent, ce sont des projets appuyés et menés par les groupes de chercheurs du Nord. Citons les cas de Dahra-Sénégal (CRZ) avec l'Université de Copenhague, le cas de Niakhar-Sénégal avec l'IRD et les chercheurs français. De tels programmes permettent de comprendre les processus dont la portée pratique ne peut s'appréhender que si l'on dispose de plusieurs années de données cohérentes — production de biomasse, suivi des déterminants sanitaires, fertilité du sol en fonction des pratiques — à partir desquelles on peut adapter des solutions qui sont éprouvées au fil du temps grâce à de nombreuses activités expérimentales ou à des actions pilotes destinées à l'apprentissage.

Concernant les bourses d'excellence et de leadership, elles ont été un motif satisfaisant de plusieurs succès académiques. J'en ai bénéficié (avec DANIDA, START, MSU, OIF)[46]. Ces bourses sont souvent conçues avec de très bonnes intentions, celles d'asseoir un leadership scientifique, de construire les fondements de la croissance par la science, même si en arrière-plan ce sont les influences voulues qui les justifient. Le meilleur parti de ces appuis ne peut être tiré que si ces soutiens sont orientés sur des priorités scientifiques et des aspirations locales. La possibilité que la formation Nord-Sud soit utile doit être motivée par une volonté des pays bénéficiaires, une intention pour combler des déficits, et pas juste une opportunité dictée par les circonstances.

Pour moi, le leadership s'acquiert à l'enfance. Le modèle éducatif des USA ou du Japon, consistant à responsabiliser l'apprenant depuis le bas âge, est une approche qu'il faudra expérimenter en Afrique en y ajoutant la couche culturelle de respect des règles coutumières et des valeurs éthiques assises sur les traditions africaines : respect de l'autre, de l'âge, des croyances ancestrales, de la solidarité active, etc. La

---

46 DANIDA (Danish International Development Agency), START (System Analysis for Research and Training), MSU (Michigan State University), OIF (Organisation Internationale de la Francophonie).

question est de savoir si une grande majorité de ces programmes de leadership ne visent pas uniquement à renforcer une élite pour favoriser un *soft power*.

Les pays puissants utilisent les réseaux de camaraderie académique comme une force de pression conquérante pour coopter les meilleurs esprits qui, après leur formation, deviendront des amis inconditionnels acquis aux mêmes causes. Peut-être que mon attachement pour le Danemark et les Danois vient de cette influence. La Chine est désormais un eldorado intellectuel dans ce domaine de *soft power*, offrant plus d'opportunités que les États-Unis et l'Europe pour former des étudiants étrangers, principalement africains.

L'offre éducative et la diplomatie universitaire sont donc des vecteurs de *soft power* (influence) à travers la mise en place d'une réserve d'élites dans les pays du Sud. La diplomatie universitaire elle-même se décline sous trois formes : la promotion de l'offre éducative des pays d'accueil, les offres de bourses à destination des « meilleurs étudiants étrangers », et enfin, les activités de coopération universitaire, de *codiplomation*, ou des projets scientifiques internationaux. Tout cela répond de l'ambition d'établir diverses sphères d'influence sur lesquelles compter pour mieux contrôler l'intelligentsia locale dans leur propre intérêt. Pour moi, la construction de l'élite scientifique locale passe par un affranchissement des fortes influences du mouvement de la décolonisation de la science qui a récemment pris un élan considérable en Afrique.

À propos de la décolonisation des sciences : s'il est vrai que les programmes universitaires sont un long héritage de la période coloniale, la meilleure façon d'adapter les programmes est simplement de revenir aux priorités de l'Afrique et d'y travailler. Il existe des traits communs en science que nous ne pouvons pas ignorer, mais l'utilisation de méthodes, de cadres et de protocoles similaires ne signifie pas nécessairement que nous utilisons la même question de recherche, car le but et les objectifs sont intrinsèquement différents.

# Réseautage ou rapport de force

Les scientifiques africains sont sollicités dans les grands réseaux de production scientifiques comme ceux mis en place par les Nations unies à travers l'UNFCCC (GIEC), UN-CBD (IPBES), UNCCD (GLO), UNEP (GEO)[47], etc. Le GIEC et IPBES utilisent des évaluations fondées sur des compilations avancées de la science pour fournir aux gouvernements des informations permettant d'orienter les négociations et d'éclairer les positions afin de favoriser la collaboration entre les acteurs scientifiques et les communautés, et sensibiliser le public. Pour tous ces rapports, les équilibres régionaux sont exigés. L'élaboration de ces rapports permet par conséquent une relation forcée entre les chercheurs du Nord et ceux du Sud. L'ambition des réseaux onusiens pour la science est multiple et le but, c'est d'asseoir une responsabilité partagée dans la gestion durable des ressources naturelles. Sur le principe, rien à dire, dans la pratique, la sous-représentation des Africains et le rapport de pouvoir inégal à la défaveur des Africains ne leur permettent pas de s'y exprimer de façon audible.

[47] Convention-cadre des Nations unies sur les changements climatiques (UNFCCC), Groupe intergouvernemental pour l'étude du climat (GIEC), International Panel on Biodiversity and Ecosystem Services (IPBES), Global Land Outlook (GLO), Global Environmental Outlook (GEO).

Cette sous-représentation de l'Afrique ne pourrait se justifier devant la situation actuelle qui montre clairement que le continent est le plus affecté par le changement climatique, avec une forte variabilité et une dynamique climatique à long terme qui entravent considérablement les secteurs productifs. Les impacts du changement climatique et les réponses qui y sont apportées constituent à la fois une menace sérieuse et un phénomène dynamique complexe qui affecte tous les secteurs du développement.

Les informations scientifiques utilisées pour atteindre les objectifs d'adaptation/d'atténuation du changement climatique et les ODD (Objectifs pour le développement durable) en Afrique sont très faibles comparativement à d'autres régions. Les connaissances liées au climat, adaptées aux caractéristiques et qualités spécifiques du continent, sont limitées et constituent un frein au progrès des politiques climatiques appropriées. Les efforts internationaux actuels, censés inspirer le progrès politique, ne parviennent pas à fournir des informations spécifiques pour l'Afrique. Cette situation est aggravée par la représentation extrêmement faible des scientifiques africains en tant qu'auteurs et évaluateurs experts dans les évaluations mondiales par rapport aux scientifiques des pays du Nord.

Il existe plusieurs discours qui ignorent les intérêts de l'Afrique. Le premier est le concept de décarbonisation. Les pays développés qui sont responsables des émissions de gaz à effet de serre sont en train d'opérer une transition écologique qui va vers la sortie du pétrole. Mais la sortie du pétrole, qui n'est d'autre que le zéro net (neutralité en matière d'émission) de carbone, est plutôt un équilibre entre émission et séquestration. La transition juste et équitable n'exclut pas le développement, qui nécessite des investissements dont le budget ne peut s'acquérir qu'avec les ressources naturelles du pays.

Tout est question d'arguments. Oui, on est d'accord que le combat contre le changement climatique est d'abord un combat contre les gaz à effet de serre, mais les porteurs de ce combat doivent être ceux qui émettent : « *Break it ! Fix it.* » L'Afrique doit porter plus d'attention à son développement qu'au changement du climat, et les aspects d'adaptation sont une nécessité. C'est comme ça ! Alors je propose trois antithèses pour financer le développement de nos pays avec les bénéfices issus des ressources naturelles.

Je ne développe pas cette riposte dans l'esprit osé d'être un Robin des Bois devant une communauté dominée par une mentalité occidentale. Je le fais simplement pour traduire la relativité des idées qui peuvent émaner des particularités de chaque région.

À la suite des récentes prises de position des hommes politiques africains, nous avons compris et retenu une invitation à tous les investisseurs à participer au financement de l'exploitation du gaz et du pétrole en Afrique. La position est claire : il est possible de donner une pleine mesure à notre gaz et à notre pétrole pour développer nos économies sans renier nos engagements en faveur du climat et de l'environnement. Le rationnel est clair : on peut utiliser les ressources pétrolières pour notre développement sans devenir un contributeur majeur aux émissions de gaz à effet de serre. La relation pétrole-changement climatique doit alors être inscrite dans un bilan global, et non réduire la logique sur les émissions nettes.

À mon avis, on doit amener plus d'arguments dans la présentation de cette position africaine à travers des évidences scientifiques.

## Antithèse 1

Notre empreinte carbone restera toujours plus faible même si on améliore notre consommation d'énergies fossiles.

L'Afrique produit près de 20 % des énergies fossiles mondiales mais ne représente que 3 % dans la consommation mondiale d'énergie. Cela veut dire que depuis très longtemps, le pétrole africain a plutôt profité aux pays industrialisés qui, à travers des multinationales, ne réservent qu'une consommation encore très faible et donc très peu de bénéfices à l'Afrique. La consommation des énergies fossiles par habitant reste par conséquent insignifiante, de l'ordre de moins de 0,5 tonne/eq pétrole par habitant, sauf pour quelques économies comme l'Égypte, l'Algérie, la Lybie et l'Afrique du Sud, alors que les pays industrialisés consomment au moins dix fois plus, entre 5 et 10 tonnes/eq pétrole par habitant.

L'empreinte carbone de l'Afrique reflète sa faible consommation. Les émissions par habitant sont largement inférieures à celles des pays développés. Au moment où le niveau d'émission par habitant est de 0,6 tonne de GES/hbt/an[48] pour le Sénégal, on a 14 tonnes de GES/hbt/an aux USA, et 10 tonnes de GES/hbt/an en France. La contribution générale de l'Afrique sur les GES proviendrait plus des émissions liées à la déforestation (4 %) que des énergies fossiles (3 %), pour un total mondial de 7 % seulement, d'ailleurs largement compensé par nos efforts en matière de conservation forestière. Les pays africains ont des émissions tellement faibles que selon l'UNFCC, leur quota d'émissions justifie une collaboration dans le cadre de la mise en œuvre conjointe des efforts de réduction des émissions.

Alors pourquoi, avec toutes ces raisons, vouloir que le pétrole africain pose un problème ? En éliminant les émissions de GES de l'Afrique, on aura encore 93 % des émissions provenant des autres continents qui à elles seules expliquent l'inquiétant réchauffement climatique entretenu par des calculs économiques favorables aux pays industrialisés.

Le souci de sauver une planète aux équilibres climatiques fragiles ne vient qu'en position secondaire dans le débat géopolitique international. En attendant que l'ordre mondial entretienne ces clivages, l'Afrique continuera à subir les impacts sérieux et profonds du changement climatique.

## *Antithèse 2*

Les terres africaines ont servi de réponse au changement climatique malgré notre faible émission de GES.

Le fait de prendre le pétrole africain comme un risque pour la transition écologique mondiale met en exergue une incohérence manifeste entre ce qui est identifié comme source du problème (le consumérisme énergétique des pays industrialisés) et les solutions que sont les énergies renouvelables et la séquestration du carbone. Depuis Kyoto (1997), on nous a fait accepter le principe selon lequel le changement climatique est une responsabilité commune, mais on le

---

[48] GES (gaz à effet de serre) par habitant et par an.

sait, les responsables sont les pays pollueurs ! Par contre, sous le principe des contributions et réponses différentiées, l'Afrique prend une part relativement plus importante en matière d'efforts de dépollution (séquestration et efforts de réduction de GES), mais surtout en matière d'efforts d'adaptation de ses populations vulnérables.

Il n'existe pas un seul pays africain où la promotion des énergies renouvelables ne soit pas au centre des préoccupations de développement. Notre contribution aux réponses climatiques s'articule autour de l'investissement massif dans l'énergie solaire, l'hydroélectricité, l'énergie éolienne et l'utilisation de la biomasse pour la production d'électricité. Le Sénégal, par exemple, s'est fixé un objectif ambitieux mais réaliste (plus de 30 % du mix énergétique au Sénégal), tandis que des efforts significatifs sont accomplis par le Kenya, le Maroc, l'Afrique du Sud, etc.

Rien que sur le solaire, le Sénégal compte à ce jour une dizaine de centrales publiques et privées. Ces investissements permettent de réduire fortement l'empreinte carbone de notre pays, mais aussi de contribuer à un accès universel à l'énergie avec un prix du kWh très accessible pour les ménages pauvres. La question de l'accès à l'énergie (propre ou pas) est la première transition indispensable pour les peuples africains. On ne parle pas de cette nécessité du passage du zéro accès à l'accès total à l'énergie. La deuxième transition consiste à passer des besoins de base comme l'énergie de cuisson aux autres formes d'utilisation comme l'accès à la conservation, à l'éducation et la transformation des produits. C'est après cette étape seulement qu'on pourra commencer à parler du passage des énergies fossiles aux énergies propres et de substitution. Et plus tard, à une intégration des questions énergétiques de l'Afrique aux logiques mercantiles mondiales. Il faut changer la rhétorique pour reconsidérer les modèles théoriques en vigueur.

Il faudra ensuite tenir compte du rôle des forêts africaines : le bassin du Congo, le deuxième bassin mondial de forêts tropicales, séquestre une large portion de la biomasse terrestre, nos très larges savanes et réserves naturelles, y compris les forêts de mangroves, des milliards d'arbres, de nombreux écosystèmes productifs, des systèmes agroforestiers, des plantations massives et les efforts constants autour de la Grande Muraille Verte (GMV) soutenue par l'Union africaine.

Les efforts en matière de plantation d'arbres, de restauration des terres et de lutte contre la déforestation pourraient compenser très largement les GES émis dans le cadre de l'exploitation du gaz et du pétrole. En outre, ces efforts de séquestration du carbone apportent pour le reste de la planète une réponse « gratuite » à l'atténuation du changement climatique.

## *Antithèse 3*

Nos efforts en matière de décarbonisation sont d'abord une question de développement économique et social.

Dans l'absolu, les efforts de tous les pays pour atteindre le zéro net en matière d'émissions de GES se poursuivent en suivant des itinéraires et des indicateurs relatifs à la substitution des énergies fossiles par les énergies renouvelables. Cet effort n'est pas spécifique aux pays industrialisés. Les pays africains ont été les champions de l'énergie solaire, surtout à partir du moment où les prix du solaire ont significativement baissé grâce à la production massive et diversifiée de la Chine et aussi aux incitations politiques et tarifaires mises en œuvre par les États. Il s'y ajoute les efforts sur la consommation de gaz butane à la place du bois d'énergie, et la libéralisation du solaire. Ces efforts ont fait l'objet de plusieurs politiques, financières et juridiques, ayant permis une large diffusion des énergies propres et renouvelables.

À cette décarbonation absolue s'ajoute la décarbonisation relative qui consiste à améliorer les procédures de construction de bâtiments en matière de consommation d'énergies (voûte nubienne au Sénégal, efficacité énergétique dans les bâtiments), l'élimination des lampes à incandescence pour des technologies d'éclairage alternatives, au meilleur rendement lumineux, comme les lampes fluorescentes compactes (LFC) et les lampes à diode électroluminescente. Ces technologies ont pu offrir des économies d'énergie très intéressantes à nos ménages et réduire la facture énergétique tout en contribuant aux efforts de lutte contre le changement climatique.

Les efforts sur l'amélioration des systèmes de transport (bus Rapide Transit [BRT], Train Express régional [TER]), ainsi que les initiatives du CETUD (Conseil exécutif des transports des transports urbains durables) en matière de transport durable vont avoir des implications directes sur les émissions de polluants et de gaz. La consommation de biogaz pour les transports publics, la biométhanisation pour doter les foyers d'énergie de cuisson et d'éclairage, sont autant d'efforts consentis pour réduire la consommation d'énergies fossiles.

En conclusion, pour autant d'efforts et compte tenu des urgences de développement, les pays industrialisés devraient être gênés de poser le débat du pétrole africain uniquement sous l'angle du changement climatique alors que dans la pratique, ils n'ont jamais tourné le dos aux énergies fossiles. Aussi, le développement des pays africains à travers les revenus du pétrole ne pourrait se faire sans prendre en compte les enjeux mondiaux comme la paix et la sécurité, l'immigration, mais aussi une amélioration de l'environnement avec la construction de villes durables plus structurées, des systèmes de transport performants et une amélioration des conditions sanitaires de nos populations. L'enjeu est trop important pour que le débat du pétrole soit limité aux questions climatiques pour lesquelles l'Afrique n'est pas responsable. Nous devons alors mener une réflexion intégrale pour donner une pleine mesure à cette ressource qui a été une dimension manquante pour accélérer le développement.

## La science globale est-elle utile pour l'action locale ?

Notre parti pris pour une science dans l'intérêt de l'Afrique doit être inscrit dans la nécessité de refléter l'Afrique dans les études globales pour orienter les accords multilatéraux vers des préoccupations africaines. Les liens entre science, politique et développement sur les questions environnementales globales ne peuvent se faire que si le premier maillon de ce triptyque est assuré. Adresser les questions globales requiert que toutes les formes de connaissances soient prises en compte. Pour cela, il importe de favoriser la fertilisation croisée entre chercheurs africains pour une production d'informations scientifiques agrégées reflétant les thématiques émergentes avec un effort pour réduire les délais de soumission de résultats scientifiques aux décideurs. La force de proposition de la science dépendra de la collaboration scientifique régionale pour une contribution efficace aux besoins de développement.

Les rapports scientifiques globaux comportent souvent des chapitres sur l'Afrique, mais le portrait du continent est doublement tronqué. D'un côté, c'est le nombre infime d'experts africains dans les groupes de travail, de l'autre, les références traduisant les réalités africaines sont sous-utilisées dans ces rapports. Le résultat de la compilation du nombre de scientifiques montre des taux de moins de 10 % de participation sur l'ensemble des chapitres. A priori, cela peut sembler alarmant, mais le critère de sélection des auteurs, basé sur les publications dans les journaux occidentaux, peut largement biaiser le choix des auteurs dès le début du processus. Certains auteurs choisis pour représenter l'Afrique ont souvent une appartenance institutionnelle en dehors de l'Afrique. Il faut réclamer des places dans le GIEC, et booster la production scientifique africaine pour la rendre incontournable dans les rapports globaux.

| Groupes de travail | AR5 2013-2014 | AR6 2021-2022 |
|---|---|---|
| | % scientifiques africains (ratio) | % scientifiques africains (ratio) |
| GT I : La physique du changement climatique | 6.3 % (9/142) | 7.7 % (18/234) |
| GT II : Impacts, adaptation et vulnérabilité | 9.2 % (28/303) | 9.7 % (32/330) |
| GT III : Atténuation du changement climatique | 6.3 % (17/270) | 12.1 % (29/239) |

## *Groupe de travail 1*

*Groupe de travail 2*

## *Groupe de travail 3*

Je suis la dernière personne au milieu de la photo. Utilisez une loupe pour me voir.

Quoi qu'il en soit, ce qui importe, c'est l'idée majeure qui sort de ces rapports et qui gouverne le monde. À ce titre, c'est moins la présentation physique autour de la table que l'utilisation des évidences scientifiques produites sur l'Afrique. Ignorer ces informations avec l'argument qu'elles ne sont pas évaluées par les pairs donc non publiées dans les journaux à comité de lecture est un raccourci dangereux pour ignorer l'information contextuelle qui importe pour l'Afrique.

Sur les 89 pays représentés au GIEC lors du dernier rapport AR6, les 10 premiers pays qui occupent 51,5 % des experts sont les USA (81), l'Allemagne (54), le Royaume-Uni (54), l'Australie (42), l'Inde (40), la Chine (39), le Japon (33), la France (26), le Canada (24) et le Brésil (22). Les pays africains les mieux représentés sont l'Afrique du Sud (15) suivie par le Maroc, le Nigeria, le Sénégal et le Soudan (6 experts chacun) ; plusieurs Africains ne sont pas auteurs de ce rapport et la plupart des pays sont représentés par un seul expert. La grande majorité des pays africains n'y figurent pas. Ce manque de diversité dans les profils des auteurs traduit une forte inadéquation des informations et des messages d'évaluation par rapport aux besoins réels en informations, aux priorités en matière de connaissances et aux capacités d'action du continent africain.

(a) Funding for climate research on Africa and on whole world

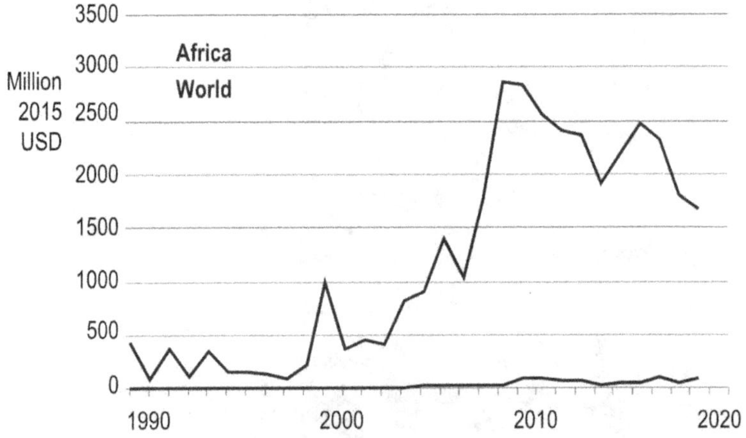

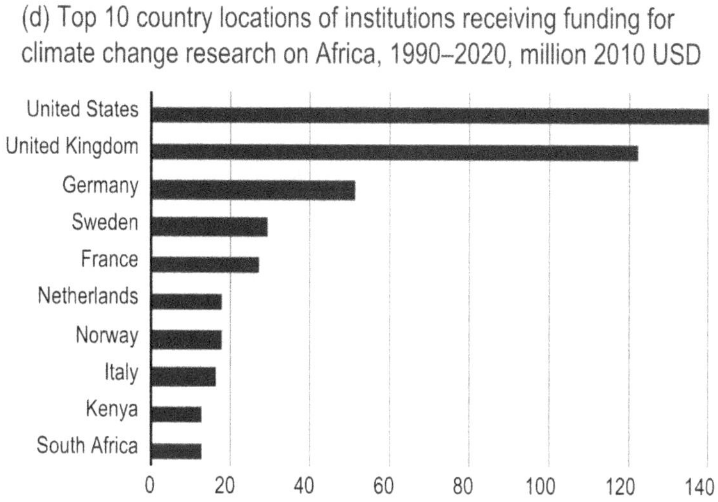


*IPCC WGII Chapitre 09 : Africa Fig. 9.4*

Pourquoi y a-t-il très peu de recherche climatique en Afrique alors que les affres du climat affectent le continent au premier degré ? Une raison importante est le manque de financement des chercheurs africains. Dans le cadre du chapitre « Afrique » du GIEC, une synthèse des données de la base sur le financement de la recherche à l'échelle mondiale montre que seulement 3,8 % du financement mondial de la recherche sur le changement climatique s'est concentré sur l'Afrique depuis 1990. Cela est complètement en contradiction avec la grande vulnérabilité du continent face au changement climatique.

En outre, la majeure partie de ce petit pourcentage de financement axé sur l'Afrique a été versée à des instituts de recherche en Europe et aux États-Unis pour qu'ils mènent ensuite des recherches sur l'Afrique. Seulement environ 1 % du financement mondial de la recherche sur le changement climatique est effectivement allé aux institutions de recherche africaines.

Il est clair qu'il y a un déficit criant de recherches sur l'adaptation dans la plupart des pays africains. Il s'y ajoute des biais thématiques dans la recherche relative à l'adaptation, où la recherche se concentre davantage sur des sujets liés aux risques et catastrophes (les mauvaises nouvelles) au lieu de faire un focus sur les bonnes nouvelles (les solutions domestiques sur l'adaptation) pour impulser le développement et la résilience ainsi que la gouvernance des ressources naturelles.

(c) Climate change adaptation research focused on individual countries

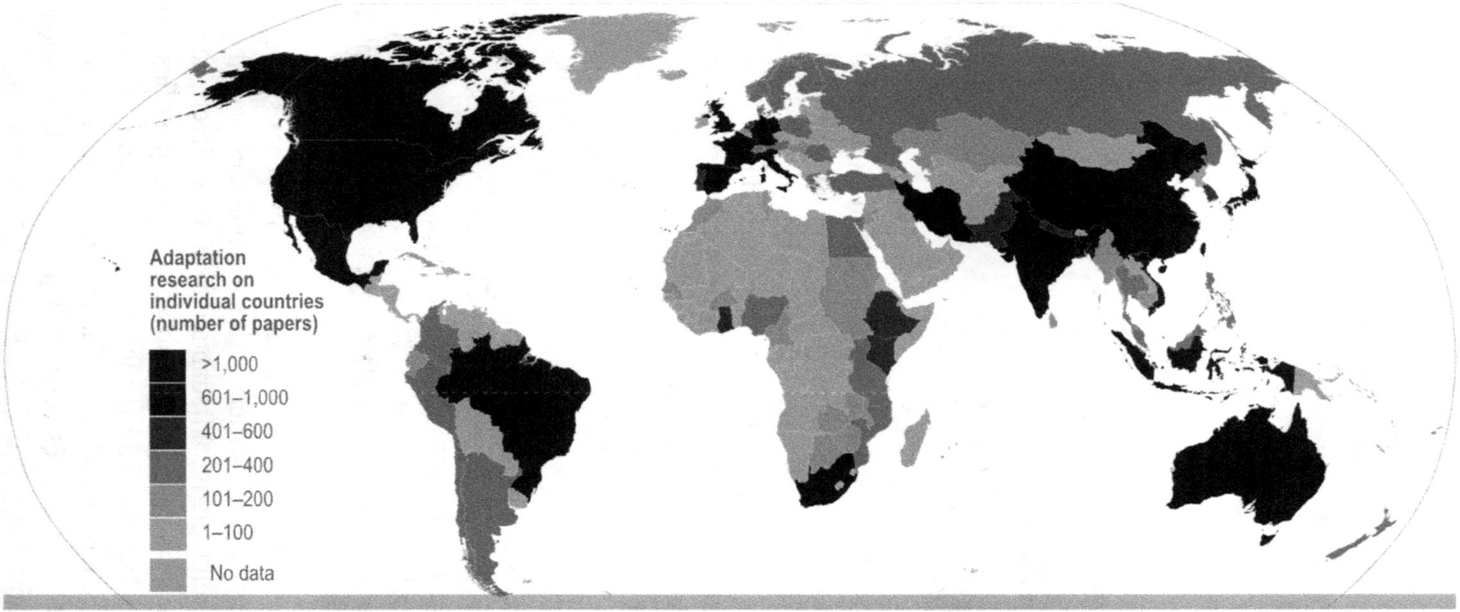


*IPCC WGII Chapter 09 Africa Fig. 9.4*

Un élément essentiel du succès (ou parfois du défi) des plateformes intergouvernementales est leur nature internationale, et le fait que les capacités scientifiques disparates entre les pays développés et en développement ont conduit à des représentations déséquilibrées des auteurs et des évaluateurs, limitant potentiellement les perspectives de régions en développement capables d'éclairer la prise de décision. Les théories dominantes resteront celles du Nord aussi longtemps que l'Afrique ne fera pas ses propres synthèses sur la réalité du continent.

Pour nous, il s'agit d'établir un processus avec des standards non biaisés vers les pays développés, qui permettrait une évaluation équitable, basée sur une approche régionale ascendante. Si les critères utilisés pour la sélection des auteurs sont par nature défavorables aux scientifiques africains, leur exclusion des synthèses globales devient logique et normale. Sinon, les réseaux mondiaux devraient être fondés sur des rapports régionaux qui, eux, seront produits sur la base des réalités régionales spécifiques. De telles évaluations régionales n'existent que sous forme d'appendices des rapports globaux (GIEC, IPBES, GEO). Ainsi, ces rapports ne résultent pas de procédures suffisamment inclusives pour être exploitables au niveau local afin de répondre aux exigences des pays africains. L'Afrique doit produire ses propres rapports sur le changement climatique pour remédier aux faiblesses informationnelles et améliorer, chemin faisant, les systèmes de connaissances qui entraineront des sauts significatifs pour la prise de décision sur le changement climatique et le développement durable.

Par conséquent, l'Afrique aura besoin d'informations spécifiques au continent pour envisager des perspectives régionales conçues par ses propres experts et des approches domestiques pour le partage des connaissances et la conduite des évaluations. Dans le cadre de cette approche, les priorités en matière de changement climatique ainsi que l'évaluation scientifique qui en découle devraient relever de la pure volonté du continent et non d'un téléguidage par les forces extérieures. Cette logique africaniste n'exclut pas l'utilisation de toutes les connaissances scientifiques universelles permettant de traduire les besoins spécifiques selon les contextes géographiques uniques. Des solutions particulières pourront être différenciées pour répondre aux vulnérabilités, impacts et opportunités régionaux actuels et futurs. Cette approche nécessite un engagement solide des utilisateurs de la science qui devront intégrer le processus de validation des connaissances produites.

Cet effort régional pour faire apparaitre la réalité africaine est tout à fait pertinent dans le contexte des cadres politiques des ODD et des contributions déterminées au niveau national (CDN), dont l'atteinte des objectifs est fortement conditionnée par l'adéquation des connaissances aux problèmes à traiter. Le besoin d'aptitudes opérationnelles contraste avec les lacunes critiques d'informations scientifiques, à la fois sur des échelles géographiques variées, mais aussi sur des thématiques plurielles. Il existe de nombreux exemples dans lesquels des pays mènent déjà leurs propres évaluations dans le but de cibler des objectifs spécifiques choisis en fonction d'une bonne compréhension des problèmes vécus, afin de soutenir les politiques et les besoins des communautés locales. S'appuyer sur ces expériences pourrait aider à libérer la substance scientifique des études africaines pour orienter les plans d'action sur le terrain.

# Construire l'Afrique avec les scientifiques africains

Le principe semble évident. Mais la perception qu'il ne faut que de la science pour avancer ne permet pas la rencontre des chercheurs avec les opérateurs. Il est nécessaire d'élargir la participation des scientifiques africains dans le développement. Chaque ministère, chaque secteur devrait avoir un accompagnement de la science. Cet amalgame est apparent quand des décideurs se prennent pour des scientifiques, ou des scientifiques pour des décideurs. Les malentendus qui émanent du double rôle nous obligent à imaginer un jumelage des deux parties pour libérer la créativité dans les secteurs prioritaires. Aucune perspective africaine robuste et qui colle à la réalité ne peut s'envisager sans toutes les connaissances qui expriment une sensibilité locale.

Cela nécessitera plusieurs choses. D'abord le cadrage des travaux scientifiques : le point de départ est de chercher des résultats selon des modalités permettant d'appuyer les différentes politiques. Pour chaque dessein politique, une mission scientifique qui l'accompagne. La science ne pourrait dans ce cas rester un a posteriori. La structuration de la science dans dcs réseaux collaboratifs correspondant aux clusters politiques facilitera la mise en relation des compétences avec les réponses aux besoins politiques africains.

S'il faut produire une science utile aux politiques, il faudra la doter d'une dimension qui la rende pertinente à la fois pour la prise de décisions locales et pour les synthèses globales. La redevabilité scientifique pourrait ainsi être érigée en principe pour une meilleure participation au développement contribuant à la dynamique mondiale. Les consensus scientifiques globaux ne sont pertinents que si chaque région s'y retrouve. Plusieurs défis sont à relever pour impliquer les scientifiques africains dans les évaluations mondiales. Ces défis sont ceux qui limitent la mobilisation de connaissances innovantes sur le changement climatique en Afrique.

## Différences linguistiques

De nombreux pays africains parlent français, espagnol, portugais et arabe. Ces pays réussissent moins bien à accéder à des subventions de recherche compétitives qui nécessitent systématiquement des compétences sophistiquées en anglais au-delà du mérite scientifique. Les revues à fort impact, si elles sont accessibles, sont rédigées dans un anglais élaboré. Sans accès au financement et sans accès à la littérature, il n'y a pas de partenariat de recherche actif et par conséquent, peu de production scientifique. Parce que la langue est un facteur d'exclusion, une barrière invisible, le fait de valoriser d'autres langues que l'anglais pour faire avancer la recherche devient un point d'attention pour améliorer les connaissances sur le climat en Afrique.

## Les écarts de capacités de recherche

La distance académique entre les pays africains en matière de planification, d'élaboration et de mise en œuvre de programmes de recherche sur le changement climatique est assez grande. Le paysage est très hétérogène avec des pays avancés (Afrique du Sud, Kenya, Nigeria...) et des pays aux capacités moindres (Sierra Leone, Soudan du Sud, Malawi, Mali, Gambie...). Cette fracture intra-africaine doit être réduite pour améliorer l'image de l'Afrique en matière de production et d'utilisation de la science. Un programme Sud-Sud visant à accroître la capacité de recherche pourrait être encouragé.

Cela nécessitera des centres de collaboration où les universités avancées s'engageront à soutenir les autres pour réduire l'écart et créer une transformation rapide et profonde du paysage de la recherche en Afrique.

## La production et l'accès aux données

Les lacunes géographiques et la profondeur temporelle des séries de données sont connues comme de grands défis pour les études sur les dynamiques environnementales comme le changement climatique, la dynamique des terres ou les tendances agricoles ou urbaines en Afrique. Le déficit d'infrastructures adéquates pour la collecte et la gestion des données, les questions de droit de propriété intellectuelle, le format et les défis du protocole de données harmonisé, les outils d'analyse comme les laboratoires de référence, les méthodes et les logiciels d'analyse des données sont des obstacles qui limitent l'avancement de la collecte de données.

Les données spécifiques au contexte sont essentielles pour des projections et l'anticipation robustes, car elles fournissent des détails que les données globales agrégées et extrapolées ne pourraient pas fournir. La dépendance aux données globales peut comporter un risque quant à la dilution de la précision thématique et spatiale des interventions. Cette dilution, qui généralise les conditions de mise en œuvre, expose les décisions à la trappe de l'échec. Développer une initiative de données inclusive, ouverte et interopérable reliant les bases de données existantes en Afrique sera une bonne option pour limiter ce risque.

Les défis dans la production de données ne sont pas exclusivement des problèmes techniques. S'il est vrai que l'accès aux équipements de mesure demande des moyens qui sont rarement mis à la disposition des chercheurs, le fait humain est le premier défi qu'il faut remporter. Dans ce livre, vous avez eu plusieurs développements sur la fuite des cerveaux. Les chercheurs africains dotés de certaines capacités sont soit recyclés pour faire autre chose, soit arrachés par les institutions étrangères. Dès qu'un chercheur démontre une certaine capacité, il devient une proie de choix exposée à la férocité des offres surenchéries qui dépassent de loin le traitement des cadres les mieux payés de leur pays.

Au-delà du défi humain, c'est le défi de la maintenance. Combien de stations météorologiques, combien d'appareils de mesure se perdent juste parce qu'il y a un système de maintenance presque inexistant dans nos laboratoires ? Souvent, le budget sur la maintenance n'est pas inclus dans les budgets de fonctionnement et on attend que les machines tombent en panne pour chercher à les réparer. Les ruptures occasionnées dans la collecte réduisent la qualité des séries de données. Si on y ajoute la rareté des bases de données structurées et maintenues, on voit que la perspective de faire de la donnée la voix et le visage de la transformation sociale devient illusoire.

## La mobilisation des jeunes experts

Principalement des scientifiques, en début de carrière, cette mobilisation est restée faible. De nombreux scientifiques en début ou en milieu de carrière pourraient jouer un rôle plus actif dans la connaissance du changement climatique. La création d'un nouveau modèle d'inclusion, rassemblant des scientifiques en début de carrière, pourrait améliorer le défi de la masse critique et garantir un futur radieux pour la production scientifique. Une grande majorité des études et des données sont rédigées par des scientifiques en début de carrière. Malheureusement, ce groupe n'est pas invité dans le cadre de stratégies académiques, qui reste souvent l'apanage des scientifiques confirmés. Une collaboration intergénérationnelle est envisageable pour assurer l'intégrité des connaissances en incitant à la découverte et au partage des informations.

## Le biais de proximité

Les gens travaillent généralement avec des personnes qu'ils connaissent et avec qui ils sont à l'aise. La plupart des sous-groupes sont dictés par la similitude des intérêts et des origines. Ces considérations démographiques créent des fractures et parfois de l'exclusion malgré le besoin de complémentarité disciplinaire. Le fonctionnement interne de tels groupes de travail pourrait entraver la qualité du rendu scientifique avec le risque de recycler les mêmes idées, les mêmes thèmes.

Il n'est pas rare de relever une forte polarisation des auteurs selon les universités où ils ont été formés. Ceux formés en France sont proches, ceux formés aux USA, pareil. La connectivité au sein du réseau des auteurs montre des liens faibles avec les scientifiques formés en Afrique. Le double objectif de qualité et de diversité peut être mieux atteint en recrutant plus activement parmi les nombreux éminents universitaires de nos pays pour mieux représenter les perspectives locales diversifiées.

## Produire des évidences ou disparaitre

Il faut relever le rôle essentiel d'une politique fondée sur des données probantes pour résoudre les crises. On a besoin de solutions éprouvées pour rendre efficaces les réponses politiques. Pour ce faire, il faut réduire l'écart entre les résultats scientifiques et la société. Ce travail demande plusieurs stratégies de déploiement par la communication, la traduction, le développement de services et l'appropriation individuelle des résultats de recherche.

Les méthodes scientifiques seules ne suffisent pas. L'accès aux informations probantes est donc essentiel pour passer aux applications. Les évidences générales à l'échelle globale sont nécessaires mais pas suffisantes pour appuyer les politiques locales. Chaque pays souhaite avoir des preuves scientifiques sur leur propre territoire, car certaines leçons apprises ne pourraient être transférables pour répondre à la demande sociale.

# Scientifiques ou consultants

Le rôle des cabinets de consultance façonne fortement une mentalité trompeuse sur la qualité apparente de l'expertise importée. Il existe une forte demande de consultants issus des firmes européennes avec plusieurs références. La qualité des firmes de prestation de service réduit les chances des chercheurs locaux pour qu'ils soient sollicités pour produire des informations locales applicables. Les consultants ne sont pas forcément motivés par des preuves scientifiques solides, mais plutôt par des réponses instantanées susceptibles de fonctionner immédiatement et maintenant. Pas besoin de précision (les erreurs types ne sont pas requises). Alors que les preuves scientifiques solides nécessitent du temps et davantage de ressources financières.

C'est cette option de rendre les institutions de recherche fortes que les pays du Nord ont choisie. Ces pays ont su mobiliser les scientifiques avec une efficacité telle qu'aucun secteur de développement ne peut dérouler son programme sans avoir les options scientifiques pertinentes le concernant. Ainsi la crédibilité scientifique recherchée va-t-elle de pair avec la « facilité à comprendre » les évidences et le mécanisme qui les expliquent.

En Afrique, l'utilité de la science est confrontée au souci de se forger une réputation scientifique. Plusieurs préfèrent porter fièrement les grands titres, comme Professeur titulaire de classe exceptionnelle, plutôt que de se rendre utiles pour trouver les réponses sociales aux problèmes de développement. Le titre ne doit pas prévaloir sur l'utilité. C'est en se rendant utile et en s'érigeant en bouclier pour préserver la mémoire institutionnelle qu'on va barrer la route aux consultants internationaux.

# Communiquer la science

Les canaux pour partager les résultats scientifiques avec la société sont nombreux. Les scientifiques utilisent les médias pour attirer l'attention des décideurs politiques. La question devient alors : comment intéresser les médias aux résultats scientifiques ? Être efficace dans la communication pose le problème de la pertinence, de l'adaptation du message aux attentes de la société. Comment faire pour que le récit corresponde aux croyances, aux aspirations, dans un langage intelligible ? La communication scientifique, c'est aussi un exercice de sincérité sur les leçons apprises pour identifier à la fois ce qui marche bien et ce qui ne fonctionne pas tout. Savoir les limites de l'application des résultats permet d'éviter de fausses idées. Le relativisme des faits peut aider les utilisateurs à savoir qu'il n'y a pas de solutions passe-partout et que toutes les solutions actuelles peuvent ne pas être appropriées dans le futur. Seule la communication efficace des résultats scientifiques permettra de faire face à deux manquements sur les applications : celui du décalage entre la science et la décision politiques et celui moins débattu du décalage entre les engagements politiques et leur réalisation.

# L'écho du désespoir est contre-productif

Le changement est à la fois une réponse au lynchage doctrinal sur les réalités africaines, mais aussi une prise de position de la science pour ne pas juste être un consommateur d'idées importées. Il s'agit de se faire une identité ou tout au moins un espace d'expression qui légitime et opérationnalise des messages positifs pour l'Afrique. Il est impératif et urgent de changer le discours sur l'Afrique ! Pendant trop longtemps, le continent a été perçu comme un lieu de désespoir et de danger. Les images désormais tristement familières d'une pauvreté écrasante, de famine et de conflits n'ont manifestement pas réussi à mobiliser une logique d'intervention visant à résoudre les défis de l'action locale. L'image de l'Afrique n'est que des migrations massives, une accentuation des sécheresses et de la famine, la dégradation des terres et la désertification.

L'image de l'Afrique, c'est plutôt des opportunités impressionnantes et illimitées qu'offre cette région et qui, si elles étaient exploitées, pourraient jeter les bases d'une économie solide. La pratique des messages apocalyptiques pour réveiller l'empathie du monde s'est révélée contre-productive, poussant les gens au déni de l'action. Seul un récit positif, plein d'espoir, la vraie version des faits, peut mobiliser les énergies et nous fera avancer vers un avenir différent pour nous-mêmes. Les grands bonds dans l'histoire ont été le résultat de discours consolidants, structurés sur une perspective heureuse, assis sur des principes réalistes. La remise en cause du statu quo pour insuffler un souffle nouveau nécessite un doute méthodologique[49] qui ne consiste pas en le nihilisme des acquis historiques, y compris les aspects qui favorisent des relations productives avec d'autres pays. Le souverainisme commence par le discours et doit permettre de donner une pleine mesure aux possibilités locales en déconstruisant tous les stéréotypes et le stigmatisme de nos valeurs.

La pauvreté endémique de certaines régions en Afrique est liée à de nombreux facteurs, notamment des systèmes commerciaux injustes, une mauvaise gouvernance et des institutions avec très peu de capacité d'intervention. On pourrait rapidement atténuer cette pauvreté si l'on parvenait à faire de nos ressources naturelles un accélérateur de croissance. Par exemple, nous disposons d'une longue liste de plantes négligées, notamment des céréales locales, des légumineuses, des fruits et des noix, de l'huile et des graines, qui pourraient constituer la base d'une économie agricole nationale et régionale dynamique. La faible productivité agricole nécessite un investissement massif et durable pour augmenter la production et la productivité à grande échelle, une transformation en produits commercialisables et l'organisation des acteurs de la chaîne de valeur.

Sur un autre plan, la force de pression des intérêts géopolitiques, des connexions et des logiques de marché a imposé la logique de domination comme seule option pour l'Afrique du fait de ses faibles moyens. La logique du plus fort a défavorisé le continent. La vérité est que l'histoire de l'Afrique, c'est aussi des empires puissants et des économies riches et dynamiques, qui devraient nous convaincre à suffisance qu'on a tout ce qu'il faut pour améliorer notre existence et assurer la stabilité sociale sur la base du développement des ressources naturelles. Cet objectif n'a pas été atteint en raison d'une perception erronée selon laquelle le continent n'est pas plus qu'un lieu de famine endémique, de sociétés et de politiques brisées, où l'aspiration à une transformation profonde et rapide est tout simplement impossible.

---

[49] Le doute méthodique est un concept philosophique élaboré par René Descartes dans son ouvrage *Discours de la méthode*.

Il faut une nouvelle approche qui rejette le statu quo et fixe une nouvelle ambition pour un changement radical des récits familiers qui se contentent de relater des problèmes et ignorent non seulement les solutions potentielles, mais également les changements à grande échelle en cours. Par exemple, la relation entre sécheresse et famine n'a pas empêché la production de nourriture d'augmenter malgré des conditions climatiques difficiles. Ce qu'il faut, c'est exploiter le potentiel de la région pour conduire une approche fondamentalement nouvelle du développement, basée sur la mobilisation des communautés vulnérables, en particulier les groupes de femmes et de jeunes, pour provoquer un changement transformationnel.

La technologie, souvent importée, met généralement du temps à prouver son efficacité et à atteindre les zones rurales, d'où la nécessité de nouveaux modèles pour les petits producteurs et entreprises locaux. Avec les startups et les petites et moyennes entreprises (PME), un grand pas a été fait dans l'identification et la mise en œuvre de solutions innovantes pour la transformation des ressources naturelles en Afrique. Dans ce nouveau contexte, il sera important de considérer les méthodes traditionnelles et de les améliorer grâce à la technologie au lieu de toujours s'appuyer sur des solutions importées. La modernisation et la mondialisation ont certes permis de nouvelles formes de transformation sociale, mais il est important qu'elles soient mises en service en tenant compte des aspirations des Africains, et non par le simple désir de nous imposer une économie dominante extravertie qui ne profite qu'aux grandes puissances.

# La transdisciplinarité entre « sacralisme » et « sectarisme »

La transdisciplinarité permet l'intégration de connaissances pas seulement scientifiques. La science s'ouvre aux autres sources de sagesse pour sécuriser sa pertinence. On ne pense pas à la transdisciplinarité au début des programmes de développement, mais après que plusieurs contenus scientifiques ont été produits et validés. Il s'agit d'une réflexion après coup, c'est-à-dire un effort post-mortem pour rattraper les conditions de mise en œuvre efficaces. Puisque le développement scientifique en Afrique inclut souvent des aspects de durabilité, l'acquisition de telles connaissances devient une capacité additionnelle à acquérir après la formation universitaire traditionnelle. L'inclusion de la durabilité dans les programmes de formation devient donc un aspect important pour préparer les futurs chercheurs et pratiquants à mieux comprendre les défis du développement durable avant d'engager une vie professionnelle.

Ce changement dans le cycle de formation est plus facile à dire qu'à faire ; il n'existe pas jusqu'à présent de méthode globale pour construire un programme solide sur l'approche transdisciplinaire. Il y a plusieurs raisons à cela. La première est qu'il s'agit d'un véritable défi pour s'adapter à une dynamique socio-écologique incertaine et complexe qui traverse les disciplines scientifiques qui sont en elles-mêmes multiformes et dynamiques. Deuxièmement, l'espace laissé à l'imagination et à la curiosité peut engendrer divers points d'entrée et diverses sensibilités. Il faudra naviguer dans la question de la recherche initiale qui recoupe ces aspirations plurielles pour aborder ensemble les questions sociétales, sans « laisser personne de côté », et valoriser toutes les perspectives, semble rédhibitoire, surtout que les connaissances sont incomplètes et les valeurs plurielles.

Dans ce contexte, utiliser la science pour prendre la bonne décision nous amène à appliquer la plupart des connaissances disponibles pour identifier des domaines d'action spécifiques sans chercher à appliquer à la lettre certaines recommandations vagues de l'approche transdisciplinaire. Les scientifiques ne peuvent y parvenir seuls, il faut les acteurs du développement et les acteurs politiques. Par conséquent, la recherche transdisciplinaire est un effort collaboratif, d'exploration et de découverte sur des problèmes réels et pertinents avec des partenaires universitaires et non universitaires, intégrant ainsi diverses perspectives pour obtenir des résultats significatifs.

Les dimensions de la transdisciplinarité recoupent celles de la géopolitique en tant que méthode d'analyse et d'action. Elle repose sur quatre composantes. Premièrement, la maitrise des faits et de la réalité de terrain. Tout ce qui se fait au mépris du contexte a des chances de passer à côté. La maitrise de terrain ne s'acquiert pas au détour des lectures d'ouvrages et de récits, mais par une immersion dans les réalités qu'on veut résoudre. Deuxièmement, le temps-long, ou l'héritage historique, qui explique la situation actuelle mais pas forcément le futur, comme on le dit souvent. Comprendre les réalités qui ont prévalu et leur évolution est une option sérieuse pour l'action. Troisièmement, l'esprit d'innovation pour apporter des solutions adaptées à la réalité. Enfin, quatrièmement, la compréhension des influences extérieures, souvent globales, qui influencent ou régissent les réalités locales.

Le travail de terrain constitue dans une large mesure l'aspect le plus important de la recherche-action. L'établissement de données cohérentes dans le temps par la collecte d'informations socio-économiques et biophysiques nécessite un engagement auprès des personnes et des localités. Faire du travail de terrain a du sens dans nos pays où les données primaires manquent sérieusement ou, si elles existent, ne sont pas organisées ou accessibles. L'un des défis liés à l'obtention de données réside dans la confiance des personnes qui les fournissent.

Le travail des scientifiques est englouti par l'attitude, les promesses non tenues des politiques. La science subit la neutralisation de la parole politique ; elle n'avancera pas tant qu'on ramera à contre-courant du progrès. Le scientifique ne vient pas pour comprendre les enjeux et proposer des solutions permettant aux hommes politiques de résoudre des problèmes. Sans le pouvoir de l'action, l'intérêt apporté au scientifique est moins apparent. Dans l'esprit des communautés, les avantages d'une collaboration sérieuse avec la recherche sont moins gratifiants que ceux obtenus avec des politiciens qui au moins, sur le chaud, peuvent « boucher des trous ». Le sentiment de confiance et l'importance de la recherche ne sont pas largement connus des profanes dans nos pays. La confiance en la science est socle à bâtir en Afrique.

Par ailleurs, il y a toute la cosmogonie, la culture, les croyances et les relations sacrées entre l'Homme et la Nature en Afrique. Essayer de comprendre la nature, pour la culture occidentale, permet de posséder la nature. Pour l'Afrique, comprendre la nature, c'est pour son respect. Cela donne l'apparence d'un fatalisme vis-à-vis des faits environnementaux. Les perceptions fatalistes sont lourdes malgré la reconnaissance des impacts humains sur les ressources. Le langage des sciences naturelles, trop iconoclaste, ne facilite pas la persuasion souhaitée pour fusionner la production de connaissances et la transformation des sociétés.

Voici deux courtes anecdotes pour illustrer le décalage entre le chercheur et les groupes sociaux en présence. Dans une émission radiophonique, le journaliste voulait que je lui dise en termes simples ce qu'est le carbone. N'étant pas préparé à cette question, j'ai procédé par analogie pour expliquer ce qu'est le carbone en m'appuyant sur un bout de bois qu'on met en feu. Le bois se décompose en deux composantes : ce qui reste au sol et ce qui se volatilise. Les cendres sont composées de ce que la plante a pris du sol et la fumée de ce que la plante a pris de l'air : l'eau et le carbone, donc la fumée contient le carbone. Cette explication n'est pas totalement exacte car les cendres comportent aussi des résidus de carbone selon le niveau de carbonisation. La notion de *carbone* n'existe pas dans les langues africaines.

L'autre anecdote, c'est l'angoisse qu'un collègue a créée dans un village perdu dans la mangrove lorsqu'on a réussi à y parvenir tout seuls, avec nos GPS, aux tout débuts de cette technologie. Les habitants se sont étonnés que nous soyons venus tout seuls sans aide et indiquant des lieux-dits très précis du paysage et la possibilité de joindre l'autre bout de l'île pour rallier un autre village perdu à travers les champs. Aucun étranger ne pouvait connaitre cet espace géographique caché. Alors la question était : comment on a su ? Mon ami a vite commencé à expliquer avec ferveur et fierté que nous étions suivis par des objets volants au-dessus de nos têtes, qui nous disaient à chaque instant où on était, où on allait, à quelle vitesse, etc. Après son explication, personne ne suivait la conversation, tout le monde scrutait le ciel pour voir lesdits satellites. J'ai fini par reprendre la parole pour les rassurer que ces objets ne sont pas visibles à partir de la terre et que le message que nous recevons est similaire aux ondes radio qui leur permet d'écouter les émissions à partir d'un studio à Dakar sans qu'il soit possible de voir la personne qui parle.

Il existe donc un décalage entre les outils scientifiques et les mécanismes de production et de transmission de connaissances au niveau des communautés. C'est ce décalage qui rend le travail transdisciplinaire délicat.

# La découverte, l'innovation et la transformation

L'expérience de terrain et l'expertise des scientifiques africains ne peuvent être valorisées qu'à travers l'application efficiente des connaissances produites. Il faudra radicalement lier la science à l'action en faveur du développement durable à travers la mise en œuvre pratique des acquis de la science. Toute transformation sociale devrait être adossée à l'innovation et les innovations ne sont rien d'autre qu'une combinaison de découvertes scientifiques. Cependant, la découverte scientifique repose sur la recherche fondamentale. Les ressources investies dans la recherche fondamentale sont extrêmement faibles en Afrique. Parmi les 5 006 794 demandes enregistrées au 10 décembre 2024, la part des inventions africaines représente 4,20 %, soit 210 404 brevets.[50]

Il existe une tension entre la recherche fondamentale, qui tend à être très spécifique, avec peu de place pour l'inclusion dans de nombreux domaines (exemple des nanosciences, de la microbiologie, de la chimie organique, de la physique optique), et la recherche appliquée, dont le champ d'application peut impliquer des acteurs qui ont leur mot à dire sur le sujet et son utilité pour la société.

---

[50] Organisation Mondiale de la Propriété Intellectuelle (OMPI).

L'innovation, c'est l'application de diverses découvertes pour relever les défis du développement. L'innovation dans l'économie du savoir est la clé de la croissance économique durable d'un pays. Mais la croissance de l'innovation dépend en grande partie de la recherche. C'est de l'innovation que dépend, en partie, la notoriété d'un centre de recherche. L'innovation est aussi un indicateur de la capacité d'un pays à utiliser des connaissances de pointe pour la transformation.

La finalité de la recherche, c'est l'innovation, mais cette condition ne suffit pas à créer une transformation. Pour que la transformation se produise, nous avons besoin d'une large adoption et de l'utilisation des connaissances. La combinaison de diverses découvertes conduit à l'innovation, par exemple, les téléphones intelligents sont une combinaison de diverses découvertes informatiques, de l'internet, des systèmes d'information, du positionnement terrestre (GPS) et de diverses applications comme la photographie numérique. Pour que l'innovation produite par les téléphones intelligents conduise à la transformation sociale, il a fallu une large utilisation dans la société. Par conséquent, une découverte ne peut conduire à l'innovation que si elle est complétée par d'autres applications et par des services pour la rendre accessible et utilisable par la société.

Le processus de transformation fonctionne bien lorsque tous les acteurs de la chaîne de valeur de la connaissance remplissent leur tâche et répondent aux exigences des trois segments décrits ci-dessus. La découverte reçoit peu de financement et l'innovation n'est pas fortement encouragée par des agences appropriées pour une forte adoption par le secteur privé. Tous les jours, de jeunes Africains, dans des domaines divers, parviennent à inventer des machines, des véhicules, des imprimantes 3D, des chefs-d'œuvre d'architecture, des robots, des générateurs électriques, etc. Ces découvertes et innovations ne franchissent même pas le niveau de la startup. La valorisation des acquis de la recherche n'est pas suffisamment financée et la jonction entre le secteur privé national et ces découvertes n'existe que sur le papier. Pour que la transformation se produise, les universités ont l'obligation de travailler avec le secteur privé, les agences gouvernementales et les groupes d'intérêt économique et des entreprises pour répondre aux besoins de recherche e t développement (R&D).

Plusieurs institutions d'appui soutiennent que la transformation sociale est une question de leadership. Il faut avoir des dirigeants inspirants et qui en veulent pour engager la transformation sociale. Dans l'absolu, c'est vrai, mais la transformation est d'abord et avant tout de l'ingénierie sociale. Si les pays développés se sont basés sur la force de la publicité pour une adoption grandeur nature de certaines innovations, il faudra pour l'Afrique compter sur la formation et l'éducation. Le renforcement des capacités et le développement des compétences, le développement personnel et le leadership scientifique ne peuvent, dans ce contexte, se concevoir que dans le cadre d'un engagement différencié selon les sensibilités sociales. Il s'agit donc d'un échange bidirectionnel avec le développement de services et les utilisateurs. D'après mon expérience, animer des formations et mettre en œuvre une recherche transdisciplinaire pour l'action est plus efficace lorsqu'elle est intégrée dans la conception des programmes de développement. Le fait de tout concevoir sans les bénéficiaires mène dans la plupart des cas à des défaillances dans la mise en œuvre.

Cette approche participative pour le développement des services et des applications de la science nous oriente vers les mécanismes de mise en œuvre des projets intégrés qui peuvent mieux contribuer à renforcer des capacités et des pratiques efficaces fondées sur la science. Cela soulève deux questions fondamentales : quelle est la signification du terme « formation » dans le cas de la recherche appliquée ? Est-il possible d'être inclusif dans tous les segments de recherche ?

Toute transformation sociale dépend des innovations appliquées, ces innovations dépendent des découvertes à notre portée. L'Afrique aura du mal à créer une transformation sociale à partir de la science sans investir dans la découverte et l'innovation.

# Quel modèle scientifique pour le développement durable en Afrique ?

Que pouvons-nous attendre de la recherche pour un développement durable et rapide de l'Afrique ? Ce serait formidable si nous pouvions répondre avec clarté à cette question en spécifiant les modalités et les applications de la recherche pour la transformation socio-environnementale de notre continent. Les questions locales d'intérêt global telles que l'agriculture, l'urbanisation et l'industrialisation sont souvent en concurrence pour les mêmes espaces et les mêmes ressources, telles que la terre, l'eau et l'énergie, entre autres. Les progrès dans un secteur peuvent impliquer des préjudices pour d'autres. Comprendre les équilibres des voies de développement aidera à mettre en valeur les synergies et à minimiser les effets secondaires et autres externalités négatives.

À quoi va servir la recherche sur la durabilité en tant que nouvelles connaissances et nouvelle approche pour le développement ? De toute évidence, l'objectif principal des nouvelles politiques portant sur la résilience des communautés interpelle les scientifiques sur le besoin de coproduction des connaissances devant une société ouverte au monde et dotée d'un héritage de connaissances bâti sur les spécificités locales et les influences extérieures. Par conséquent, un enjeu majeur de la science contemporaine portera plus sur l'élaboration et l'accompagnement d'itinéraires socio-économiques propres au contexte pour accompagner toutes les politiques dans lesquelles les résultats scientifiques en matière de durabilité seront pertinents. La parcimonie des choix scientifiques devra sous ce rapport veiller à l'identification des facteurs de dégradation de l'environnement pour mettre en œuvre des mesures de sauvegarde environnementale dans les initiatives de développement en cours.

Cela nous renvoie à la question suivante. Comment la recherche et l'innovation en matière de durabilité seront-elles utilisées ? La traduction, ou pour être plus exact, l'interprétation de la science pour produire des connaissances, l'application de la science et l'intégration des découvertes dans des actions pratiques nécessiteront une approche nouvelle et intentionnelle pour que les options de mise en œuvre soient efficientes. Les résultats scientifiques ne peuvent conduire à un changement radical que s'il y a une « volonté de changement » cohérente avec les orientations politiques.

L'ambition d'accélérer le développement doit partir des atouts locaux et des connaissances qui concourent à la résilience des communautés vulnérables. Pour que l'application des connaissances aux conditions locales soit menée avec conformité et diligence, nous avons besoin de changements fondamentaux dans les compétences et dans le cadre de gouvernance de la science ainsi que d'infrastructures physiques qui permettent de concevoir et de mettre à l'échelle les innovations pertinentes.

La science en Afrique a l'occasion de délibérer sur ce que la science de la durabilité signifie pour le continent. Le défi porte sur l'approche optimale pour le développement durable. On reste théorique sur ce sujet. Dans la pratique, très peu de choses ont changé depuis qu'on parle des ODD (Objectifs pour le développement durable). Il s'agit d'une question complexe, avec plusieurs aspects interconnectés. C'est dans la gestion des interfaces (le nexus) que tout se joue, par exemple, les connexions entre l'alimentation, l'eau, la santé, la gouvernance et l'énergie, les terres, etc. L'Afrique doit éviter de suivre l'itinéraire de développement des pays du Nord qui ont détruit la planète au nom du progrès industriel. Face à l'extinction croissante des espèces due à l'empreinte humaine, à l'urbanisation rapide, aux flux des ressources, ainsi qu'aux graves impacts du changement climatique, répondre à ces questions de développement durable nécessite de « faire preuve d'anormalité » devant les sociétés consuméristes.

Cette option pour le développement durable traduit un intérêt croissant pour différentes formes de transitions, économique, écologique, agroécologique, consistant à chercher la prospérité sans préjudice au capital naturel. Pour l'Afrique, il s'agit surtout d'asseoir un capital social à partir d'un dividende démographique en faveur de la jeunesse de la population africaine. Les Nations unies estiment qu'en 2050, 70 % de la population africaine aura moins de 30 ans, soit 850 millions d'individus, alors que cette proportion est de 15 % pour l'Europe avec un taux de croissance decrescendo. La force de l'Afrique dans les décennies à venir sera donc sa jeunesse. Un groupe de cent Africains pris au hasard est plus innovant qu'un groupe de cent Occidentaux pris au hasard. La proportion de jeunes pour le groupe du pays africain est au moins cinq fois plus élevée que celle d'un pays du Nord du fait de la proportion de jeunes dans les deux cas. Cela donne plus de possibilités pour la main-d'œuvre créative, et pour la vivacité économique. C'est pourquoi les politiques africaines contemporaines devraient donner un accent particulier à leur jeunesse. Toutes les politiques sectorielles doivent être porteuses de l'ambition de transformation sociale fondée sur les capacités scientifiques et techniques d'une jeunesse ingénieuse pour explorer toutes les possibilités d'un développement durable et harmonieux.

La technologie permet certes des raccourcis de délais pour atteindre des objectifs de développement, mais la technologie, comme l'intelligence artificielle, n'est pas censée remplacer la conscience, le sentiment, le sens du jugement, la préférence, qui sont éminemment culturels, et ne peut en aucun cas couvrir tous les choix humains émanant de la pluralité des facteurs d'appréciation. Le développement durable c'est d'abord l'homme avant d'être la technologie. Le langage des machines ne pourra jamais remplacer le langage humain, et la dépendance aux machines déshumanise. Chaque révolution industrielle a eu ses conséquences. Celle de la quatrième révolution aura un impact sur la paresse de la réflexion parce que toutes les questions sur notre vie sont soumises à la machine. Il faut un équilibre entre l'intelligence humaine et l'intelligence artificielle pour que l'Afrique puisse garder ce qui a fait sa force à travers les âges, c'est-à-dire son humanisme. On pourra profiter des progrès réalisés dans la quatrième révolution industrielle dans les domaines de l'informatique, de l'internet des objets, du big data, des réponses futuristes en matière d'énergie, de production alimentaire, d'utilisation de l'eau et en matière de santé, ainsi que d'autres facteurs, en gardant l'homme au cœur du nouveau paradigme de développement.

Les succès et les échecs de toutes ces innovations pour un développement durable dépendront dans une large mesure de la prise en compte de la sociologie locale et des normes et valeurs culturelles qui varient selon les zones géographiques en Afrique. Cela signifie que les succès de l'innovation dépendront à la fois des nombreux contextes culturels, ainsi que des systèmes de production et de transmission des connaissances au sein de la société.

D'où la question fondamentale qui est de savoir comment mettre l'innovation en pratique pour une transformation sociale rapide et profonde en Afrique. Que signifie l'innovation pour un Africain ? Répondre à cette question met en exergue un gros malentendu. Le modèle occidental prend l'innovation sous l'angle de la technologie et des nouvelles façons de relever les défis émergents. Pour nous, l'innovation, c'est aussi faire revivre des savoirs et des pratiques négligés, défaits par la colonisation au nom de la mission civilisatrice pour imposer des solutions dites modernes. Une reconstruction de ces savoirs passe par la déconstruction et le désapprentissage de plusieurs savoirs coloniaux.

Par exemple, le concept d'agroécologie et les solutions fondées sur la nature ont adopté diverses formes de « stimuli verts » pour soutenir des voies de développement biocentriques in situ, basées sur de véritables pratiques établies et utilisées par les communautés locales et autochtones depuis des siècles. Ces pratiques ont été affaiblies, voire interdites, par les modèles importés imposés à l'époque coloniale. L'innovation dans le cadre de la sécurité alimentaire, par exemple, devrait permettre, selon les contextes, de mettre l'accent sur les pratiques traditionnelles pour l'amélioration des semences, l'efficacité de l'utilisation de l'eau, l'efficacité durable de l'utilisation de l'énergie, les pratiques de gestion des sols, l'agro-biodiversité et la gestion des terres, la transformation et le marché des produits alimentaires, ainsi que l'optimisation de la chaîne de valeur. La pluralité des interventions dans chaque secteur nécessite de saisir chaque domaine de compétence et de résultat avec des sources pertinentes et les connaissances des utilisateurs. Si la recherche sur la durabilité est spécifiquement orientée vers les utilisateurs, on est obligé de coconstruire la connaissance avec eux.

La science de synthèse, est-ce possible, est-ce désirable ? L'approche systémique, qui par définition est inclusive, n'est pas la démarche la plus facile pour produire une science de synthèse permettant de répondre aux questions complexes. Cette approche a un coût et fait appel aux approches sectorielles puisque les espaces de convergences sont négociés, le consensus est plus long à atteindre. Faire cette science pour un développement durable relève plus d'un effort sur les négociations des compromis scientifiques que d'un simple plaquage rigide d'outils et de méthodes.

Ces outils et méthodes sont déjà éprouvés par les différentes disciplines et très peu acceptent de renoncer à ces approches disciplinaires en s'élevant dans la sphère transdisciplinaire. Ainsi, la mise en pratique holistique est très coûteuse et prend du temps. Il y a deux volets essentiels dans l'approche systémique : il s'agit premièrement de la réduction des logiques concurrentielles avec la coconception de solutions, ensuite de sa mise en œuvre, qui constitue une phase d'apprentissage dynamique nécessitant des collaborations sans renier l'excellence de la recherche qui a été, et est jusqu'à présent, par essence, monodisciplinaire. Plusieurs réponses pour le développement durable portent sur l'interface des disciplines et pas sur les propositions cloisonnées, spécifiques aux disciplines.

Par conséquent, améliorer la science pour le développement durable en Afrique consiste à réfléchir sur les exigences des politiques de développement au titre de l'adéquation entre la préservation du capital naturel et les autres capitaux, financier, humain, social. L'effort de persuasion des utilisateurs de la science durable est aussi élevé pour les scientifiques que pour les décideurs politiques et les acteurs du secteur privé, habitués au confort de comprendre et d'agir en utilisant des modèles heuristiques simples et faciles à planifier.

Dans le contexte de l'Afrique, où la pauvreté des personnes contraste avec la richesse des ressources naturelles, il est possible de construire un nouveau discours de l'action sur des opportunités illimitées si des améliorations sont apportées aux conditions favorables telles que les systèmes de gouvernance et l'amélioration des infrastructures. Pour prospérer dans cette dimension des nouveaux concepts de développement, le potentiel de l'Afrique doit être lié à une vision fondée sur « *business as unusual* », sortir des sentiers battus pour voir les choses autrement afin d'accéder aux nouvelles opportunités de production de richesses et d'emploi pour les jeunes et les femmes, la possibilité de changer le modèle économique et de s'appuyer sur les connaissances produites localement.

Il pourrait exister des recours opérationnels rapides, mais certainement pas de raccourcis sur la production de la science transdisciplinaire pour atteindre cet objectif de développement durable. Dans de nombreux cas, il s'agit d'intégrer les innovations en matière de science de la durabilité dans les politiques de développement telles que l'environnement, l'agriculture, l'inclusion sociale et les opportunités de marché intégré. L'évolution des méthodes et la diffusion de la science permettront de consolider la noble intention de la promotion de la science transdisciplinaire par la coconception, dans laquelle l'engagement des différentes parties prenantes est volontaire, avec la motivation des scientifiques pour valoriser des parcours professionnels utiles à la société. Puisque les aspirations locales et des interactions entre les personnes et leur milieu détermineront la pertinence des innovations scientifiques, le relativisme devra s'ériger comme principe pour tenir compte des mutations dans le temps et dans l'espace ; tout dépendra du contexte et des moments choisis pour intervenir. L'innovation conçue sous ces conditions devient alors spécifiquement dédiée pour déclencher une transformation sociale à long terme et une durabilité environnementale devant la pluralité des situations.

L'ambition du nouveau paradigme pour la science est de repenser le développement de l'Afrique pour promouvoir des infrastructures résilientes au changement climatique, une santé unique (homme, animal, écosystèmes) de qualité, une énergie propre et renouvelable, un accès durable à l'eau pour tous les usages, une agriculture productive avec un impact écologique limité, etc. Tous ces besoins nécessitent d'appliquer des méthodes d'apprentissage différenciées, des approches de développement et des cadres de collaboration pour générer des options de mise en œuvre bien calibrées aux besoins pour le développement harmonieux et durable.

Il conviendra dès lors d'asseoir une nouvelle culture de travail plus efficace avec une claire conscience qu'aucun acquis institutionnel ne peut se matérialiser sans qu'on parvienne à consolider une stratégie de travail inclusive, fondement de l'approche trans et interdisciplinaire.

Même s'il existe des segments opérationnels indépendants, il est toujours bénéfique de développer les synergies internes pour qu'aucune entité ne puisse exister et prospérer sans référence à l'autre. Cela permettra des raccourcis et des économies d'échelle qui faciliteront l'éclosion de technologies innovantes pour notre société.

# La science au féminin : empathie ou solidarité

Il est important de mettre l'accent sur ce qui est désirable dans une institution de recherche et ce qui ne l'est pas en matière d'attitude et de comportement. Nous sommes humains, tous capables de commettre des erreurs, parfois sans nous en rendre compte. Tout se fonde et commence naturellement par de l'empathie les uns envers les autres ; cela aidera à déterminer comment solidifier l'esprit d'équipe. Pour gagner, il faut être fort ensemble. Il ne s'agit pas seulement de faire respecter ce qu'on appelle les règles élémentaires de bienveillance ou le respect mécanique d'une certaine approche de conformité aux règles avec une application stricte du contrôle interne ; il s'agit surtout de cultiver le sens élevé de l'acceptation de l'autre, de l'appréciation de ses efforts pour le bien commun.

La première attention doit porter sur les différentes formes de harcèlement, d'intimidation, de chantage, etc. On ne peut pas en parler sans une certaine retenue puisqu'elle relève de la morale et personne n'en est pas mieux doté que quelqu'un d'autre ; c'est simplement la volonté d'en faire usage qui diffère. Si les institutions n'ont pas pour objet de produire des personnes particulièrement honnêtes et moralement irréprochables, elles ont l'obligation de faire en sorte que la malhonnêteté ne paie et ne prospère jamais.

Il est normal, dans une institution de recherche, d'observer des dérapages occasionnels qui peuvent gêner, vu leur nature pudique. Ces dysfonctionnements peuvent venir de toutes parts, de façon délibérée ou inconsciente, et sous des formes diverses comme certaines indiscrétions ou attitudes malveillantes, surtout à l'endroit des femmes.

Cette dimension genre est fort heureusement de plus en plus prise en compte dans la formation scientifique. J'ai eu l'énorme chance d'avoir été coopté comme encadreur dans un programme destiné aux femmes en science agronomique. Je me suis rendu compte que le potentiel de la gent féminine n'était pas suffisamment exploité en Afrique. Pour avoir fait le doctorat avec des femmes d'un talent impressionnant, je suis bien placé pour souligner que la non-sélection des femmes dans les programmes de recherche scientifique n'avait aucun fondement objectif. Que je sois considéré comme un féministe plus tard puisque la majorité des chercheurs de mes laboratoires étaient des femmes n'était pas forcément un objectif préconçu, mais c'était plus lié à des critères objectifs de sélection où elles se sont distinguées. Les résultats obtenus par ces femmes sont presque systématiquement supérieurs à ceux des hommes. J'espère que je ne risque rien à dire cela.

Une lecture attentive du nombre limité de femmes en science montre que les logiques sociales en vigueur jouent un rôle important. La famille en Afrique favorise beaucoup les garçons. Le destin d'une fille, c'est le mariage, cela veut dire le départ pour une autre famille ; le seul investissement qui reste dans la famille, c'est celui fait sur les garçons, qui perpétuent l'héritage. C'est une caricature mais assez souvent, l'homme a plus de chances de recevoir tous les appuis nécessaires pour aller loin dans les études. Pour un rien, on accepte la sortie du système scolaire pour les femmes pour des motifs qu'on n'aurait jamais tolérés pour un homme.

Le temps pour étudier est toujours plus court pour la fille que pour le garçon. Les filles sont apprenties ménagères et élèves alors que les garçons ne sont que des élèves. C'est ainsi qu'après quelques années à l'école, les filles l'abandonnent en masse, surtout dans le monde rural. Cette tendance est en train d'être résorbée grâce au travail acharné de la société civile, des ONG et de nouvelles politiques étatiques qui mettent en place des stratégies pour réduire la marginalisation des femmes dans les curricula scientifiques.

C'est le rôle du leader d'amener chaque agent à être un modèle. Plus le nombre de personnes exemplaires est élevé dans une organisation, mieux les gens se comportent et moins il y a de place pour des attitudes déviantes. Ce respect de soi et des autres se reflètera aussi sur notre comportement à l'extérieur. C'est la discipline collective qui renforce cet environnement de sérénité. Le respect des hommes, des espaces et des ressources est un gage de pérennité. Le modèle japonais est illustratif de l'importance de la discipline collective pour la recherche ou pour toute autre entreprise commune.

Savoir positiver, même devant des oppositions radicales, réduit les pertes de temps et d'énergie dues aux situations d'apparence conflictuelle. Le jugement subjectif et les déconnexions qui lui sont assujetties réduisent forcément la proximité professionnelle. Il est dès lors nécessaire d'être ouvert à la discussion controversée et aux différences de point de vue afin d'opérer des choix rationnels dépourvus d'émotions. Il faut de la place à tout le monde pour faire d'une institution de recherche un espace d'échanges d'idées fructueux et de créativité.

# Identité de groupe et animation scientifique

Cette section est une réflexion sur la fatigue et la surcharge de travail qui peuvent plomber la dynamique productive. La créativité vient avec la limitation de certaines formes d'exaspération qui entravent les mécanismes d'organisation et de planification internes. S'organiser un peu plus au sein des groupes dans un esprit collégial, dont le soubassement est la structuration de l'esprit de groupe et l'identité d'équipe, est une nécessité, pas une option.

Les attitudes et attributions au sein des groupes de recherche déterminent pour beaucoup leur succès. On ne peut pas atteindre des résultats scientifiques de qualité sans affiner les mécanismes de collaboration à l'interne. On ne peut non plus asseoir ces mécanismes organisationnels sans mettre l'intérêt de l'institution devant toutes les priorités. Le besoin de s'identifier à son institution commence par asseoir une relation de confiance entre les agents. La dialectique des idées doit ainsi être perçue comme une émulation vers le progrès. Toute divergence de pensée ou d'effort doit être perçue comme un catalyseur pour atteindre les objectifs.

Ainsi, le partage régulier d'information par des mécanismes, formels ou non, permet à toutes les stations de développer des convergences tout en valorisant le potentiel de chacun. Le sentiment d'être suffisamment informé, d'être partie prenante, d'être un acteur valorisé, de rester un contributeur actif crée une fusion entre un contenant (institution de recherche) et le contenu (les agents), qui en constitue l'âme. Cet idéal d'harmonie commence par l'addition des idées qui finissent par cristalliser une identité de groupe. Cette identité ne se crée pas ex nihilo, elle est le résultat à la fois de la proximité qu'on veut avoir avec leur travail, mais aussi de l'esprit de co-construction des résultats. C'est un travail de longue haleine.

Cette identité de groupe se forge dans les interactions sincères et organisées entre agents pour structurer et mettre en œuvre les procédures de travail, en sachant se remettre en cause, sans préjudice du crédit personnel de chaque contributeur. Il ne faut pas penser que les seules réunions (nombreuses) pour échanger sur les projets suffisent en tant que baromètre pour établir le profil d'une équipe harmonieuse. Il faut en plus s'accorder sur les processus, les formes d'échange d'informations, développer des rapports de confiance pour faire des rencontres, des moments de motivation mutuelle. Une planification globale et rigoureuse servira de référence et de cadre de mise en synergie.

Assez souvent, les décisions les mieux acceptées sont celles pour lesquelles les collègues sont préparés et celles dont les fondements ont été partagés à l'avance. Le fait d'échanger des options et de recueillir des avis n'enlève en rien la hiérarchie des valeurs et des personnes entre collègues. Ces interactions permettent en même temps de faire des consensus et/ou d'informer des risques tout en consolidant le sentiment de confiance entre collègues.

Dans cet ordre d'idées, il est important de se rappeler que les objectifs des équipes peuvent évoluer en fonction du contexte et des circonstances et opportunités de travail. C'est pourquoi il est nécessaire de faire des mises à jour et de redéfinir les approches en fonction des mutations qui s'opèrent. C'est ce qu'on appelle la gestion adaptative des équipes, qui acceptent les difficultés comme des ressorts pour d'autres victoires. Cette clarté dans les orientations stratégiques réduit le nombre et le temps des réunions, mais aussi atténue certaines incompréhensions qui nous retardent souvent dans l'exécution du travail.

Dans la structuration des résultats attendus, il y a une dimension temporelle (*deadline*), mais il y a aussi le processus, c'est-à-dire les étapes à suivre pour atteindre ces résultats. Cette dernière considération est souvent le maillon faible si les membres de l'équipe ignorent ou ne partagent pas la démarche de travail. Là-dessus, la persuasion vaudra mieux que la dissuasion. Il n'y aura pas de solutions magiques, mais une adaptation continue pendant l'exercice du fait des déterminants et des idées qui se présentent devant nous.

Une façon de garder la mémoire de ces décisions, c'est de les documenter et de faire des comptes-rendus oraux pour rappeler ce qui a été décidé. Le plus grand défi est dans le suivi et la poursuite des recommandations et décisions collégialement prises. Il existe tous les outils modernes permettant de partager de façon dynamique les résolutions et les réalisations au sein des équipes. Il faut juste un peu de créativité avec un esprit d'innovation pour y arriver.

L'intention et la portée pratique de l'esprit de groupe, c'est de susciter l'opportunité de se mettre ensemble pour résoudre des défis inattendus, ou alors d'évaluer les conséquences de certains processus sur nos performances de travail pour les pallier. La reconnaissance du mérite, l'encouragement des efforts consentis, la valorisation des acquis, la gratitude devant l'engagement individuel et collectif sont autant de valeurs à promouvoir si l'on veut entretenir le niveau de motivation au travail. On n'est jamais suffisamment isolé pour se suffire de soi dans l'exercice de ses fonctions. Quelle que soit la maitrise qu'on a de ses tâches et quel que soit le niveau hiérarchique qu'on occupe, on a besoin de collaborer avec « plus petit que soi », de partager et coconstruire les résultats.

# Partenariat et financement de la recherche

Premier niveau d'engagement : la recherche de financement, de moyens, n'est pas une fin en soi, mais un fait inféodé à l'objectif de contribuer aux résultats scientifiques. Toutefois, tous les financements ne sont pas bons à prendre. Aussi convient-il de discerner les partenaires qui permettent de valoriser les capacités institutionnelles et ceux qui vous utilisent pour se valoriser.

Investir dans la science est un effort cohérent vers la souveraineté de quelque nature que ce soit. Il est donc important de prendre en compte la source des financements et des secteurs qui sont financés et la manière dont tout cela sert l'intérêt du développement local de nos pays. On ne peut pas parler de financement de la recherche sans aborder la mise en commun des efforts portant sur les appuis disparates de la recherche en Afrique. Dans presque tous les pays développés, le financement de la recherche est coordonné au niveau des fonds nationaux ou fondations en charge de cette mission. À part quelques pays africains comme l'Afrique du Sud, la Côte d'Ivoire, etc., très de peu de pays ont mis en place un fonds national actif, doté de financement à la hauteur des ambitions de développement pour accompagner la recherche locale. Assez souvent, pour pallier cette faiblesse institutionnelle, on met en place des programmes d'appui avec peu de moyens au sein des ministères de l'Enseignement supérieur.

Dans tous les cas, l'Afrique devrait, sous les auspices de l'Union africaine ou des Commissions économiques régionales, mettre en place des institutions fortes de financement de la recherche qui amènent les chercheurs africains à cocréer des innovations dans des domaines pointus. Une telle cohérence est vitale pour toucher les communautés les plus isolées en les obligeant à faire des comptes-rendus pour les utilisateurs locaux. Je ne me souviens pas, durant ma carrière universitaire, d'avoir été obligé de partager mes résultats scientifiques avec les services techniques de l'État. Au même moment, nos résultats scientifiques étaient rendus aux institutions qui les ont financés et qui vont servir aux pays donateurs. C'est à la fois une perte mémorielle non négligeable et une forte dilution de la souveraineté scientifique.

À défaut des données produites localement avec les moyens fournis par nos institutions, on a largement recours aux bases de données mondiales sans savoir si ces informations sont conformes à la réalité africaine ou à nos besoins d'analyse. Prenant l'exemple des données satellitaires, ce n'est que récemment que le continent a cherché à mettre en place un programme panafricain sur l'information spatiale sous l'égide de l'Union africaine. Plusieurs États se sont dotés d'agences spatiales qui n'existent que de nom. La production d'informations précises sur nos ressources naturelles est une étape sine qua non pour l'émergence de nos pays. L'utilisation des données spatiales sur le potentiel offert par nos ressources est une nécessité pour guider l'action sur le terrain. Qu'on laisse les pays du Nord en savoir plus sur nos ressources naturelles nous assujettit à plusieurs formes de domination.

Que les États comprennent qu'il faut que toutes les ressources sur nos territoires fassent l'objet d'une très bonne connaissance pour planifier les priorités et les procédures afin de les exploiter. Sans cela, il sera difficile de comprendre les défis et de conceptualiser les solutions applicables selon les intérêts de nos pays. La contextualisation des données est un besoin crucial pour amorcer une mobilisation des acteurs vers la résolution des problèmes locaux. Les communautés ont besoin de comprendre les forces motrices dans leur terroir et comment les projets de développement pourraient permettre d'y répondre. Cela crée un esprit critique basé sur des informations comprises à travers une mentalité collective d'engagement citoyen pour le progrès. Du satellite aux villages, de la politique aux modes de vie, il s'agira de désagréger les connaissances pour répondre spécifiquement aux besoins locaux. Ce sera la somme de toutes les réponses locales qui fera la transformation sociale de l'Afrique.

Dans les faits, la plupart des projets de recherche étant négociés ailleurs, l'apport en tant que partenaires de mise en œuvre fait de nos institutions des prestataires de service, des accompagnateurs, des facilitateurs pour franchir les barrières culturelles et institutionnelles. Même si l'appui extérieur importe, pour dérouler les priorités du plan d'action institutionnel et s'émanciper des offres incertaines, il faut chercher à avoir les capacités d'aller vers les sources de financements plutôt que le tutorat ou la main tendue. Le lit de la réflexion à ce sujet est de connecter la stratégie et le cadre de résultats (alignement), les options de gouvernance interne des procédures (conformité), le financement et la mobilisation des ressources (adéquation).

Alignement, conformité, adéquation : ces trois piliers permettent d'opérer des choix sur les projets à prendre et ceux à laisser aux autres. Mieux, ils atténuent aussi l'illusion de l'exclusion avec certains programmes exécutés ailleurs, bien que proches de notre mission. Convaincu qu'il n'y a pas de tête lucide entre les deux termes d'un choix, surtout quand les sollicitations viennent de « géants » avec qui contracter valorise votre institution, décider en amont des financements dépendra de la facilité de choisir a priori les partenaires, même s'il y a une forte improvisation selon les opportunités.

Être conscient que la mise en place des consortiums relève souvent des paramètres échappant à notre contrôle explique les choix de partenariats selon l'appui que cela rapporte aux chercheurs, et pas forcément à leur société. Vouloir s'ouvrir institutionnellement n'exclut pas la prudence dans le choix des associés. Ce souci de sécurité rappelle les relations qu'on doit avoir entre le personnel et les institutions extérieures. C'est dire que les logiques de groupe, les connexions épistémiques, font les accords ou désaccords institutionnels et influent sur les performances scientifiques. Il importe par conséquent de déconnecter autant que possible les relations institutionnelles de celles entre les personnes pour asseoir une neutralité dans les choix stratégiques.

Il ne faudra jamais s'étonner de voir une institution proche s'opposer à nos intérêts ou alors choisir d'autres partenaires. Il faut savoir admettre que des partenaires proches peuvent se faire d'autres alliés, la possibilité de choisir d'autres partis sans nous faire douter de nos valeurs et de notre compétitivité. N'ayant pas le don d'ubiquité et ne pouvant pas tout faire, il faut juste conserver la confiance et la liberté de choisir avec qui collaborer et sur quoi travailler.

# Financement de la recherche : allié ou ennemi ?

Pour obtenir un financement pour la recherche, il faut d'abord s'impliquer dans les consortiums de recherche. Le rôle des scientifiques africains dans les consortiums est à revoir pour équilibrer les relations de collaboration. La demande en experts est de plus en plus importante du fait de la pluralité des opportunités. Alors le ciblage des experts du Sud par les équipes du Nord reste un perpétuel renouvellement des mêmes scientifiques — ceux qui ont une réputation certaine. Le choix de ces experts se fait avec le minimum de risques pour une exécution contrôlée des tâches. Ce biais sur la sélection réduit la participation de plusieurs autres scientifiques qui attendent leur tour comme potentiels contributeurs dans les équipes de recherche.

L'autre handicap est l'influence et la position des chercheurs africains dans ces consortiums. Le concept d'investigateur principal (PI) cache mal la hiérarchie des rôles qui favorise les chercheurs du Nord. Rien de plus normal, si les financements viennent du budget public des pays qui financent, que leurs chercheurs soient les patrons et conditionnent les méthodes et les orientations scientifiques.

La recherche en Afrique est en grande partie financée par des ressources extérieures. Souvent, les scientifiques africains sont invités à rejoindre des consortiums avec des conditions de participation prédéfinies, c'est-à-dire non négociables, afin de recevoir une partie du financement. Souvent, le rapport entre la part du budget reçue et la part du travail à faire est déséquilibré en défaveur des chercheurs du Sud. Ils sont moins bien payés s'ils réussissent à sécuriser des « personnes/mois »[51], même si leurs contributions intellectuelles sont très significatives.

Lorsque les scientifiques africains sont invités à participer à des consortiums internationaux, ils ne reçoivent qu'une très petite part du budget. Les étudiants sont engagés avec une rémunération parfois dix fois inférieure à celle de leurs homologues du Nord. Recruter un étudiant africain devient un investissement rentable. Dix étudiants du Sud au prix d'un du Nord. La base de calcul est biaisée dès le départ. C'est comme ça. L'élaboration des budgets des projets est basée sur le salaire moyen par catégorie, appelé « personne/mois ». Cela chiffre littéralement, pour chaque catégorie professionnelle, combien vaut un employé pour un mois de travail dans les coéditions de travail de son pays. La différence entre l'Europe et l'Afrique devient flagrante du point de vue de la rémunération des experts. Les professeurs en Europe reçoivent plus de sept mille euros par mois, tandis que leurs homologues en Afrique reçoivent en moyenne moins de mille cinq cents euros. À cette grosse différence s'ajoute la comptabilité du temps investi sur le projet qui convertit les chercheurs africains en une armée de collecteurs de données.

Ceux qui financent détiennent le pouvoir, l'influence et l'orientation de la recherche. Ainsi, l'existence d'une recherche africaine *stricto sensu* est une illusion quand le financement vient d'ailleurs. Pour avoir le contrôle sur la recherche pour les Africains, il faut la financer avec les ressources publiques domestiques. À partir du moment où la recherche est perçue comme un investissement, un

---

[51] Une personne/mois représente le travail effectué par une personne à temps plein pendant un mois. C'est une unité de mesure utilisée pour exprimer le temps de travail ou le coût du personnel dans divers contextes, notamment budgétaire. Il est équivalent à une personne travaillant un mois entier à plein temps.

intrant essentiel pour le développement, elle devient nécessairement une affaire des États et pas une option accessoire.

Une remise en question radicale est requise pour adresser plusieurs défis. D'abord, il faudrait parvenir à influencer les choix sur les priorités de recherche. Dans les appels à projet, les thématiques ciblées sont décidées sans les scientifiques africains, à prendre ou à laisser. Si les donateurs procèdent à un exercice de cadrage (*scoping*), par exemple par le biais « d'experts de l'Afrique », le fait de ne pas prendre en compte les priorités locales fera que les orientations seront faussées dès le départ. Les appels à propositions répondent alors, dans la plupart des cas, aux intérêts propres des sources de financement. Cet intérêt peut être direct lorsqu'il y a des enjeux pour le pays donateur, ou indirect lorsqu'il s'agit de traiter des problèmes locaux qui aident en retour à résoudre un autre problème auquel le pays donateur est confronté. Un exemple d'intérêt indirect est le financement qui soutient les emplois locaux pour éviter l'émigration massive vers l'Europe.

À propos de la participation des chercheurs africains, minutieusement sélectionnés, ils sont dans une écrasante majorité des hommes de terrain, des validateurs ou des assistants de recherche. Les chercheurs principaux sont des scientifiques du Nord qui ont parfois peu de connaissances sur les réalités africaines, mais disposent d'une influence qui leur permet de contrôler et la conception et la préparation des résultats. Ces scientifiques nous reviennent comme les « Messieurs Afrique » qui s'investissent comme les porte-paroles du continent sans que personne n'y voie d'inconvénient.

Les chercheurs africains qui ne cherchent que leur promotion personnelle jouent le jeu des seconds rôles pour être délégataires d'une partie de ce rapport de pouvoir. Cela permet au moins d'asseoir une influence ascendante sur leurs collègues africains par le prestige d'être les personnes de confiance des maitres-chercheurs du Nord. L'aspect le plus pernicieux est que beaucoup de nos collègues en Afrique n'ont pas la force nécessaire pour opposer leurs idées à celles de leurs homologues du Nord. Leur quête de reconnaissance et les petits avantages que représentent le fait d'être en contact avec de grandes équipes de recherche et de voyager semblent si gratifiants qu'ils n'ont aucune raison de rechercher une relation équilibrée avec leurs pairs.

Il est impossible de dépendre de nos maigres budgets parce que dans nos pays, la politique de financement de la recherche est très faible. Et quand ces ressources parviennent dans nos centres, les systèmes comptables ne favorisent pas leur utilisation optimale. Les capacités financières de nos centres de recherche sont très faibles pour permettre une certaine flexibilité, comme les avances de caisse, pour ne pas retarder la mise en œuvre des projets. Assez souvent, engager les dépenses reste une impossibilité vu le principe de l'unicité de gestion.

Un modèle de mise en place de fonds de recherche en Afrique pourrait être celui des coalitions de pays pour mobiliser des financements importants. Les chercheurs des pays qui contribuent à ces fonds deviennent d'office éligibles pour soumettre une application, mais en s'assurant d'un partenariat entre les pays contributeurs. Les fonds de la Commission européenne, ou ceux du Belmont Forum, sont établis sur cette base. Dans un système idéal, le système national définit les priorités de recherche et s'accorde sur la répartition des ressources pour la recherche afin de répondre aux besoins de connaissances. L'interface entre la politique et la science doit être revue de telle sorte que le financement de la recherche soit régi par des canaux nationaux et régionaux établis sur la base d'une appropriation de la recherche par nos pays. Cela renforcera le rôle de la science dans l'élaboration de recommandations opérationnelles en répondant à une demande publique de résultats scientifiques.

Le leadership au sein des équipes de recherche africaines soulève des questions organisationnelles. Les positions très élevées sont réservées aux personnes nommées par les décideurs politiques (la magie du décret) qui puisent dans leur cercle politique, pas forcément dans le vivier de l'excellence. La proximité politique devient une condition pour la promotion scientifique. Ce n'est que depuis récemment que les recteurs des universités sont sélectionnés sur la base de concours compétitifs, toujours avec la bénédiction du chef ultime pour une validation des candidats. C'est déjà un pas, mais ce n'est pas suffisant. En Amérique du Nord, la procédure est purement et exclusivement compétitive. Le mérite et la capacité à diriger devraient gagner du terrain pour changer le statu quo et promouvoir la pensée critique pour une ambition scientifique plus élevée.

L'enjeu de la rétention des meilleurs chercheurs se trouve dans la capacité des pays africains à asseoir des promotions compétitives et non politiques du leadership de la recherche. Quand il y a un accaparement des postes à responsabilités par ceux qui investissent leur temps dans la séduction des décideurs, les perspectives pour arriver au sommet par un cheminement académique compétitif deviennent illusoires. Les scientifiques compétents, mais sans possibilités d'aller plus loin, auront tendance à partir dans des organismes ou des centres internationaux où l'on fait prévaloir le mérite. Se résigner à rester un « scientifique des princes » signifie qu'on est prêt à renoncer à sa liberté de penser. Il existe des cas rares où des scientifiques talentueux participent à l'architecture gouvernementale ou à la décision politique sans renoncer à leur liberté. Il faut chercher ces pépites dans les bottes de foin.

Le scientifique ne peut pas s'extraire de la décision politique. L'interface science/politique est un préalable pour l'adoption politique des résultats de la recherche. Le flux de la science entre la recherche et les institutions publiques dépendra de la perception de ce qui est appelé recherche-développement. Il y a trois variantes : recherche et développement, recherche pour le développement, recherche dans le développement. La recherche et développement est un concept industriel qui permet de passer du prototypage à la production grandeur nature. La recherche pour le développement consiste à produire des solutions avant d'aller chercher les problèmes qu'on peut résoudre avec. Alors que la recherche dans le développement est une recherche d'application directe des connaissances et innovations qui sont produites à partir des questions de recherche posées dans les programmes de développement et produits par des méthodes de coconception avec les acteurs de développement.

Les relations entre les parties prenantes doivent permettre une amélioration continue de l'utilisation de la science pour (ou DANS) le développement. Cela soulève la question de la découverte et de la diffusion de la science, car aucun pays ne s'est développé sans une connaissance appropriée.

# La science pour briser les limites de la croissance

Face aux évènements climatiques extrêmes sans précédent, à la pandémie de covid-19 et à divers autres dangers, pour la plupart liés aux activités humaines, nous n'avons d'autre choix que d'adopter des voies de développement plus vertes et plus durables. La prise de conscience de cet appel atteint son apogée au cours de l'année 2021, qui constitue une référence historique en matière de gestion durable de l'environnement, car elle coïncide avec plusieurs changements radicaux attendus déclenchés par la Décennie de l'Action pour atteindre les objectifs de développement durable (ODD, ou Agenda 2030), mais aussi la Décennie des Nations unies pour la restauration des écosystèmes.

Les défis mondiaux auxquels nous sommes soumis sont décrits dans les rapports d'évaluation mondiaux sur le climat, les terres, l'agriculture et la biodiversité. Ces appels à l'action contre ces tendances inquiétantes ne sont pas nouveaux, ils ont résonné pendant plus de cinquante ans, lors de la première édition des « Limites à la croissance » publiée en 1972 par Meadows *et al.* sur un article prospectif sur la situation difficile future de l'humanité. En 1987, le rapport Brundtland, qui a façonné l'engagement des Nations unies en faveur du développement durable, a été publié et a récemment conduit aux conventions de Rio en 1992, qui constituent toujours les cadres mondiaux pour la durabilité environnementale et le développement.

Quelques années avant la publication du livre de Meadows, plusieurs accélérations technologiques et commerciales se sont produites après vingt-cinq années de paix continue depuis la dramatique Seconde Guerre mondiale et devraient avoir des impacts drastiques sur les développements mondiaux au XXI^e siècle. Cette période fut riche en découvertes. D'abord la Révolution verte (réf. Borlaug), défiant les théories darwiniennes de limitation des ressources en raison de l'augmentation de la population. Deuxièmement, d'immenses progrès technologiques ont été accélérés par les technologies informatiques et de communication, ainsi que des progrès rapides dans le domaine des soins de santé. Troisièmement, le monde reconnaissait la fin des systèmes coloniaux dans tous les pays en développement, ouvrant ainsi à de nombreux pays l'accès aux ressources naturelles des pays en développement. Ces changements drastiques ont entrainé des changements politiques, économiques et sociaux qui ont eu un impact sur la durabilité des ressources dans le monde entier et qui ont été perçus comme épuisant beaucoup de capital et de main-d'œuvre pour lutter contre ces contraintes, à tel point que la qualité de vie moyenne diminuerait (Meadows, *Limits to Growth, 30 ans de mise à jour*).

Les « limites de la croissance » ont pour origine la prospérité économique et les dimensions environnementales limitées aux aspects productifs tels que les secteurs de l'industrie et de l'agriculture. Divers discours nouveaux et narratives émergentes telles que les « frontières planétaires » (*planetary boundaries*) et l'engagement mondial pour faire face à l'anthropocène sont apparus avec une attention particulière et une gravité sur la durabilité environnementale. Les messages de mise en garde lancés par Meadows en 1972 reposaient pour l'essentiel sur une richesse humaine menacée par la croissance exponentielle de la population et l'accélération technologique conduisant à un déséquilibre environnemental mondial limitant la croissance économique.

Pourquoi tout devrait-il être axé sur la croissance économique ? N'était-ce pas un « préjugé innocent » lié à la géopolitique de cette époque où la ruée vers les ressources mondiales était le principal enjeu des nations riches, qui croyaient que le contrôle des ressources naturelles et l'influence militaire étaient les nouvelles normes dans l'après-guerre ? Il existe peu d'éléments clés qui justifient la raison pour laquelle nous devrions nous interroger davantage sur les « limites d'une croissance non durable » pour formuler les théories modernes sur les défis de la durabilité.

Pendant longtemps, le développement s'est opposé aux interventions environnementales. Tout le problème concernait l'écart entre croissance et durabilité. Cette approche simplifiée a été entravée par la nature essentielle des systèmes homme/environnement complexes qui régissent des facettes non perceptibles pour être pris en compte adéquatement dans l'action de sauvegarde environnementale. L'avenir que nous voulons est sans équivoque lié à la nécessité évidente de gérer les systèmes socio-écologiques. Cette situation est particulièrement critique en Afrique où les ressources naturelles sont fortement impactées par l'action anthropique, avec une pression agressive des multinationales qui viennent s'en procurer sans contrepartie morale, humaine, économique ou écologique.

Le grand défi consiste à identifier les liens pertinents (pas tous) qui régissent et modulent les éléments du développement et leurs flux à travers les filtres environnementaux. L'utilisation des terres, l'urbanisation, la déforestation, la restauration des terres, l'alimentation, le climat et les émissions de gaz à effet de serre (GES) sont des sous-ensembles de liens déliés qui contrôlent l'utilisation de l'eau, de l'énergie, l'alimentation, etc. Conventionnellement, chacun de ces secteurs de développement est une composante de la dynamique environnementale et peut ou non collaborer pour répondre aux exigences de développement durable. Les ODD sont une invitation à changer la culture et à améliorer nos réponses aux défis de développement environnementaux en suivant une approche mixte pour obtenir un tout (approche holistique transformatrice) plutôt que des sommes ou des parties diverses (approche incrémentale sectorielle).

Au-delà des simples intentions, l'Afrique doit mettre l'accent sur l'utilisation rationnelle des ressources naturelles tout en poursuivant une économie axée sur la croissance économique. Il y a récemment un développement et un attrait pour des approches intégrées et inclusives qui examinent les différentes opportunités liées aux rcssources renouvelables pour promouvoir des voies de développement propre (options de développement « net zéro carbone ») générant de nombreux investissements durables ou des options de développement plus vert.

La grande question est d'agir sur les bons leviers. L'approche consistant à relier l'alimentation, l'eau et l'énergie (nexus) gagne du terrain car elle devient le point culminant des défis de développement urgents tels que l'urbanisation, la pénurie d'eau, les systèmes alimentaires et les transferts de masse depuis diverses régions. Le principal moteur de la circulation des biens et des matériaux est l'urbanisation de la planète. En 2030, on aura une population mondiale de 9 milliards d'habitants (1,5 milliard en Afrique en 2025), et cette population aura une large dominante urbaine. Cela s'accompagne d'une augmentation constante du nombre de petites et moyennes villes dans les pays en développement avec un fort impact sur l'utilisation des terres (croissance extensive), la concurrence foncière et l'eau (concurrence sectorielle et régionale). L'impact de l'urbanisation dû à la demande accrue de produits alimentaires, aux coins verts, aux risques climatiques dans les villes, à l'exode rural, etc., peut exercer des pressions sur les composantes non renouvelables et accroître la perturbation des systèmes naturels. Cette dynamique entraine de graves conséquences sur les ressources en eau tant en quantité qu'en qualité (pollution de l'eau).

L'un des plus grands paradoxes de la croissance économique actuelle réside dans les systèmes alimentaires non durables et l'utilisation massive de combustibles fossiles, qui émettent une grande partie des GES, épuisent considérablement la santé des sols et des écosystèmes, et mettent en danger nos ressources en eau douce. L'une des raisons des options de développement non durables est le biais cognitif dû au manque d'informations pour aborder la complexité en matière, par exemple, d'utilisation d'énergies renouvelables, d'application du principe de perte alimentaire, y compris les principes biophysiques et socio-économiques englobant diverses exigences de l'offre et de la demande, mais aussi des aliments de qualité pour une alimentation améliorée avec le moindre impact environnemental.

Il existe plusieurs pratiques négligées, comme l'intensification durable, qui se présentent sous diverses formes telles que l'agroforesterie, l'agriculture régénérative, l'agroécologie, qui peuvent répondre à la production alimentaire et gérer nos frontières planétaires. Plus encore, le phosphore et l'azote, largement utilisés pour l'agriculture, font partie des flux biochimiques qui dépassent l'espace opérationnel sûr (Steffen, 2015). L'agriculture respectueuse de l'environnement doit prendre en compte le « mètre carré fantôme » ignoré qui intègre la géopolitique des systèmes alimentaires traduite par le kilométrage alimentaire (distance des aliments exportés, distance des intrants alimentaires, investissement en énergie pour l'alimentation), qui peut avoir un impact sur divers composants des systèmes et surtout sur le changement climatique.

Passer des limites de la croissance aux limites d'une croissance non durable s'accompagne d'idées novatrices consistant à inverser le concept de développement vers les menaces avant les opportunités d'utilisation des ressources. La révolution technologique et scientifique actuelle, connue sous le nom de *quatrième révolution industrielle,* offre un avantage sans précédent pour adopter des solutions plus propres, plus vertes et plus efficaces pour parvenir au développement durable. Les logiques conduisant la soumission de l'exploitation des ressources naturelles au profit de l'étranger doivent être opposées aux bénéfices issus des solutions techniques et financières accélérées et orientées vers les communautés africaines.

L'intégrité environnementale, les implications de l'extraction des ressources, s'accompagnent d'un développement mixte reliant les utilisations des ressources naturelles aux impacts environnementaux et à la croissance économique. La plupart des options sont complexes car elles sont liées aux dimensions spatiales des tendances de développement et aux écosystèmes où un tel développement est susceptible d'avoir lieu et nécessitent des scénarios clairs sur la manière dont les actifs des écosystèmes peuvent être impactés par le développement. Il est désormais important d'utiliser notre véritable compréhension des futurs écologiques plausibles dans le cadre de la mondialisation pour améliorer les cadres politiques de développement.

# Éthique et partage de la science

L'éthique est étroitement liée à la culture, et les différences culturelles influencent la façon dont les communautés envisagent l'éthique de la collecte, du stockage et du partage des données. Il existe cependant un point commun entre toutes les cultures éthiques : ne jamais faire de mal et toujours partager. La générosité est une caractéristique personnelle, et comme telle, une partie intrigante de la personnalité scientifique. Alors, un scientifique doit être généreux car la science non partagée n'existe pas. Tout ce qu'on garde pour soi est méconnu, or le propre de la science, c'est sa diffusion. La valeur de la découverte scientifique n'est créée que lorsque les gens peuvent accéder et utiliser les connaissances et les informations produites par les scientifiques.

L'éthique et les données interagissent dans de multiples sphères. La sphère juridique et administrative examine les règles importantes et les réglementations portant sur la collecte et la gestion appropriée des données. Dans la sphère politique, l'éthique permet d'organiser les décisions sur les types de données pouvant être collectées et les dispositions prises pour soumettre les résultats scientifiques, selon les centres d'intérêt, aux acteurs impliqués dans le processus décisionnel. Dans certains pays africains, par exemple, il existe des types de données politiquement sensibles et donc difficiles à collecter ou à diffuser (données à implication sécuritaire, données sur les ressources sensibles, etc.).

Certains pays au pouvoir politique autoritaire mettent en place un système de contrôle de certains types de données. Cela amène la question de la politique des données ouvertes, sans restriction d'accès ou alors avec un accès contrôlé sans trop de blocages. L'accès libre aux données entraine une tension dans la sphère politique qui cherche souvent à orienter la façon dont la recherche est faite et comment les données collectées sont interprétées pour calibrer les mécanismes de diffusion des informations sensibles ou à fort enjeu économique.

Prenons un exemple dans le domaine des sciences naturelles, où il existe une tension entre les adeptes de la protection des ressources naturelles et ceux — principalement des entreprises privées étrangères — qui veulent faire des prouesses mercantiles à partir de ces ressources, les breveter et garder les connaissances intellectuelles pour un but lucratif. La propriété intellectuelle ou les avantages économiques protégés ont échappé ainsi aux Africains depuis des siècles alors que la production de la matière première et même les usages séculaires appartiennent à l'Afrique. La gestion des équilibres entre les pratiques locales qui mettent en cohérence la satisfaction des besoins, la préservation des forêts locales et les pratiques intensives des multinationales est source de plusieurs tensions. Opter pour la science extractive signifie piétiner les pratiques locales et les intérêts des communautés. Ainsi, la recherche orientée vers l'exploration se démarque de la recherche-développement orientée vers la transformation sociale par les questions éthiques qui la sous-tendent.

Toutefois, la science ne se crée pas uniquement à partir de données. La science nécessite des moyens financiers et matériels ainsi qu'un minimum de capacité de stocker et de traiter des données, de les gérer et de les rendre à la fois interopérables et accessibles. Ce dernier point constitue un problème majeur en Afrique, où la pénétration de l'internet n'est que d'environ 35 %. Par conséquent, l'hypothèse selon laquelle les données seront librement accessibles simplement parce qu'elles se trouvent quelque part dans un cloud n'est probablement pas exacte pour tous les pays africains. La science doit également équilibrer le désir de faire des recherches sur un sujet particulier et les aspirations et besoins d'une communauté, et elle doit prendre en compte les domaines peu étudiés, où les données sont rares, comme pour les zones hyperarides ou le bassin profond du Congo. Les scientifiques africains ne collectent pas toujours des données là où elles sont nécessaires ; ils collectent des données là où il est possible, facile, de le faire.

L'Afrique est un vaste continent qui pourrait accueillir à l'intérieur de ses frontières les États-Unis, la Chine, l'Inde, le Japon et une grande partie de l'Europe. Pour un espace aussi vaste et une diversité géographique aussi grande, à qui doit incomber le discours sur l'Afrique en se basant sur les évidences scientifiques ? La plupart des données pertinentes pour l'Afrique existent en dehors du continent, et cette disparité persiste malgré les efforts de plusieurs organisations gouvernementales et non gouvernementales pour appuyer la production scientifique locale. Dans ces conditions où les données africaines sont négociées en dehors des sphères de recherche du continent, comment soutenir le développement endogène et dans quelle mesure la transformation sociale pourrait-elle être soutenue par le renforcement des capacités de collecte et d'utilisation des données nationales ?

À partir d'une expérience personnelle, je me suis rappelé comment, lorsqu'on m'a demandé de concevoir le tracé de l'initiative de la Grande Muraille Verte (GMV)du Sahel, un projet mené par l'Afrique pour lutter contre les effets du changement climatique et de la désertification, le seul endroit où j'ai pu trouver des données cohérentes, bien archivées et traitées, sur la productivité végétale par satellite, se trouvait à l'United States Geological Survey (USGS), qui a volontiers partagé les données avec moi pour répondre à la demande intergouvernementale. Il a fallu que de telles informations soient déclassifiées par l'Administration fédérale américaine pour que l'ambitieux programme de la GMV en Afrique puisse en bénéficier. C'est encore le cas avec l'accès de plusieurs produits satellitaires à travers la NASA, ESA-COPERNICUS et d'autres sources, comme en Chine. En fait, il était plus facile d'obtenir ces données auprès des institutions fédérales américaines que de toute autre organisation de recherche en Afrique.

La même chose s'applique aux données climatiques, aux informations sur la déforestation, etc. Les bases de données en dehors de l'Afrique servent plus l'Afrique que les bases de données produites par les Africains. Il faudra presque une révolution copernicienne pour rectifier cet état de fait. En ajoutant à ce défi la mauvaise qualité des données historiques archivées, l'incohérence des données provenant des mêmes sources et la nature dispersée des informations, il devient illusoire d'établir une science solide pour servir les intérêts africains. Soyons clairs, le problème n'est pas la tension entre le Nord et le Sud, mais la manière dont les données sont organisées ailleurs et comment elles sont utilisées sur le continent africain.

À l'inverse, sur la question de l'accès des données, les Occidentaux évoquent souvent leurs efforts vains de trouver de bonnes publications sur des sujets pointus. Si l'Afrique ne produit pas autant d'articles scientifiques que les autres continents, il n'en demeure pas moins qu'une banque d'informations existe sous des formats différents de ceux des articles scientifiques publiés dans des journaux et qui sont présentés sous forme de rapports techniques et scientifiques, de consultance ou de thèses. Ces derniers sont considérés dans l'esprit normatif de la production scientifique comme de la littérature grise, ou en d'autres termes, une littérature de seconde zone. En réalité, ils n'auront pas consenti l'effort de chercher cette information parce que soit ils ne connaissent pas les sources, soit ils ne comprennent pas la langue, ou alors ils n'ont pas la patience de pénétrer les modalités d'accès à ces informations, lesquelles sont différentes de celles de leur pays.

Le respect de toutes les sources de connaissances scientifiques est une dimension essentielle de l'éthique scientifique.

# Connaitre pour agir

Les concepts et principes de développement durable se sont solidifiés dans la plupart des programmes de développement africains, tels que la Vision 2063 de l'Union africaine, les politiques-cadres sur l'agriculture, les infrastructures, l'industrialisation, etc. Les parties prenantes se sont familiarisées avec les paramètres non financiers tels que la biodiversité, la conservation, la sauvegarde environnementale, des systèmes de production et de consommation durables dans leur évaluation de la performance des entreprises et des politiques publiques. Les programmes internationaux tels que les ODD soulignent très clairement l'importance d'équilibrer le développement et la préservation de l'environnement. Les orientations africaines prennent de plus en plus en compte l'importance des questions de durabilité et leur rôle dans la poursuite des performances financières au-delà de la responsabilité sociétale des entreprises, bien connue. Le passage à une économie à faibles émissions de carbone devient une nécessité pour atteindre et maintenir les objectifs de croissance en Afrique.

Les connaissances requises pour répondre à ce nouveau paradigme de développement sont toutes liées à la gestion environnementale et sociale, et principalement régies par des réglementations qui étaient appliquées au niveau des projets, afin d'obtenir des autorisations de mise en œuvre auprès des gouvernements. À l'heure actuelle, la prise en compte de l'environnement est consubstantielle aux logiques de développement grâce à des facteurs tels que :

i) les réglementations et le contrôle (exigences de conformité environnementale) ;

ii) un canevas contraignant pour les investisseurs (responsabilités sociétales des entreprises, responsabilités de gouvernance, guides des institutions financières intégrant la gestion de la performance environnementale et sociale dans les accords de prêt) ;

iii) la gestion des risques (une gestion qui prend en compte les risques et les opportunités liés à l'environnement) ;

iv) la montée en puissance des « obligations vertes » offerte aux entreprises pour lever des capitaux auprès des investisseurs soucieux de l'environnement (par exemple, les énergies renouvelables et les infrastructures sociales).

**Modèle de croissance verte du Rwanda**

Les preuves scientifiques ont été utilisées au Rwanda pour réaliser des progrès significatifs en matière de développement durable. Le Rwanda est l'un des rares pays africains disposant de véritables options de développement basées sur la croissance verte. Le pays y est parvenu en fixant des objectifs inclusifs, en intégrant des stratégies de croissance verte et de résilience climatique. Le Rwanda a adopté une approche proactive pour inclure la croissance verte et le changement climatique dans la plupart des politiques, programmes et plans (Rwanda Green Fund). Le gouvernement a commencé par prendre la décision ferme d'interdire les sacs en plastique, de mettre en place le recyclage des déchets électroniques, d'établir une journée nationale de nettoyage et de planter massivement des arbres. En 2008, la capitale du Rwanda, Kigali, a été déclarée l'une des villes les plus propres d'Afrique par ONU-Habitat. Cela a également créé des opportunités pour les entrepreneurs qui ont investi dans des matériaux d'emballage alternatifs (tissus, papiers, feuilles de bananier et papyrus, entre autres matériaux biodégradables). L'engagement du pays en faveur de la restauration du paysage a abouti à la plantation de millions d'arbres pour protéger les rivières et les zones humides, qui ont transformé le pays en une très grande attraction touristique. Pour que le pays réalise ces progrès en matière de développement durable, la durabilité environnementale a été intégrée aux politiques nationales visant à soutenir une économie à croissance rapide. Le Rwanda a donc eu recours à l'innovation environnementale ainsi qu'à la science pour contourner les anciennes voies de développement et les politiques destructrices de l'environnement, et construire une économie capable de résister au changement climatique et d'assurer la prospérité pour les générations à venir.

Dans tous les domaines de la durabilité, une nouvelle approche de la science est à adopter à travers un engagement continu des scientifiques avec les utilisateurs des connaissances pour aborder des questions de débat public mais dont les contours ne peuvent être saisis qu'avec des informations scientifiques robustes et cohérentes sur le changement climatique, les ressources en eau, la sécurité alimentaire, les crises liées à la mondialisation, etc. Tout cela nécessite une action collective pour remettre en question notre mode de vie, notre consommation, gérer la demande croissante en produits naturels, et la transition vers les énergies renouvelables.

La dialectique scientifique dans ce contexte ne s'articulera pas entre les théories occidentales et celles de l'Afrique ; ce sera aussi le manque d'appétit pour une science domestique dont le contenu sera à même de présenter les preuves qui soutiennent la promotion des opportunités de développement. La principale question est de savoir comment être prospère tout en préservant l'environnement et en créant des emplois. Il faudra pour cela revoir la manière dont l'agriculture est développée et chemin faisant, tous les systèmes de production (élevage, pêche, foresterie, horticulture, etc.). De nombreuses preuves scientifiques montrent que les approches monoculturales héritées de l'époque coloniale ne fonctionnent pas pour des moyens de subsistance basés sur une utilisation multifonctionnelle des espaces. L'agrobiodiversité, les arbres y compris, est importante pour ces systèmes de production et pour la restauration des terres, un capital inaliénable si l'on est soucieux des générations futures.

Les bonnes intentions ne suffisent pas, les théories stimulantes comme la neutralité en matière de dégradation des terres (NDT) doivent avoir comme finalité le progrès des agriculteurs vulnérables. Préserver la fertilité des terres est un choix obligé pour un avenir prospère du continent. Pour atteindre cet objectif, la preuve des concepts ne suffit pas, nous avons besoin de preuves scientifiques sur les choix et les opportunités pour conduire l'action. Le changement basé sur ces preuves nécessite que les décideurs politiques s'engagent dans l'agroforesterie, l'agroécologie et d'autres options de durabilité pour relever de nombreux défis.

L'arbre, combiné à d'autres systèmes d'utilisation des terres, recèle un immense potentiel pour divers secteurs de développement à faibles émissions de carbone ; l'approvisionnement en bois énergie n'est pas mutuellement exclusif à un système de production intensif et productif. L'arbre ne doit pas tout autant être perçu pour son potentiel de séquestration du carbone. Un dumping théorique est en train de se faire et semble donner une image réductrice des formations forestières africaines comme une éponge pour absorber la pollution des autres. Les services écosystémiques issus des arbres et des forêts sont d'abord et avant tout la motivation pour leur préservation. Conserver ce qui existe et soutenir l'agroforesterie permet de faire face aux divers défis environnementaux et de promouvoir la résilience des populations, surtout pour la sécurité alimentaire et une nutrition de qualité.

La science de la durabilité en Afrique doit faire singulariser les impacts écologiques supranationaux (transnationaux) pour faire du continuum environnemental un levier de coopération, de diplomatie et de redevabilité sur les ressources pour une plus grande harmonisation des efforts de conservation et la reproduction de nos systèmes écologiques. Pour ce faire, il est nécessaire de développer et d'utiliser la science applicable au niveau local, basée sur des méthodes et outils pratiques, pour des solutions innovantes réplicables et accessibles. Les défis de la science sont à ce titre liés à la capacité d'influencer des changements qualitatifs (nouveauté et acceptabilité), la réplicabilité des innovations connues (transformation), l'anticipation et la gestion des barrières qui peuvent enfreindre la mise en œuvre appropriée des connaissances.

Dans ce contexte, la prospérité devient une ambition qui nécessite un plus grand leadership pour amener la majorité à penser que les changements fondés sur la science valent la peine d'être appliqués pour sécuriser un avenir prospère pour l'Afrique plutôt que d'attendre une solution étrangère à nos problèmes. Pour l'instant, il existe deux dynamiques globales qui ne favorisent pas le continent, et elles sont liées.

La faible application d'évidences réplicables pour promouvoir des solutions domestiques est un grand handicap connu par tous les acteurs de la recherche en Afrique. Dans plusieurs études globales, l'Afrique est peinte comme le continent où l'on produit le moins d'articles scientifiques. La réalité, c'est qu'il existe un grand nombre de solutions issues des pratiques rationnelles et traditionnelles fondées sur des innovations porteuses qu'on pourrait appliquer à bonne échelle pour résoudre plusieurs risques environnementaux. Ces solutions ne sont pas dans les publications scientifiques à facteurs d'impact, mais des rapports et des travaux académiques qui ont un plus grand potentiel d'impact sur les acteurs. Sur ce premier point, il faudra briser le complexe de l'article scientifique de haute volée pour l'écoconception de solutions locales avec l'approche délibérée de fusionner les connaissances locales et les outils modernes de production de données.

Au demeurant, les sécheresses, les inondations, la forte érosion côtière, les insectes ravageurs, les maladies émergentes ou réémergences, les maladies tropicales négligées font tous l'objet d'une bataille farouche par des communautés laissées à elles-mêmes et qui, par la force de l'action, trouvent des moyens de survie avec si peu d'appuis extérieurs. Cette auto-adaptation devrait être un objet de recherche pour en améliorer les fondements et la portée pratique. Il faudra sans doute changer l'approche de formulation des politiques, qui doivent tenir compte des preuves scientifiques qui mettent en évidence les solutions d'urgence et sur le long terme. Nous devons agir rapidement, car pour la plupart des défis, la fenêtre d'action est plutôt limitée et reporter les solutions ne contribuera pas à résoudre les problèmes. Mais aussi, nous devrons structurer une approche d'anticipation « sans regret » pour mesurer et suivre les risques et les progrès, les tendances et les probabilités.

Cette exigence fait écho à l'engagement citoyen tout court pour lequel le jeu démocratique implique une obligation de résultat de la part des décideurs politiques. Les gouvernements existent avec le consentement du peuple, du moins dans un système démocratique. Le choix du peuple ne laisse aucun autre choix au gouvernement que d'agir dans son intérêt. C'est la population exposée aux grands défis de son bien-être qui « autorise » ses dirigeants à faire ce qu'ils font pour nous. Au-delà des clichés et des perceptions abstraites faisant de la crise de la durabilité une crise spirituelle entre l'humain et les écosystèmes, l'instantanéité des solutions ne doit laisser aucune marge de manœuvre aux choix politiques productivistes qui s'appuient sur le principe que croissance et environnement sont inconciliables. Tout au contraire, l'amélioration des conditions de vie et des systèmes écologiques est une sécurisation de la croissance et un accélérateur de PIB.

Sur ce plan, la différence entre ceux qui veulent voler et atterrir avec prudence et ceux qui veulent sauter de l'avion pour arriver plus vite ne se situe pas sur l'intention, ni dans la vitesse pour atteindre l'objectif. La différence réside dans la direction et l'endroit où vous atterrissez, et comment. Si nous brûlons, échauffons, fumons, nous sommes sûrs de ruiner la base de toute forme de croissance parce que nous aurons mis en péril le premier des capitaux qui est le capital naturel.

# S'imprégner des réalités locales pour l'action efficace

Il n'y a pas de développement sans une science solide pour sécuriser les approches et les décisions politiques. Chaque aspect du développement nécessite une application intensive de connaissances qui doivent prendre en compte des réalités et des dynamiques sociales variées (écosystèmes et contextes humains multiples). La transformation positive des sociétés implique l'application de solutions singulières et des outils dédiés pour comprendre, agir et améliorer perpétuellement les conditions de vie des populations. Les connaissances actuelles en Afrique sont à la fois limitées et fragmentées dans leur contenu, ce qui se traduit par une insuffisance de la production scientifique et leur adéquation à plusieurs besoins locaux. On notera toutefois à la suite des progrès modernes qu'il y a eu des améliorations importantes dans la production, la diffusion et l'utilisation de la science en Afrique du fait de l'effet d'entrainement induit par les nouveaux outils de communication qui rendent accessibles les informations et les innovations sur des périodes de plus en plus courtes.

L'UNESCO a rapporté que plus de 70 % des chercheurs proviennent de l'UE, de la Chine, des États-Unis, du Japon, et de la Russie. L'Afrique n'apparait pas sur la carte mondiale des puissances scientifiques, avec moins de 1 % des publications. La Chine est passée de 5 % de la publication mondiale à plus de 20 % en quelques décennies. Cette performance n'est pas hors de portée pour l'Afrique, mais nous devons entretenir une politique nationale de soutien à la recherche afin de créer un espace pour développer une science qui répond aux objectifs de nos défis de développement. Les solutions importées ne sont pas une option sur laquelle l'Afrique devrait entièrement s'appuyer pour répondre aux besoins de développement actuels et futurs. L'Afrique peut compter sur sa population jeune (plus de 60 % de la population ont moins de 25 ans).

Le passage dans le tunnel brisé, l'image de la perfusion de la science importée nous renvoie à un choix délibéré pour la production domestique de connaissances qui soit plus ciblée et applicable. Cette science pour des impacts concrets est une ambition qui devrait s'inscrire dans une refonte de la mission scientifique en Afrique. Les attentes pour un meilleur avenir exigent de nouvelles options sur la manière d'utiliser les talents de toutes les catégories, scientifiques, politiques et économiques. Il s'agit principalement de connecter la science à la société en mettant en cohérence les systèmes de connaissance avec les systèmes d'apprentissage et en établissant un processus créatif d'engagement. L'accent mis sur l'impact est vraiment attrayant car il se traduit par un réel changement dans la vie des populations.

Enfin, je vois l'avenir de la science comme un lieu permettant de changer le discours sur le continent. L'Afrique est souvent évoquée par d'autres en termes désespérés, mais nous savons tous qu'elle comporte bien plus d'aspects positifs que de négatifs. La science est le premier endroit pour changer le discours et présenter l'image des opportunités soutenues par un réseau de recherche en chaîne qui soutient le programme de développement et les aspirations sociales.

Je crois que la science contemporaine consiste, pour l'Afrique, à établir des approches solides, ascendantes, et à la base, pour travailler avec les communautés vulnérables et soutenir les voix des personnes marginalisées. La science doit contribuer à accélérer la transformation rapide et profonde dont nous avons besoin, mais, parallèlement à ce changement, nous devons veiller à ce que les bénéfices tirés de nos ressources soient partagés équitablement. Cela implique dans une large mesure un sentiment de systèmes de gouvernance réactifs et le développement d'un espace d'action où les mêmes chances sont données à chacun.

Contrairement à d'autres régions, le développement de l'Afrique repose principalement sur la science importée. Le développement de l'Afrique ne peut ignorer le savoir national en tant qu'axiomatique du dialogue science/politique. La principale ambition de l'utilisation de la science et de la technologie est d'accélérer la transformation, comme cela a été le cas au Japon, en Chine, en Corée du Sud et à Singapour. Cela nécessite un alignement sur les structures sociales pour améliorer la vie des personnes et le bien-être humain sans remettre en question les normes et valeurs sociales.

L'Afrique a besoin d'une telle transformation inclusive pour transcender les barrières institutionnelles et les modèles de stratification sociale liés à divers groupes épistémiques ayant des aspirations parfois divergentes. Le changement social en particulier a toujours impliqué des oppositions d'idées en raison de la diversité des intérêts entre différents groupes, même au sein d'un même pays, et nécessite la redistribution des ressources et des droits suivant le principe d'équité. Cela signifie que l'amélioration des institutions de gouvernance qui gèrent les préoccupations collectives à différents niveaux doit désormais œuvrer pour un accès universel aux résultats de la science, un droit citoyen pour un accès à la connaissance. C'est un appel qui va au-delà des politiques d'éducation pour tous, pour instaurer une culture de confiance à l'endroit du monde scientifique, qui est un maillon central de la vie sociale. Ces scientifiques ne sont pas des êtres réfugiés dans des tours d'ivoire, détachés de la réalité et qui s'autosatisfont de leur profondeur intellectuelle ou de leur titre académique.

Dans ce contexte, il est important d'apporter des idées sur la manière de lancer de nouvelles approches pour aborder des changements complexes en utilisant des innovations qui transcendent les disciplines, les statuts sociaux, les problèmes et les organisations. Cette révolution du savoir nécessite une plus grande capacité à appliquer ce que l'on sait dans l'action transformatrice des sociétés. Il s'agira aussi de définir des modèles d'apprentissage collaboratifs et inclusifs entre acteurs, et pas seulement de juxtaposer une pluralité d'acteurs agissant de manière indépendante. Nous devons donc réfléchir sur la manière de mieux influencer les décideurs politiques et les acteurs au niveau local afin de promouvoir des logiques ascendantes en faveur d'une transformation durable, systémique et inclusive.

Les scientifiques africains doivent s'organiser pour inspirer les acteurs sur les moyens de responsabiliser les parties prenantes afin d'accélérer la transformation. De nouvelles orientations pour une transformation rapide reposent sur des moyens de réinventer de nouvelles valeurs en revisitant les perspectives et les récits sur le développement qui sont moulés dans les spécificités africaines. Cela n'exclut pas l'utilisation d'autres connaissances qu'il faudra adapter et adopter soigneusement en ciblant le lieu et le moment où l'on doit les appliquer.

Les scientifiques africains doivent s'organiser pour inspirer aux praticiens et partenaires des moyens de responsabiliser les parties prenantes afin d'accélérer la transformation. De nouvelles orientations pour une transformation rapide reposent sur des moyens de réinventer des valeurs en revisitant les perspectives et les récits sur les ODD qui sont pertinents pour les spécificités africaines. Toutes les innovations ne peuvent pas être appropriées pour une transformation durable. Par conséquent, il est essentiel de travailler à relier des approches adéquates, notamment celles fondées sur la co-conception des solutions, la gouvernance inclusive et, le cas échéant, une approche ascendante pour relever les défis émergents avec les concernés.

# La masse critique et la critique de la masse

En 2020, la contribution de l'Afrique, qui abrite 13 % de la population globale, à la science représentait moins de 1 % de la production mondiale de recherche. En matière de nombre de publications, l'Europe et les États-Unis dominent la science produite sur l'Afrique, même si la plupart des publications sur la recherche en Afrique incluent des auteurs africains. La collaboration en matière de recherche se produit rarement entre scientifiques africains de différents pays, même voisins. L'une des raisons à cela est qu'il est avantageux, pour des raisons de visibilité et de reconnaissance internationale, de rester sous l'influence des « pays producteurs de science ». Il n'existe pour le chercheur africain que très peu de motivations locales et leur épanouissement scientifique est souvent lié à leur affiliation aux institutions extérieures au continent. Ces rares chercheurs qui ont cette étiquette sont à tort mieux perçus dans le paysage intellectuel. Il suffit qu'on dise que le chercheur est affilié à une université de renommée mondiale d'ailleurs pour qu'il soit valorisé.

Une tendance reflète cette perception selon laquelle être un bon scientifique signifie être affilié à une université en dehors de l'Afrique et s'accompagne d'un grand nombre de doctorants africains qui cherchent à s'inscrire en dehors de l'Afrique pour y rester après. La Chine a succédé aux États-Unis en tant que pays où les étudiants africains sont le plus susceptibles de se rendre pour leur doctorat. L'influence sur la recherche en Afrique est multiple : premièrement, elle détourne l'intérêt de la recherche sur des problématiques étrangères ou des questions africaines qui importent aux pays d'accueil. Deuxièmement, cela contribue à renforcer le *soft power* (l'influence) grâce aux données et aux partenariats qui résultent des affiliations académiques.

L'implication de ce réseautage informel, c'est la cristallisation de logiques d'interférences, ou alors des groupes de pression qui maintiennent une forte dépendance cachée aux institutions de recherche étrangères. Cela peut aussi se traduire par une production scientifique sur l'Afrique à partir d'institutions non africaines. Les équilibres entre l'Afrique et les autres continents ne sont pas seulement une question du grand nombre qui sous-tend le rouleau compresseur de la rhétorique occidentale. Il s'agit aussi de la réalité prégnante de l'exclusivité des références scientifiques et des données utilisées — selon des normes de qualité prédéfinies — pour mettre en pratique un jeu de pouvoir en défaveur des Africains. Les données scientifiques constituent un enjeu de pouvoir et sont ainsi une question éminemment politique (*scientia potentia est*). Les missions de l'Occident sur le continent, même celles qui ont été les plus mises en cause par l'humanité, ont été soutenues par des théories scientifiques tentaculaires qui sont de plus en plus dissimulées pour éviter l'opprobre que cela suscite envers les États qui les avaient défendues.

Pour rééquilibrer les rapports de force, il devient une nécessité impérieuse de faire en sorte que le continent produise massivement des données et en fasse une interprétation qui favorise l'éclosion du progrès en Afrique. Devant cette nécessité, on suggèrerait le développement de programmes complémentaires et cohérents qui fassent converger les talents d'Afrique vers une prise en charge des outils et méthodes scientifiques. Le pouvoir reste dans la capacité de mobiliser des données pour le développement des innovations qui permettent d'assurer un accès large de l'information à partir de sources africaines permettra de faire avancer les innovations sur le continent. C'est de cette façon qu'on pourra influencer la marche du continent.

Cet effort implique qu'on réduise la fatigue liée à la redondance des données collectées. Que de projets de recherche sur les mêmes communautés, que d'enquêtes menées sur les mêmes communautés, les mêmes questions sans coordination ! Les communautés saturées subissent ce que nous appelons « la fatigue des questionnaires ». Le souci d'avoir des données primaires expose les communautés vulnérables aux longues sessions d'entretien sans qu'il y ait de clarté en retour sur l'utilité de ces informations sur leur vécu quotidien. L'attente est forte à chaque fois quand on débarque dans des villages avec des véhicules tout-terrain, des équipements sophistiqués pour rassembler un grand nombre de ruraux afin de parler de leurs problèmes qu'on va publier dans des journaux et faire avancer sa carrière. Serait-il possible que ce travail de fourmis soit rassemblé sur une base de données supra permettant d'en tirer des informations agrégées pour appuyer le développement local ?

# L'horizon sous une loupe

L'impératif du développement durable est une aspiration tendancielle ; tout acquis dans ce sens est provisoire et l'effort de conserver une démarche durable est un exercice permanent. La cible est un horizon vaste et parfois lointain, tout dépend de son point de départ. Si dans le principe, les intentions sont les mêmes, la stratégie de développement durable ne pourrait être la même d'un contexte à l'autre. Par définition, toute action de l'homme comporte des conséquences sur la nature. Tout change dans le temps et dans l'espace : les ressources, les hommes, les besoins, le climat, l'espace. Seule une quête soutenue et perpétuelle d'une science de la durabilité permet d'embrasser le futur avec un nombre illimité de possibilités. Ce qui est recherché par la science, c'est de minimiser les impacts et de sauvegarder les processus écologiques qui permettent de stabiliser le capital naturel.

L'Afrique n'a pas de modèle de développement durable à imiter. Il est par essence un référentiel pour les solutions durables, parce que la majorité des pratiques africaines, dévoyées pendant la colonisation, sont devenues les options majeures du développement durable du monde contemporain. La sémantique, le vocabulaire est nouveau, mais ces pratiques sont séculaires et inféodées aux modes de vie des peuples africains. Par conséquent, le continent africain ne devrait pas être dans une logique de rattrapage, car les réalités et les objectifs de développement y sont déjà, il faut juste les appuyer, les consolider, les formaliser.

Les révolutions industrielles qui ont permis l'industrialisation en Europe se sont accompagnées d'une transition démographique qui a poussé la main-d'œuvre rurale à aller répondre à la demande de bras dans les industries. La mécanisation qui a réduit le besoin de main-d'œuvre agricole s'est accompagnée d'une demande croissante de travailleurs dans les centres urbains en plein essor. C'est bien plus tard que le développement des géants d'Asie grâce aux services et à la grande industrialisation a pu faire émerger les multinationales. Ensuite, cette course vers le gain aux dépens des ressources a, par une grande accélération de tous les impacts sur l'environnement, structuré un nouvel ordre mondial. L'Afrique ne suivra pas nécessairement ces modèles dont le déroulé et les implications pratiques rappellent la fameuse théorie de Garrett Hardin sur la tragédie des communaux.

L'orientation sera basée, par contre, sur une utilisation judicieuse de son riche potentiel naturel. Une nouvelle perspective devrait d'abord répondre à la nécessité de changer le discours. Pendant longtemps, nous avons été perçus à travers des images négatives et répulsives, un discours de la peur. Les médias occidentaux ont décrit le continent africain comme un lieu de malheur, de dépravation, de misère. L'imaginaire des Européens et des Nord-Américains sur l'Afrique n'est que l'incarnation du monde des impossibles où tout est encore à faire.

Ce n'est que dans un passé très récent que des voix se sont élevées pour rendre audible un message positif et constructif, transmis avec l'essor des réseaux sociaux et des nouvelles plateformes numériques de sensibilisation, pour peindre une vision nuancée de l'Afrique avec ses faiblesses et ses atouts, comme tous les autres continents. Les images, devenues familières, de désespoir et de sinistres étaient plus susceptibles de conduire à l'abandon plutôt qu'à susciter des perceptions positives et une confiance envers le progrès. On ne niera pas que si ces connotations négatives sont rendues plausibles par des migrations massives, des sécheresses, la dégradation des terres, etc., elles ont caché les opportunités impressionnantes que recèle cette région, et qui ne sont pas encore pleinement exploitées pour établir des économies solides et une résilience humaine et environnementale. L'hypothèse selon laquelle un discours effrayant peut créer un sursaut est souvent contre-productive car elle peut conduire les gens à n'imaginer aucune alternative à la prise de risque et à la multiplication des conflits armés pour se tirer d'affaire. Je considère donc que seul un récit positif peut faire avancer l'Afrique.

Se baser sur une perspective historique, reflétant les relations sociales normales, la diversité et les liens culturels, les connexions et les fonctions du marché, permettra de rappeler les évidences d'empires riches et des dynamiques de savoir très actives en Afrique.[52] Cela démontre que l'amélioration des conditions de vie des populations et de la stabilité environnementale basée sur le développement des ressources naturelles n'est pas un objectif impossible à atteindre. Cet objectif n'a pas été atteint en raison de la perception erronée selon laquelle le vieux continent est juste un lieu de famine endémique, de sociétés et de politiques approximatives et où les tentatives de transformation rapide et profonde sont soumises aux errements d'un leadership non encore assumé par les décideurs politiques. Oui, c'est possible si nous pensons que la transformation ne se résume pas à l'aide alimentaire comme ce fut le cas lors des nombreuses crises de sécheresse, dans le Sahel, par exemple. La contradiction entre cette perception négative et la présence massive de multinationales (Total, Shell, Coca-Cola, Unilever) ou d'entreprises de commerce international et de logistique (Bolloré, Dubai Port, Maersk) suffit à montrer ce potentiel, particulièrement dans un contexte où la croissance en Afrique dépasse ostensiblement les 5 % par an en moyenne depuis une décennie.

La croissance récente du PIB de l'Afrique a été soutenue à la fois par les investissements étrangers et par l'exportation de matières premières et de ressources naturelles telles que l'uranium, le pétrole, les métaux et le zircon. Ces sources de croissance ne garantissent pas que les bénéfices restent en Afrique. Cette dépendance à l'égard d'une croissance tirée par les matières premières soulève des inquiétudes telles que la potentielle « malédiction des ressources » (où l'abondance des ressources ne contribue pas à la croissance économique et au développement), la détérioration des termes de l'échange, décriée depuis les indépendances, la faiblesse des liens entre l'économie nationale et les industries d'extraction du pétrole ou des métaux, et la faiblesse technologique, qui ne conduisent pas à la

---

[52] Mandingue, Ghana, Djolof, Kano, Katsina, Oyo, Ife, Bénin, Nri, Igbo, Yoruba, etc.

création d'emplois directs, mais par conséquent, à une marge faible de création de valeur ajoutée.[53]

Il faut donc un rejet du statu quo pour adopter une nouvelle théorie de l'action destinée à produire la transformation qualitative du continent. Cela nécessite un changement radical des récits habituels qui rendent de façon très imparfaite et simplifiée la nature des problèmes et ignorent les nombreuses solutions et opportunités. Par exemple, l'interaction entre sécheresse et famine doit évoluer à mesure que la production alimentaire augmente à la faveur de la diversité et de l'abondance des ressources en terres, en eau et en énergies.

L'Afrique est à un tournant où la conscience est collective. Elle ne sera désormais plus inhibée par le dumping des connaissances importées. La jeunesse avide de liberté et de connaissance crée un mouvement instantané et soutenu d'estime de soi pour le progrès. Le futur de l'humanité se fera avec l'Afrique ou ne sera pas ! Toutes les analyses prospectives mentionnent cette certitude qui fait que toutes les grandes puissances cherchent une place en Afrique pour pouvoir sécuriser leur avenir, qui se jouera forcément avec les Africains. Maintenant, ce sera au tour des Africains d'adopter une nouvelle posture, tant rêvée à travers les nombreux mouvements pour la « renaissance africaine », pour redéfinir l'ambition, redécouvrir l'identité humaniste qui la caractérise dans la poursuite des intérêts des Africains. C'est précisément à partir de ce sursaut qu'il sera possible de produire et d'appliquer de nouvelles formes de production de science durable pour accélérer le développement en utilisant les ressources sans compromettre les équilibres naturels, notre principale source de survie.

---

[53] Mbow, C., Halle, M., Beker, L., Thiaw, I., 2019. Land of opportunities: Framing contextual and practical solutions for lasting peace and prosperity in the Sahel. Background document for UNCCD Bellagio Workshop. 29 p.

# Réorienter l'enseignement supérieur dans une perspective africaine

Apprendre de la science pour résoudre des problèmes de développement devient une exigence pour l'Afrique. Le développement est un objectif dont la quête est perpétuelle et nécessite la prise en compte de ce que j'appelle le « pluriel complexe ». Le pluriel renvoie au foisonnement des besoins, des urgences, des priorités, le complexe renvoie aux nombreux sous-systèmes, composantes, aux secteurs et aux connexions fonctionnelles entre les facteurs de progrès et les contraintes. Ainsi, faire du développement correspond à naviguer dans un foisonnement de paramètres qu'il est difficile de circonscrire avec netteté quelle que soit la performance des outils d'analyse et de gestion. Aucun modèle de développement n'est parfait. La recherche du progrès devient ainsi un exercice non linéaire. Le mérite des modèles de développement les plus avancés, c'est de se fonder sur la science en utilisant toutes les formes de connaissances possibles pour sécuriser les décisions politiques, appuyer leur mise en œuvre et donner de la clarté aux itinéraires en suivant les indicateurs de performance vers les cibles.

Ainsi, les établissements d'enseignement supérieur ne peuvent soutenir cette approche systémique du développement qu'en abordant les complexités associées aux interventions de développement. Les universités devraient s'efforcer de générer une science de la durabilité qui offre une meilleure compréhension des réalités complexes rencontrées dans les interventions sociales, écologiques, économiques et humanitaires. La science de la durabilité en Afrique présente diverses facettes. Premièrement, les aspirations émergentes en matière de qualité de vie et de bien-être nécessitent de nouvelles méthodes de production et d'application des connaissances. Deuxièmement, la masse critique reste à fournir pour générer de telles connaissances provenant de meilleures connexions entre les universitaires et centres de recherche, le cloisonnement étant le premier blocage d'une production scientifique fructueuse et de qualité. Troisièmement, un lien inversé avec les utilisateurs et les producteurs de connaissances est à tisser. Il s'agit d'un rapport science et société pour lequel la société est le commanditaire et le juge de l'utilité de la science produite. Cette science-citoyenneté permet à la société d'influencer les programmes de recherche universitaire et passe par la co-conception et par la recherche transdisciplinaire.

Le nouveau visage de la recherche en Afrique devrait s'inscrire dans de nouvelles normes et des valeurs dont l'objet est de rapprocher les producteurs de connaissances et les utilisateurs dans un esprit de décloisonnement épistémique autant entre les groupes de chercheurs qu'entre ces derniers et les groupes sociaux et politiques. Comprendre les liens entre recherche et bien-être permet de constater le chaos institutionnel en matière de production scientifique. Ce chaos nous renvoie à trois catégories de scientifiques dans le monde de la recherche académique :

- **les « grossistes »** : ce sont les scientifiques de haut niveau, de renommée internationale, qui font bouger l'agenda mondial de la science, qui sont dans plusieurs réseaux et qui sont très écoutés dans les institutions internationales (Jeffrey Sachs). Ces grossistes ont inventé les grands concepts émergents : les services écosystémiques, ODD, BECCS, REDD+, etc. Ils réussissent avec brio à établir la preuve par les concepts de faisabilité de certaines approches en se fondant sur de grandes synthèses scientifiques. Nul ne peut écouter ces personnes sans admirer leur large connaissance du monde et des relations complexes entre les facteurs de développement ;

- **les « demi-grossistes » :** ils sont un relais entre les grands penseurs et le reste. Ils prennent plusieurs noms : facilitateurs, scientifiques en chef, experts attitrés des organisations, coachs ou consultants internationaux. Cette catégorie cherche à donner du sens à ce que produisent les grossistes en contextualisant les théories et en donnant une portée pratique aux concepts émergents. Très souvent, cette catégorie de personnes ne cherche pas à justifier la signification des concepts, elle se contente de savoir que des cerveaux dits « exceptionnels », souvent du Nord, l'ont dit pour que ce soit une vérité absolue. Plusieurs universitaires se retrouvent dans cette catégorie ;
- **les « détaillants »** : ils sont pour moi les fourmis de l'écosystème, qui doivent à la fois développer les évidences, les appliquer, diffuser la science aux niveaux opérationnels les plus bas, développer des systèmes d'apprentissage pour infuser la science dans la société, faire la correspondance entre les connaissances et les besoins de développement, les aspirations politiques, etc. D'abord, cette catégorie de scientifiques est la moins bien payée même si l'essentiel de ce qu'on doit promouvoir est promu par elle. Ensuite, ils sont la catégorie qui reçoit le moins de financement. Enfin, les critères pour avaler leurs impacts sont les plus exigeants. C'est le monde de la recherche action qui est un maillon essentiel entre la science et le développement ;
- **le « service après-vente »** : il consisterait à suivre l'applicabilité de la science, sa pérennité, les ajustements nécessaires pour améliorer leur performance ; il est souvent du ressort des ONG. Ces dernières, confrontées aux défis du factuel, trouvent les raccourcis et accommodent la science pour résoudre des problèmes et anticiper le futur. C'est ce maillon qui souvent ramène les nouveaux défis aux maillons d'en haut pour reconsidérer la pertinence de la recherche. La science-citoyenneté se joue dans une large mesure à ce niveau.

Cette catégorisation ne s'applique pas forcément à la recherche industrielle, pharmaceutique par exemple, où le dernier maillon, source de plus-value, est le plus valorisé puisque générateur de revenu additionnel.

La demande de nouvelles connaissances influence forcément la conception et la gestion de la recherche au niveau des entreprises, dans les politiques de développement, ainsi que la nécessité de répondre à l'adaptation locale des communautés à de multiples facteurs de stress. Aussi faudra-t-il que ces besoins de connaissances soient exprimés avec une bonne appréhension du rôle que la science peut jouer dans l'atteinte de leurs objectifs.

L'un des défis à relever pour rapprocher la science et la société réside dans les processus de prestation et de mise en œuvre des réponses déjà en place, qui nécessitent un certain courtage, la traduction, la sensibilisation et l'adoption des résultats de la recherche. Plusieurs centres de recherche investissent déjà dans le développement d'un agenda collectif, d'actions conjointes et de plateformes d'apprentissage partagées, afin de tirer le meilleur parti des atouts nécessaires à des solutions efficaces et spécifiques au contexte.

La nouvelle approche restera intentionnelle pour réorienter le système d'enseignement supérieur. Le nouveau statut institutionnel doit être dérivé localement, car le général découle des particularités. Puisque la transformation sociale est à chercher dans les besoins spécifiques des communautés afin de générer des solutions sur mesure, il est nécessaire d'éviter de plaquer des solutions importées et d'appliquer des réponses locales prenant en compte les valeurs culturelles, les types d'écosystèmes et les aspirations sociales. Les défis de cet effort comprennent la multiplicité des priorités, la pluralité des sphères de décision, la diversité des sources de connaissance et la variété des échelles et des besoins d'intégration. Dans ce contexte, l'application d'un engagement ciblé et l'inclusion des réalités locales ainsi qu'un apprentissage coordonné dans la planification et la mise en œuvre de l'adaptation émanent d'un cadre institutionnel unifié, moins chaotique — pas nécessairement en matière d'infrastructures, mais surtout en matière de renforcement des liens entre la recherche et la société.

En tant que plateformes, les établissements d'enseignement supérieur devraient soutenir les efforts visant à briser les frontières du savoir en favorisant les interrelations, en adoptant différentes perspectives, en élargissant les possibilités pour diverses parties prenantes et en soutenant de nouvelles perspectives pour le développement de l'Afrique grâce à l'excellence de la recherche. Il s'agit de reprofiler l'engagement envers la science qui a un impact positif sur la société et le bien-être humain. Dans ce contexte, une science qui a un impact est celle qui est ouverte à des influences d'autres disciplines et acteurs, pour un engagement plus fort auprès des acteurs sociaux. Ce n'est pas une tâche facile, car les comportements et les dynamiques de développement peuvent être imprévisibles, inattendus, incontrôlés et non linéaires. Une meilleure qualité des connaissances et un plus grand accord sur les solutions conçues conjointement constituent la base souhaitée pour construire des sociétés résilientes.

Il s'agit également d'obtenir de meilleurs résultats grâce au partenariat. Nous entretenons des partenariats solides et étendus afin de maintenir notre utilité, de participer à l'atteinte des résultats sur les priorités et la définition d'un commun dénominateur (l'action), d'établir des programmes communs, de mettre en place des cadres d'échanges pour les communautés, de convenir de matrices d'évaluation et de suivi et d'assurer un leadership scientifique. Le partenariat permet de réaliser avec nos alliés ce que nous ne pourrions réaliser seuls. Nous nous concentrons moins sur la structure de la relation que sur la mise en pratique de valeurs et de comportements communs. Il est important de partager les bénéfices de façon transparente et de structurer notre engagement pour une dynamique transformationnelle tout en étant plus efficaces dans la mobilisation de l'expertise et les ressources qui favorisent l'apprentissage collectif sur les problématiques communes, évitant ainsi plus facilement les doubles emplois.

L'« africanité » de la science qui en découle proviendrait de la nécessité de déployer des réponses (mise en œuvre) par la mobilisation des connaissances en aval (anticipation) et en amont (suivi) dans des contextes d'urgence à mesure que la fréquence et la complexité des situations d'urgence augmentent (crises sanitaires, changement climatiques, famines, crises économiques, etc.). Un nouvel ensemble de rhétoriques et de récits issus de la science africaine exige que nous déployions un éventail beaucoup plus large de compétences, de connaissances et d'approches. Cette exigence d'une approche plus large est confortée par les tendances récentes imposées par le covid-19, les migrations de masse, les conflits armés et les déficits alimentaires, qui démontrent que des réponses multipartites et multisectorielles seront de plus en plus nécessaires.

# Les choix obligés

Pour que la science ait un impact en Afrique, les questions de recherche NE DOIVENT PAS être imposées par l'extérieur. Nous savons tous qu'une grande majorité des partenaires financiers conçoivent leur appel à financement pour ensuite inviter les chercheurs africains à postuler pour mener des recherches dans des priorités qui sont les leurs. Ce modèle est différent de ceux pour lesquels les problèmes de développement local inspirent la recherche dans les universités et les écoles d'ingénieurs. Il existe quelques espoirs dans diverses régions d'Afrique où les scientifiques locaux ont fait de merveilleuses découvertes mais n'ont pas été soutenus pour une mise à l'échelle et une utilisation à grande échelle.

Du Maghreb à l'Afrique du Sud, de Dakar à Nairobi, les découvertes scientifiques et les inventions révolutionnaires deviennent visibles. Lorsque les scientifiques africains contribuent à des programmes mondiaux tels que ATLAS (la découverte du trou noir), l'impression 3D avec des matériaux recyclés, l'invention de diverses machines, pour la transformation des aliments, le transport, la robotique et l'intelligence artificielle, diverses pratiques et applications pour améliorer la vie sont quelques-uns des nombreux aspects de la tendance scientifique au cours des deux dernières décennies.

Certains progrès dans les découvertes scientifiques ont été réalisés en dehors de tout cadre formel ou normatif ; il s'agissait plutôt de « coups de génie » provenant d'individus qui n'étaient pas toujours formés pour être des scientifiques. Il est courant d'organiser des foires scientifiques nationales et panafricaines pour que les talents partagent leurs découvertes. Cependant, malgré l'existence de ministères de la Science et des Technologies, le vivier de talents n'est pas soutenu par des cadres établis pour l'innovation au sein et en dehors des universités. Des exemples de cadres comme la Silicon Valley, ou des espaces similaires d'incubation scientifique, qui soutiennent le progrès scientifique avec des financements continus et un encadrement permanent pour encourager les découvertes. Et lorsque des découvertes sont faites et brevetées, il n'y a pas de conditions pour leur multiplication rapide et leur utilisation à grande échelle.

Les progrès réalisés dans l'application de la science aux problèmes sociétaux sont plutôt lents. Il existe de nombreuses possibilités de transformation des produits naturels, d'amélioration des performances industrielles, de nouveaux systèmes de transport adaptés, de machines agricoles, de lutte contre les impacts climatiques, les catastrophes et les calamités, une gestion écologique des villes, permettant ainsi de passer du statut de fournisseur mondial de matières premières à celui de fournisseur de produits finis à haute valeur ajoutée ou de pratiques de management durable.

Il est connu que la transformation sociale s'opère en fonction des différences de communautés ayant des fonctions et des aspirations internes différentes. Sous ce rapport, une transformation rapide et profonde nécessite de nouveaux modèles de développement qui fonctionnent selon les contextes. De tels modèles de transformation doivent être basés sur la capacité collective de divers acteurs à accéder à des innovations complémentaires qui peuvent être mises à l'échelle pour soutenir les interventions (par exemple, pour les systèmes alimentaires, la pollution de l'air, la santé humaine, animale et terrestre, la gestion des villes, etc.).

Il existe plusieurs itinéraires permettant d'améliorer le développement social et environnemental ou une autonomisation des groupes vulnérables grâce à l'application de résultats scientifiques multisources. Les niches qui bénéficieront de ces progrès portent sur les services en général (eau, électricité, alimentation, santé), la redistribution des revenus et des richesses (filets sociaux), la transformation des produits alimentaires et l'intégration des avantages environnementaux dans l'investissement économique. Ces avancées devraient être intégrées dans de nouvelles hiérarchies des valeurs et des fonctions qui favorisent l'engagement des parties prenantes dans un cadre institutionnel inclusif. Il est urgent de réinventer de nouvelles normes et de revoir les perspectives et les récits sur les politiques de développement motivées par les spécificités africaines.

L'Afrique est connue pour ses nouvelles dynamiques de pouvoir avec l'émergence d'une nouvelle génération adepte de la décolonisation des mentalités, avec une présence croissante de la société civile, un processus accru de décentralisation et un renforcement des connaissances environnementales nationales qui pourraient favoriser une telle ascendance de la citoyenneté sur la dépendance extérieure.

# Science par procuration

Le manque de confiance vis-à-vis des institutions de recherche nationales fait que le recours aux firmes extérieures devient une pratique commune. Le fait d'engager les institutions locales leur donne plus de moyens de recherche, de structurer une masse critique et d'asseoir une mémoire institutionnelle. Il arrive même que les prêts contractés par nos États auprès des institutions financières internationales soient réinvestis dans les études à travers des firmes qui ne produiront pas de taxes pour rembourser ces dettes. La souveraineté commence par disposer des moyens scientifiques de sa politique publique.

Dans la recherche d'une stratégie de développement régional, l'utilisation de la science produite par les scientifiques africains devient la toile de fond des politiques socio-économiques, géopolitiques et environnementales et des systèmes de gouvernance en place. Le niveau d'engagement des institutions de recherche locales dans les programmes de développement résulte d'une image mitigée en Afrique. Des pays comme le Maroc, l'Afrique du Sud, le Nigeria, le Kenya et le Rwanda ont démontré l'importance de placer les agences nationales de recherche en première ligne des systèmes de connaissance.

Une grande majorité des pays s'appuient sur des informations produites par d'autres — que ce soit par des cabinets de conseil, des organisations et agences de recherche internationales telles que les

CGIAR et les systèmes des Nations unies, des ONG —, qui eux-mêmes s'appuient sur des compétences importées avec une maitrise incertaine des réalités locales. Ces organisations utilisent des normes de production de connaissances, un langage et des canaux de communication qui ne sont pas toujours cohérents avec l'ambition locale. Lorsque les capacités nationales de production de connaissances existent, leur mauvaise utilisation s'explique par deux facteurs : d'une part, ces scientifiques locaux se joignent aux équipes de recherche souvent en tant que personnel détaché auprès de scientifiques étrangers dirigés par des organismes de recherche internationaux plus puissants (cas de l'IRD, du CIRAD) ; d'autre part, leur propre gouvernement n'accorde pas suffisamment d'attention à leurs résultats de recherche de la même manière qu'il valorise les points de vue extérieurs.

Entre 2002 et 2008, le Département des Forêts du Sénégal a commandité une étude nationale d'inventaire forestier pour le développement du plan forestier national. L'objectif était d'obtenir des données de base sur le potentiel forestier. La tâche a été confiée à un cabinet de conseil étranger alors que c'était une occasion pour renforcer les institutions locales afin de les doter des capacités de produire de telles informations. Avec une telle approche, la mémoire nationale et les compétences locales allaient en être renforcées. D'abord, la sélection de ces cabinets de consultance n'est pas toujours le processus le plus transparent. Certaines recommandations s'imposent aux mandataires pour une décision prise à l'avance. En raison de ces arrangements, le type de soutien penche plus en faveur des intérêts personnels plutôt que des résultats nationaux.

Le plus inquiétant ne venait pas du processus de sélection mais des types de méthodes utilisés pour réaliser les inventaires forestiers. Les méthodes éprouvées ailleurs n'étaient pas forcément adaptées aux conditions tropicales. De plus, les forestiers des autres contrées ne connaissent pas la diversité de nos forêts. Faire appel à des techniciens locaux pour rejoindre les équipes de consultants n'a pas suffi à combler cette lacune.

De nombreux scientifiques africains ont été frustrés de voir à quel point ils ont été dévalorisés face à leurs homologues occidentaux, dans leur propre pays. Les rares exceptions sont ces scientifiques qui ont eu l'audace d'avoir un niveau de publication, d'influence et d'impact exceptionnel. Le nombre d'universitaires qui ont réussi à atteindre ce niveau est très faible. La situation générale montre qu'être un scientifique local signifie « se cacher ou périr » plutôt que de « publier et survivre ». Rechercher un patronage étranger pour rester dans le métier ou publier et obtenir une reconnaissance n'a pas les mêmes implications.

L'option « se cacher ou périr » maintient les scientifiques locaux au service des autres. La relation de pouvoir est évidente et les scientifiques occidentaux les encadrent rarement pour les faire progresser. Ces scientifiques sont souvent là pour accélérer le développement de leur carrière plutôt que pour résoudre de vrais problèmes pour nos pays.

La stratégie de dissimulation est également vraie entre les scientifiques en début de carrière et leurs mentors africains. Certains mentors qui ont le pouvoir de décision pensent que le marteau de leur main n'est pas destiné à construire des institutions de recherche solides, mais plutôt à enfoncer des clous et à mettre les talents au purgatoire. Cette domination par les pairs a dans de nombreux cas créé des révoltes internes qui ont conduit à des divisions de Départements et à l'implosion, en particulier après le départ à la retraite ou la reconversion du « grand gourou ».

Lorsqu'un scientifique est sous le couvert d'un pouvoir de décision supérieur, parfois purement politique, et qu'il n'a que peu d'influence sur les choix et l'orientation scientifiques de sa recherche, il perd toute marge de manœuvre pour son dessein professionnel. Cette impuissance issue d'une subjugation ascendante anéantit tout contrôle de son itinéraire professionnel, même s'il essaie d'ériger, en désespoir de cause, des garde-fous pour se protéger. Ces forces ascendantes sont parfois exercées par des leaders scientifiques qui sont eux-mêmes enclins à dresser des « protectorats » plutôt que des programmes de recherche. La peur de l'isolement et de la persécution des solitaires oblige la plupart à adhérer à des groupes épistémiques, ce qui renforce le cloisonnement scientifique avec comme conséquence l'inhibition de la créativité. De nombreux brillants scientifiques ont été rebutés parce que refusant de prêter allégeance à des sphères de pouvoir supérieures motivées par des intérêts personnels ou politiques. Si les universités et les centres de recherche se transforment en « écuries », ils deviennent fatalement un espace de conflits perpétuels.

Aussi est-il important de mentionner la situation totalement floue autour des droits de propriété intellectuelle et la paternité des données. L'accès aux données au niveau national, malgré la pluralité des investissements dans la collecte de données, est un défi permanent parce qu'on n'a jamais réussi à établir un référentiel national. Il s'y ajoute une forte duplication des efforts, avec une plus-value opérationnelle mitigée en matière de valorisation scientifique de ces données pour guider la prise de décision.

En outre, on observe une confusion de rôle pour certaines agences de développement qui se prennent parfois pour des lieux de recherche plutôt que comme des utilisateurs. Le revers, c'est une disqualification des centres dont la mission première est de produire des connaissances scientifiques. Plusieurs agents des secteurs techniques font l'erreur de penser qu'ils peuvent mener des projets de recherche parce qu'ils ont eu une formation scientifique. La recherche est un métier. C'est pour cette raison que le lien entre recherche et développement doit être mieux établi. Les connaissances pratiques sont importantes mais pas suffisantes pour générer des connaissances scientifiques.

# Courses aux articles ou marathon pour le prestige

« Publier ou périr » est une logique à recalibrer avec l'objet de la recherche. Une grande base de l'évaluation des scientifiques porte sur les publications. La production de connaissances nouvelles est une condition importante mais pas suffisante pour faire avancer la science, surtout pour nos pays africains qui doivent se focaliser sur les applications pour accélérer leur développement économique et social. Donc il y a très peu de possibilités pour appliquer les résultats de la science. On a dit que nos centres de recherche ne publiaient pas assez, mais est-ce qu'ils ont ce qu'il faut pour le faire ?

Un scientifique africain typique est à la fois celui qui fait la conception, le travail sur le terrain, le travail en laboratoire, la rédaction, la supervision des étudiants, les enseignements, les contributions dans les réseaux, etc. Il est sur toute la chaîne pour effectuer toutes les tâches de la chaîne de publication. Les scientifiques africains auront peu de temps pour produire après avoir consumé leur énergie pour répondre à toutes les exigences de toutes les étapes. Ainsi, l'article scientifique, qui est le dernier maillon, est souvent le dernier souffle d'une personne épuisée, alors que les chercheurs des pays développés qui reçoivent des fonds adéquats pour recruter des assistants, des techniciens, des laborantins, etc., ont le soutien nécessaire à toutes les étapes de la production scientifique, y compris jusqu'à l'application.

Un autre aspect est la question de la qualité de la recherche. Cette course à la publication crée également une concurrence féroce entre les scientifiques. La faible collaboration locale entre les scientifiques africains limite la capacité à atteindre le niveau de qualité de recherche des revues à fort impact. Plusieurs équipes qui en théorie sont complémentaires procèdent à une exclusion mutuelle en dressant des barricades les unes contre les autres pour s'assurer de gagner le marathon, dont on connait le départ mais pas la fin. Cette course n'a pas pour but d'avoir un impact sur la société, mais plutôt d'accroître leur visibilité. Cette course à la publication conduit également à une qualité de recherche parfois médiocre. La cause de cette frénésie est la façon dont la science est évaluée et dont la promotion scientifique est décidée. Être célèbre n'est pas le but d'un scientifique.

Par ailleurs, les gouvernements commandent rarement des recherches sur leurs priorités de développement, malgré la création de centres de recherche. Quelques exceptions comme les centres de recherche agronomiques ou sanitaires peuvent être citées en Afrique. Cet ancrage de la science dans les politiques de développement est trop faible pour que les scientifiques ressentent leur importance dans la marche de leur pays. Ainsi, ils ont tendance à s'exporter vers d'autres métiers avec comme premier choix de devenir politiciens pour entrevoir la possibilité d'être promus à des fonctions « valorisantes » dans un gouvernement.

L'Afrique doit repenser la dimension opérationnelle de la science. L'impact sur la société ne peut pas se résumer à une multiplication des articles scientifiques. Le fait de s'arrêter et de faire des synthèses avec des recommandations sur les meilleures approches de développement et les solutions aux problèmes de société devrait permettre d'établir l'engagement avec les utilisateurs. Une approche domestique de production et d'utilisation de connaissances est plus que nécessaire pour répondre aux défis suivants :

- les évaluateurs des grandes revues sont souvent des scientifiques occidentaux qui ont une connaissance limitée des réalités africaines locales. Les articles africains souffrent du biais lié à la maitrise de l'objet de recherche, qui est par essence contextuel ;

- il existe de nombreuses revues prédatrices qui acceptent et publient un grand nombre d'articles africains à prix onéreux pour répondre à cette demande que ne peuvent satisfaire les grandes revues scientifiques ;
- l'ascendance de la quantité sur la qualité dans la production scientifique ne permet pas de répondre aux besoins de développement et cette dynamique n'est peut-être pas la meilleure façon d'établir une science pour l'Afrique.

Ainsi, « passer du facteur d'impact » à « l'impact sur l'acteur » devient un leitmotiv à promouvoir pour associer l'évaluation technique de la production scientifique à une évaluation pratique. Le facteur d'impact, conçu depuis les années 1970 par l'Institute for Scientific Information (ISI), est depuis adopté par pratiquement tous les journaux indexés. C'est un modèle rigoureux et fiable mais qui favorise ceux qui ont accès aux articles scientifiques et l'Afrique est loin derrière les autres continents. Il favorise aussi les grandes équipes de recherche qui peuvent se citer entre elles et faire des références croisées dans leurs recherches.

C'est pour cette raison que les critères d'évaluation scientifique doivent avoir pour le continent une deuxième forme d'appréciation qui va, elle, porter sur l'impact économique, social et environnemental de la science. L'indice basé sur le nombre d'articles et le nombre de citations n'est pas suffisant pour asseoir une empreinte forte de la science sur le continent.

J'ai trouvé intéressante que des revues cotées, à facteur d'impact élevé, dressent plusieurs obstacles pour filtrer les articles à publier afin de revendre les connaissances à prix d'or ; elles sont donc accessibles à une élite et à des privilégiés, et certainement pas aux organisations de recherche africaines, à l'autre extrémité, les revues en libre accès, qui ne posent pas de barrières à la publication, mais pour lesquelles on paie le service. Ces dernières fondent leur *business model* sur la promotion personnelle de scientifiques qui veulent franchir les étapes des évaluateurs académiques. L'éthique derrière cette approche est discutable, mais ce n'est pas le lieu d'en parler. Pour les deux groupes, les scientifiques passent du temps à faire fonctionner les affaires des autres. Être un universitaire est désormais une question de chiffres : combien d'articles, combien de citations, combien de projets, combien d'étudiants, combien de conférences, quel qu'en soit le prix. Les oubliés sont les utilisateurs, la communauté.

La course aux articles et aux citations fait qu'il existe des milliers de journaux qui compétissent entre eux pour publier les travaux les plus originaux pour avoir un indice plus élevé. Avec la multitude des articles, est-il seulement possible d'absorber toutes les informations produites ? On écrit si abondamment qu'on a tendance à oublier soi-même ce qu'on a produit. Plutôt qu'une course de haute performance, il s'agira pour l'Afrique d'essayer de mobiliser les connaissances pour les décideurs en leur trouvant des champs d'application attractifs pour faire avancer la société.

Je crois qu'il ne devrait pas être question pour l'Afrique d'engager cette course des chiffres, mais plutôt d'asseoir un accélérateur des applications. Le défi à surmonter sera d'avoir accès aux informations produites sur l'Afrique par les autres et les combiner avec les produits de la science domestique pour s'inscrire dans la logique des innovations voulues.

# Conclusion générale

Cet ouvrage a voulu ouvrir des pistes de réflexion pour réinventer la science africaine. Notre ambition n'a pas été une critique caustique des systèmes de productions de connaissances. Au contraire, on a voulu souligner les limites des connaissances scientifiques de nos méthodes et procédures internes et celles qui nous sont imposées par une géopolitique scientifique mue par une logique de domination du continent. Pour moi, une relecture de la situation scientifique en Afrique devrait nous permettre d'utiliser la science pour voir et créer le futur pour une Afrique dont la prospérité pourrait profiter à ses populations. Notre continent contribue certes à la science globale, et cela depuis des siècles, mais en cours de route, plusieurs handicaps ont entrainé une désarticulation de cette science avec les peuples.

Les preuves historiques des avancées scientifiques modernes ont prouvé que l'Afrique devrait avoir une grande place dans la carte mondiale de production de connaissance. Elle a joué et continue de jouer un rôle crucial dans le développement de la science. Bien que le continent africain produise une faible part des publications scientifiques mondiales, il se distingue dans divers domaines, notamment la santé publique, les sciences agricoles et biologiques, et la recherche sur les maladies tropicales.

Nous soutenons que notre progrès commence par une forte conviction que la volonté commune qui sous-tend la science doit permettre d'embrasser le futur avec toutes les possibilités de progrès, tout en restant focalisés sur les obligations de résultats. Il s'agit d'abord d'un travail individuel pour chacun, et cela commence par un besoin radical de progrès et une grande ambition pour y arriver. L'appétit pour le résultat et l'addiction au succès suscitent des passions. Ne pas penser grand devient, sous ce rapport, un exercice étrange si l'on veut s'engager à atteindre des paliers. Préparer l'avenir est le plus sûr moyen de se simplifier le présent à court terme.

La projection dans le futur proche ou lointain est une gageure pour les institutions de recherche. Les forces motrices qui dessinent les scénarios d'un avenir certain ou incertain ne sont pas, dans une large mesure, dépendantes des facteurs internes. Le futur des institutions est le résultat de la série de défis relevés et des mécanismes internes de préservation des acquis. La constance relève d'un équilibre de funambule, c'est-à-dire un effort perpétuel de rester sur son trajet malgré les remous, turbulences et contingences extérieures.

Il est plus gratifiant de retenir que les succès obtenus, les limites rencontrées et les chantiers à mener constituent le moteur du progrès institutionnel. La réflexion et l'action pour asseoir le futur sont des exercices incontournables pour s'assurer une ambition partagée dont les déclinaisons obligent à prendre des décisions courageuses et réalistes pour aller vers le progrès. La quête perpétuelle de la qualité pour assurer une moisson abondante de bonnes pratiques permet, sous ce rapport, d'opérer des choix qui se détachent du statu quo.

Pour ce faire, il y a des attitudes à bannir :

1- Se garder de s'autosatisfaire de ce qu'on fait ou l'autoglorification, savoir se passer des superlatifs qui traduisent plus un positionnement de principe dans un paysage institutionnel compétitif pour rester focalisés sur ce que l'on est appelés à devenir. Le parcours qualitatif souhaité se fera en conservant ce qui marche, et en ayant le courage de se débarrasser de ce qui n'est pas pertinent ou des pratiques malveillantes.

2- Se résoudre à réinventer d'autres mécanismes adaptés au contexte socio-économique et environnemental tenant de la demande publique et/ou communautaire. Sur ce sujet, les institutions subissent le diktat des normes étrangères. Souvent, ces règles sont instituées pour encadrer le financement de la recherche et il n'y a que deux choix : soit on s'y conforme pour recevoir les ressources financières, soit on n'a pas les systèmes administratifs pour s'y conformer et on est exclu. Pendant que nos États regardent passivement l'inertie de ces talents non utilisés.

3- La gestion des rapports de pouvoir entre organisations de recherche et entre celles-ci et les autres institutions, qu'elles soient étatiques ou internationales, avec des missions opérationnelles diverses, sont souvent divergentes. Le chercheur africain est toujours à la remorque des autres au lieu d'être un moteur pour les autres. Cet ouvrage a voulu replacer la position de la recherche dans le paysage de prise de décision en Afrique.

4- La nécessité de renforcer les capacités internes pour garder le niveau d'excellence et de compétitivité souhaité souvent dans des contextes où, de façon insolite, certaines institutions clament les mêmes missions, réclament les mêmes attributs et compétissent pour les mêmes ressources. Il convient dès lors de trouver en leur sein les atouts d'une exceptionnelle singularité permettant d'être une force de proposition exceptionnelle pour se faire un espace sans verser dans une logique de chasse gardée.

Ces enjeux déclinés portent à croire que l'Afrique a encore du chemin à faire. Il faudra accroître les efforts de partage des preuves scientifiques. Rester visibles sur les processus qui mènent vers l'excellence dépendra des données probantes que la science africaine peut produire avec l'idée de les lier à une théorie du changement consolidante. La preuve devient un fait localisé dans l'espace, un fait qui varie donc selon les contextes.

La preuve scientifique est aussi, sous ce rapport, un maillon important du besoin de transformation sociale. Dans ce contexte, il faut trouver une cohérence entre le discours politique et le discours scientifique. Les interventions à fort impact dépendent de la conception de base, de l'efficacité des solutions scientifiques qui garantissent le succès des options politiques.

La suite logique est d'être capables de générer des outils, des services, des méthodes et des connaissances utiles et applicables. L'habitude, le confort du rituel quotidien obstrue l'accès résolu au changement. Il faut donc donner de la valeur autant à la destination qu'au voyage qui y mène.

# Postface

*Depuis les indépendances à nos jours, le débat auquel nous invite le professeur Cheikh Mbow a été une thématique récurrente, malgré de nombreuses avancées dans la production de la science africaine. Seulement, nous évoluons moins vite que les autres, s'il m'était permis de faire une comparaison.*

*Ce livre est né d'une conviction profonde : celle que l'Afrique ne doit plus être un terrain d'expérimentation pour des solutions importées, mais un laboratoire vivant de savoirs endogènes, d'innovations durables et de diplomatie scientifique. Nos chercheurs sont dépositaires de la légitimité pour porter une voix singulière dans les débats mondiaux sur toutes les questions qui interpellent la science. Nous avons les compétences et les ressources pour améliorer le rôle de la science. Malgré le fait que nous vivons dans un monde interdépendant, nous sommes conscients que nous n'aurons aucune issue pour la prospérité du continent si nous dépendons de la production scientifique des autres pour faire face à nos propres défis.*

*Le professeur Cheikh Mbow nous invite sans ambiguïté à veiller à ce que les solutions domestiques soient proposées avec une perspective africaine, non pas simplement pour défendre une certaine africanité, mais surtout pour faire de nos hommes et femmes de science le fer de lance du progrès social. C'est la créativité des peuples qui a permis, depuis l'origine des temps, de réaliser d'énormes progrès technologiques dans toutes les sociétés. Pourquoi alors l'Afrique semble-t-elle avoir freiné des quatre fers, depuis la colonisation ? Pourquoi les Africains, si doués et auteurs des plus grands progrès contemporains, n'ont-ils pas pu impulser leur continent ? Pourquoi n'a-t-on pas pu jusqu'à présent trouver des moyens efficaces de traiter les graves problèmes de développement auxquels nous faisons face ?*

*Devant ces questions lancinantes, cet ouvrage nous invite à repenser nos modèles de développement, à renouer avec nos écosystèmes, et à bâtir des ponts entre les disciplines, les cultures et les générations. Il identifie clairement les champs d'intervention et les niveaux de responsabilités propres au monde de la science et ceux qui sont du ressort de nos décideurs politiques.*

*Ces recommandations sont un gage de consensus pour converger vers des actions concrètes en relation avec les ressources naturelles du continent, qui pourraient mener, par exemple, à l'émergence d'une agriculture plus productive et durable, au développement de formes d'énergies renouvelables et moins polluantes, à la promotion d'une meilleure gestion des ressources minières et forestières et à la garantie d'un accès équitable aux bénéfices issus des systèmes de production locale.*

*En lisant ce livre j'ai retrouvé le fondement de la vision stratégique de l'Académie nationale de sciences et techniques du Sénégal, qui est enracinée dans le triptyque « Science, éthique et équité ». Pour nous, c'est plus qu'une devise, c'est un engagement quotidien :*

- *pour une science inter et transdisciplinaire, enracinée, anticipatrice,*
- *pour une éthique du discernement, du dialogue et du vivant,*
- *pour une équité cognitive et territoriale au service d'un monde à visage humain.*

*Je souhaite que cet ouvrage contribue à un dialogue fécond entre les acteurs de l'écosystème scientifique et tous les autres secteurs du développement socioéconomique, pour faire de la recherche un acteur de proximité, en résonance avec son environnement et ayant un fort impact.*

*À celles et ceux qui poursuivront le chemin tracé par ce livre, je transmets non pas des certitudes, mais une exigence : celle de la rigueur scientifique alliée à l'engagement éthique. Car la science, en Afrique comme ailleurs, ne vaut que si elle sert le bien commun. Que ce livre soit une pierre de plus dans l'édifice d'une Afrique qui pense, qui agit et qui inspire.*

**Dr Moctar TOURÉ**

*Président de l'Académie des sciences et techniques du Sénégal*

# Table des matières